電子書籍のダウンロード方法

電子書籍のご案内

「京都廣川 e-book」アプリより本書の電子版をご利用い*

【対応端末】iOS/Android/PC（Windows，Mac）

電子書籍のダウンロード方法

〈iOS/Android〉

※既にアプリをお持ちの方は④へ

①ストアから「京都廣川 e-book」アプリをダウンロード

②アプリ開始時に表示されるアドレス登録画面よりメールアドレスを登録

③登録したメールアドレスに届いた 5 ケタの PIN コードを入力
　→登録完了

④下記 QR コードを読み取り，チケットコード認証フォームに
　アプリへ登録したメールアドレス・下記チケットコードなど必須項目を入力
　登録したメールアドレスに届いた再認証フォームにチケットコード・メールアドレスを再度入力し
　認証を行う

⑤アプリを開き画面下タブ「WEB 書庫」より該当コンテンツをダウンロード

⑥アプリ内の画面下タブ「本棚」より閲覧可

〈PC（Windows，Mac）〉

京都廣川書店公式サイト（URL：https://www.kyoto-hirokawa.co.jp/）

⇒ バナー名「PC版 京都廣川 e-book」よりアプリをダウンロード

※詳細はダウンロードサイトにてご確認ください

チケットコード

チケットコード認証フォーム

URL：https://ticket.keyring.net/3qWLrxhef3aa7xKPcJrOyBPqSN5Ribji

書籍名：パザパ薬学演習シリーズ13　生化学演習　第3版

チケットコード：

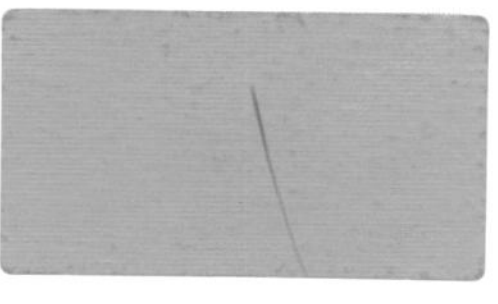

←スクラッチしてください

注意事項

・チケットコードは再発行できませんので，大切に保管をお願いいたします

・共有可能デバイス：1

・iOS/Android/PC（Windows，Mac）対応

・チケットコード認証フォームに必須項目を入力してもメールが届かない場合，迷惑メールなどに入っていないかご確認ください

・「@keyring.net」のドメインからのメールを受信できるよう設定をお願いいたします

・上記をお試しいただいてもメールが届かない場合は，入力したメールアドレスが間違っている可能性があるため，再度チケットコード認証フォームから正しいメールアドレスでご入力をお願いいたします

京都廣川“パザパ”薬学演習シリーズ⑬

pas à pas

生化学演習

〔第3版〕

帝京大学名誉教授 唐澤 健
帝京大学講師 佐々木洋子
帝京大学講師 原田 史子
帝京大学教授 山下 純
共著

第 3 版 序 文

本書は，生化学を学ぶ薬学生を対象に作成した問題集であり，2013年の4月に初版が刊行された．薬学生にとって，生化学の知識は益々重要なものとなっており，その背景には，新たに解明された生体反応や生命現象に基づいた医薬品化合物が次々と開発され，医療現場で用いられるようになっていることが挙げられる．薬剤師には，医薬品の有効性と安全性を確保する責任を果たすことが求められているが，医薬品の持つ薬理作用と有害作用を説明するためには，生化学の知識が必要であることは言うまでもない．

本書の改訂版を作成するにあたって，初版に掲載した問題を改めて吟味した．その結果，問題数が不十分な分野に関しては，問題の追加を行うとともに，改訂版では，タンパク質の機能（第3章），タンパク質の分析（第5章），細胞の誕生と死（第8章）を独立した章として新たに加えた．この問題集の特徴は，各種テーマごとに，覚えておくべき用語を空欄にした文章を作成し，適切な語句を挿入させる形式の問題を多くしたことである．生化学は，その範囲が広いため，覚える用語が多く，学びにくいという悩みを聞くが，最初は，挿入すべき語句が分からなくとも，二度三度と学習を繰り返すことにより，挿入できる語句が増え，この問題に関連するテーマが理解できるようになる．パザパシリーズは，持ち歩くのに手頃なサイズであるため，通学の途中などの隙間時間を利用し，問題を解きながら，自分の知識を定着させてほしい．本書のもう1つの特徴は，生化学を分子構造の視点から理解することを目的とするために役立つ問題が数多く収載されていることである．分子構造に関しても，わからなかった問題を繰り返し学習し，知識を確実なものにすることができるようになると，生体が実に美しい構造物として構築されていることが実感できるようになる．

本書で繰り返し勉強することにより，今まで無秩序に分散しているかのように感じていた生化学の用語や分子の構造が，太い幹から派生する枝や葉のように，お互いに関連づけられ，大きな１本の樹木として自分の頭の中に整理されるようになると思う．生体内で起こる反応について，専門用語を用いて分子の構造に基づいた説明が行えるようになれば，自ずから，薬剤師国家試験に合格できる実力がつくだけではなく，将来，薬の専門家として他の医療スタッフに医療チームの一員として貢献できる基礎力が身につくことにつながるであろう．

また今回の改訂では，電子書籍のダウンロードもできるようにし，デジタル世代の学生達にとって，より使いやすいものとしている．

最後に，改訂版を企画いただきました京都廣川書店代表取締役・廣川重男氏に感謝するとともに，編集作業にご尽力下さいました同社の田中英知編集・制作部長，村木優花氏，中川萌氏に感謝の意を表します．

2025 年 3 月

著　者

序　　文

生化学を学ぶ上で重要なことは，基礎的な事柄をしっかり“理解する”ことである．初めて学ぶ学生がとまどうのは用語や略語であろう．生物系用語の定義は往々にしてあいまいなところがあるので，どのような意味で用いられているのかをその都度明確にする必要がある．わからない用語が出てきたら専門用語辞典を手元に置いて，意味がわかるまで徹底的に調べてほしい．意味があいまいなまま用語だけを覚えようとするからわからなくなる．略語もまた同様で，略語はあくまで略語であり，そこからは何の意味も読み取れない．英語のフルネーム（日本語は所詮，訳語にしか過ぎない）に意味が表されている．今や，生化学，分子生物学を含めて生命科学の分野は略語の洪水である．略語のままでは何のことかわからない．英語のフルネームの意味を理論的に解釈することにより，それが何であるかがわかってくるのである．このような作業を行う過程では，必ず“考える”という行為が要求される．この“考える”という行為が理解力を養う上で重要なのである．学生諸君を見ていると，考えもせず，ただ暗記に走る者が少なからずいるが，これでは力がつかないどころか，生化学の面白さを味わうことなく，苦痛のまま終わってしまう．

本書は国家試験対策の問題集ではなく，生化学の講義の理解を助けるための演習問題集として作られたものである．どのような設問が適切かなど問題作成は困難であったが，生化学の各領域の重要なポイントを示すようにした．これらの演習問題の内容を自分で調べ，解答していく作業が生化学を理解するための力をつけてくれる．学問に王道はない．わかってくると面白くなってくるものである．

本書の刊行をご快諾いただいた京都廣川書店社長・廣川英男氏ならびに廣川重男氏，鈴木利江子氏の長期にわたるご尽力により出版にこぎつけることができた．心から感謝の意を表したい．

2013 年 2 月

著　者

目　次

第1章

生化学反応の場としての細胞

1-1　細胞とは

問題 1

次の記述の空欄に最も適切な語句を入れなさい．

生命の基本単位である細胞は，［①］によって外部環境と隔てられている．細胞は，［②］の有無により2つに分類される．［②］がない細胞が［③］細胞，［②］がある細胞が［④］細胞である．

解答　①膜（細胞膜）　②核（核膜）　③原核　④真核

解説

細胞はすべての生物（生命体）の基本単位である．

細胞は生物の構造的な基本単位である．あらゆる生物は膜によって外部環境と隔てられた構造をもつ「細胞」から構成されている．

細胞は生物の機能的な基本単位である．生物（生命体）の基本的な特徴は，その生物自体のほぼ正確なコピーをつくる能力（自己複製能）と外界から物質を取り入れて必要な物質をつくったりエネルギーを得たりする能力（代謝能）である．細胞はこの2つを満たす最小単位である．

細胞の大きさ，形態，構造，機能は生物種によって，また，ヒトのような多細胞生物では同一個体内でも役割によって多種多様である．その一方，すべての細胞は共通の特徴をもつ．

細胞のもつ共通点には，

・膜(細胞膜)で外部環境と隔てられている．
・外界からのエネルギーを必要とする．
・外界から物質を取り入れて必要な物質をつくったり，エネルギー物質を産生したりする(代謝能を有する)．
・自分自身のほぼ正確なコピーを産生する能力をもつ(自己複製能をもつ)．
・積極的な自己維持能をもつ．

などがある．

細胞は，核の有無により，原核細胞と真核細胞の2種類に分けられる．

真核細胞は，内部に膜(核膜)で仕切られた明確な「核」という構造体をもつ細胞である．核の内部には，遺伝情報を担う物質であるDNAが格納されている．DNAは直鎖状で，ヒストンなどのタンパク質と複合体(クロマチン)を形成し，コンパクトな形になっている．

原核細胞は，細胞内に明確な核をもたない．DNAは環状で，膜に囲まれることなく裸の状態で核様体とよばれる集積部位を形成して存在する．

真核細胞と原核細胞は核の有無により区別されるが，他にも違いがある．真核細胞は，原核細胞より内部構造が複雑で，かつ，大きい(詳細は第1章1-1問題3参照)．

Check Point

細胞：生命の基本単位である．膜(細胞膜)により外部環境と隔てられ，内部に自己複製のための遺伝情報と自己維持機構を備えた構造物である．

細胞は核の有無により2種類に分けられる．

原核細胞：核膜で仕切られた核という構造体をもたない細胞
真核細胞：核膜で包まれた核という構造体をもつ細胞

問題 2

次の記述の空欄に最も適切な語句を入れなさい．

原核細胞から構成されている生物を，[①]生物，真核細胞から構成されている生物を，[②]生物という．[①]生物には，[③]と古細菌が含まれる．[②]生物には，[④]，菌類(真菌類)，動物，植物が含まれる．

解答　①原核　②真核　③細菌(真正細菌)　④原生生物

解説

原核細胞から構成されている生物を原核生物という．原核生物には，細菌(真正細菌)と古細菌が含まれる．原核生物はすべて１個の細胞からなる生物，つまり，単細胞生物である．

細菌(真正細菌)には，藍藻(シアノバクテリア)や，乳酸菌，大腸菌などがある．黄色ブドウ球菌，結核菌，破傷風菌など，病原性をもつ細菌は大半がここに属する．古細菌には，高温，高塩濃度，強酸のような極端な環境に生息する種が多く含まれる．細菌(真正細菌)と古細菌はどちらも原核生物であるが，全く異なる生物群を形成している．

真核細胞から構成されている生物を真核生物という．真核生物には，原生生物，菌類(真菌類)，植物，動物が含まれる．真核生物には，単細胞生物だけでなく，複数の細胞からなる生物である多細胞生物も多い．

原生生物の多くは肉眼では見えないミクロな生物で，単細胞生物も含まれる．ヤコウチュウやミドリムシ，ゾウリムシなどがある．マラリア原虫や赤痢アメーバなど，病原性のものもある．菌類(真菌類)には，キノコ，カビ，酵母の仲間が含まれる．水虫の原因菌もこの仲間である．

われわれが日頃肉眼で認識している生物は，主に菌類，植物，動物であるが，これは生物全体のほんの一部である．

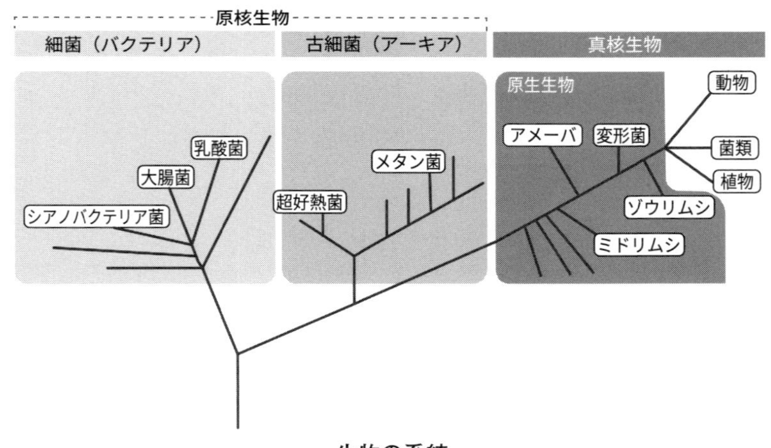

生物の系統

Column

“古い”細菌？

古細菌には高温，高塩濃度，強酸など極端な環境で生息する種が多い．そのため，原始地球の厳しい環境で生息していたとされる生物の共通の祖先を念頭に，“原始的”という意味が込められた“古細菌(アーキア archaea)という名前でよばれる．実際に進化的には古細菌は真正細菌とは異なる生物群であり，また，真正細菌より真核生物に近く，真正細菌と比べより“原始的”なわけではない．

古細菌の“極端な環境で生息可能”という特性をわれわれは便利に利用している．例えば，PCR(polymerase chain reaction)用の試薬として利用されている耐熱性 DNA ポリメラーゼには，超高熱性古細菌由来の酵素をもとに開発されたものがある．

問題 3

次の記述の空欄に最も適切な語句を入れなさい.

細胞の内部には，粒子状構造物である［ ① ］が存在する.［ ① ］は原核細胞では 70S，真核細胞では［ ② ］S である．また，［ ③ ］細胞の内部には，核など膜で囲まれたコンパートメントである［ ④ ］がある.

解答　①リボソーム　② 80　③真核　④細胞小器官（オルガネラ）

解説

細胞は内部に顆粒状構造物であるリボソームをもつ．リボソームは遺伝情報に基づいてタンパク質を産生するときに重要なはたらきをする（詳細は第 7 章）．リボソームは，原核細胞では 70S*，真核細胞では 80S であり，役割は同じだが大きさや構成要素が違う.

真核細胞では，細胞内に，核の他にも膜で仕切られたコンパートメントをもち，これらを総称して細胞小器官（オルガネラ）という．細胞小器官は通常，膜に囲まれた，形態学的・機能的に独立した細胞内構造をさす．広義には，それ以外の細胞内構造（リボソーム，中心体，細胞骨格など）を含めることがある.

動物細胞の主な細胞小器官には，核，ミトコンドリア，粗面小胞体，滑面小胞体，ゴルジ体，リソソーム，ペルオキシソーム，エンドソームなどがある．細胞小器官の外側の空間はサイトソル（細胞質基質）とよばれ，タンパク質などを多く含んだ水性のゲルで満たされている.

S*：スベドベリ（Svedberg）単位．遠心分離を行った際の，溶液中の粒子の沈降速度の指標である沈降係数の単位．生体高分子や複合体の大きさを示すために用いられる.

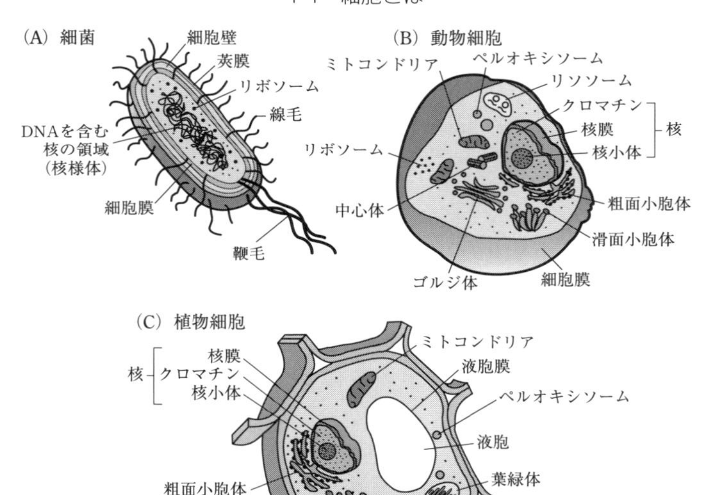

原核細胞と真核細胞の基本構造

Check Point

細胞の特徴
原核細胞：70S リボソーム，環状 DNA をもつ．細胞小器官をもたない．
真核細胞：80S リボソーム，直鎖状 DNA をもつ．細胞小器官をもつ．

細胞小器官：膜で囲まれた形態学的・構造的に独立した細胞内構造．
動物細胞の主な細胞小器官：核，ミトコンドリア，粗面小胞体，滑面小胞体，ゴルジ体，リソソーム，ペルオキシソーム，エンドソーム

1-2　細胞小器官の構造と機能

問題 1

次の記述の空欄に最も適切な語句を入れなさい．

動物細胞の細胞小器官のうち，外膜と内膜からなる二重膜構造をもつのは，［　①　］と［　②　］である．［　①　］では，［　③　］とよばれる小孔が二重膜を多数貫通しており，内膜と外膜はここで連結している．
［　②　］の内膜には［　④　］とよばれるひだ状構造が形成されている．

解答　①核　②ミトコンドリア　③核膜孔　④クリステ

解説

真核細胞の細胞小器官のうち，外膜と内膜の二重膜構造をもつのは核とミトコンドリア，葉緑体である．動物細胞では，核とミトコンドリアのみであり，他の細胞小器官はすべて一重の生体膜に囲まれた構造体である．

核は通常１つの細胞に１つ存在し，最も大きな細胞小器官である．核を覆っている核膜には，核膜孔とよばれる多数の小孔がある．核の内膜と外膜は核膜孔の部分で連結して閉じており，核の外膜と内膜とで囲まれた空間は細胞質基質や核の内部と隔てられ，粗面小胞体の内部と一部でつながっている．核膜孔には，多数のタンパク質から形成された核膜孔複合体が存在する．ヌクレオチドなどの小分子は核膜孔を自由に出入りするが，ある程度以上の大きさの核酸やタンパク質は核膜孔複合体を介して核に出入りする．

ミトコンドリアは，ほとんどの真核細胞に存在するが，形状や数は生物種や細胞の状態によりさまざまである．ミトコンドリアの内膜はクリステとよばれるひだ状の突起構造を形成しており，内膜は広い面積をもつ．内膜で囲まれた内側をマトリックス，内膜と外膜の間を膜間腔とよぶ．外膜にあるポリンという膜タンパク質は小分子が通過できる孔を形成しており，ATPや代謝中間体は細胞質基質と膜間腔の間を自由に出入りできる．

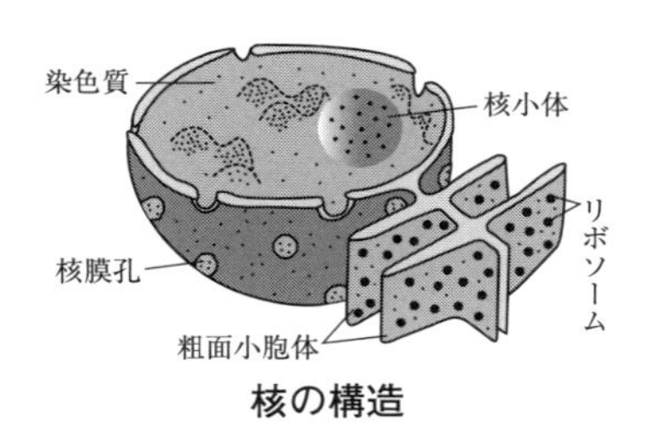

核の構造

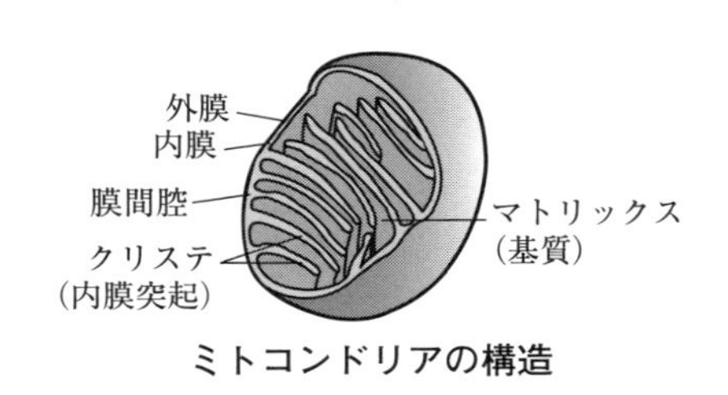

ミトコンドリアの構造

Check Point

二重膜構造をもつ細胞小器官：核，ミトコンドリア，葉緑体．
核：核膜孔とよばれる孔の部分で外膜と内膜がつながっている．
核膜の内部は外部と隔てられた空間である．
ミトコンドリア：内膜にはクリステとよばれるひだ状構造がある．
外膜と内膜の間を膜間腔，内膜の内側をマトリックスという．

問題 2

次の記述の空欄に最も適切な語句を入れなさい.

核の内膜には, [①]という裏打ち構造があり, 核膜に機械的な強度を与えている. 核の内部には, 光学顕微鏡でも観察される構造として, 1〜数個の[②]がある. 遺伝情報を有する[③]はヒストンなどのタンパク質と結合してクロマチンを形成している. クロマチンのうち, 凝縮度が低い部分を[④]クロマチン, 凝縮度が高い部分を[⑤]クロマチンという.

解答 ①核ラミナ(ラミナ) ②核小体 ③ DNA ④ユー ⑤ヘテロ

解説

核は遺伝情報を有する DNA を保管し, 細胞が必要とする遺伝情報の読み出しが行われる場である.

核の内膜は, 核の内側から細胞骨格でできたメッシュ状の構造で裏打ちされている. このメッシュ状の構造を核ラミナという. 核ラミナによって核の機械的な強度が保たれている.

核の内部には光学顕微鏡でも観察可能な構造として核小体がある. 核小体は核内に 1〜数個あり, 通常球形をしている. 膜で囲まれてはいない. 核小体では, rRNA(リボソーム RNA)の合成およびリボソームの大小サブユニットの組み立てが行われている.

核に収納されている DNA はヒストンとよばれるタンパク質と結合して, 折り畳まれた構造を形成する. この DNA とタンパク質の複合体をクロマチンという. クロマチンの状態は均一ではなく, 凝縮度が低い部分をユークロマチン, 凝縮度が高い部分をヘテロクロマチンという. ユークロマチンはその細胞で遺伝情報が盛んに使用されているDNAを含む部分，ヘテロクロマチンは遺伝情報が使用されていないDNAを含む部分である．

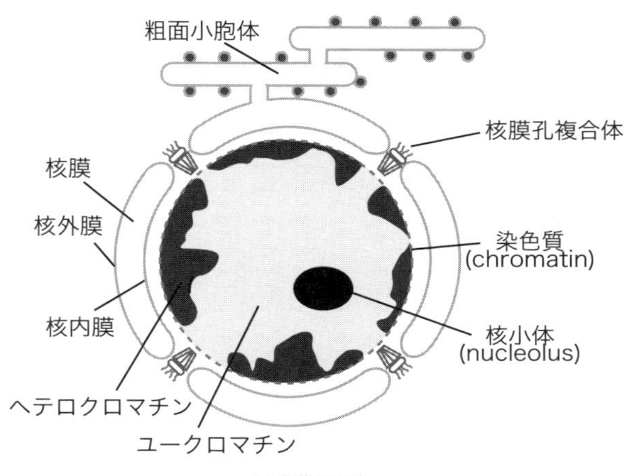

核(断面図)

(板部洋之，荒田洋一郎(2025)詳解生化学 第2版，図2-1，京都廣川書店 を一部改変)

Check Point

核ラミナ：核膜を核の内側から支えるメッシュ状の構造．

核小体：核の内部に1～数個観察される球状の構造．膜は有さない．リボソームRNAの合成やリボソームの形成が行われる．

クロマチン：DNAとタンパク質の複合体．凝縮度の高い部分や低い部分があり，均一ではない．

ユークロマチン：凝縮度が低く，遺伝情報が盛んに用いられている．

ヘテロクロマチン：凝縮度が高く，遺伝情報が用いられていない．

問題 3

ミトコンドリアに関する記述として正しいのはどれか.

1. 脂肪酸の β 酸化は膜間腔で行われる.
2. マトリックスには, 独自の遺伝情報をもった直鎖状 DNA と 70S リボソームがある.
3. 嫌気的代謝によるエネルギー産生が行われる.
4. クエン酸回路による反応は, マトリックスで行われる.
5. 電子伝達系に関与する酵素は外膜に存在する.

解答 4

解説

1. × 膜間腔 → ○ マトリックス
2. × 直鎖状 DNA → ○ 環状 DNA
3. × 嫌気的代謝 → ○ 好気的代謝
5. × 外膜 → ○ 内膜

ミトコンドリアは, 好気呼吸(酸素呼吸)の場である. 酸素を取り込み, 有機物と反応させて二酸化炭素と水とする好気呼吸によって, エネルギー物質である ATP が産生される. 好気呼吸は多数の酵素による多段階の反応過程で行われており, マトリックスにはクエン酸回路(TCA 回路)が, 内膜には電子伝達系や ATP 合成酵素が存在する. また, 脂肪酸の β 酸化もマトリックスで行われる(詳細は第 6 章 6-3 (p.311)参照).

ミトコンドリアのマトリックスには独自の環状 DNA および 70S リボソームがある. これらは真正細菌と類似した特徴である. 他に, ミトコンドリア内でミトコンドリア DNA からタンパク質がつくられる，内膜の脂質組成が真核細胞より真正細菌に類似しているなどの特徴もある．このようなこともあり，ミトコンドリアは，遠い昔，細胞内に共生していた好気性細菌が起源と考えられている(細胞内共生説)．

Check Point

ミトコンドリア：好気呼吸によるエネルギー(ATP)産生の場

マトリックスにクエン酸回路，内膜に電子伝達系や ATP 合成酵素がある．マトリックスに 70S リボソームと環状 DNA を含む．

問題4

次の記述は，A)粗面小胞体，B)滑面小胞体，C)ゴルジ体 のいずれについてのものか．記号で答えなさい．

1. シトクロム P450 などの酵素により，薬物代謝や疎水性物質の代謝が行われる．
2. 脂質(リン脂質，コレステロールなど)の合成が行われる．
3. 膜タンパク質や分泌タンパク質の合成の場となる．
4. 膜タンパク質や分泌タンパク質の修飾および最終目的地への輸送に関わる．
5. カルシウムイオンの貯蔵と放出が行われる．
6. 膜表面にリボソームが結合している．

解答　1. B　2. B　3. A　4. C　5. B　6. A

解説

小胞体は，生体膜でできた扁平な袋状または管状の構造をしており，細胞質内に網状に広がっている．細胞小器官の中で最も生体膜の膜面積が大きい．膜表面にリボソームが結合した粗面小胞体と，結合していない滑面小胞体がある．

粗面小胞体では，表面に結合したリボソームで分泌タンパク質，細胞膜の膜タンパク質，リソソームのタンパク質が合成され，小胞体の内腔に入る．粗面小胞体の内部では，タンパク質への糖鎖の付加，ジスルフィド結合の形成，タンパク質の折りたたみなど，タンパク質の修飾と品質管理が行われる．タンパク質の成熟過程は，粗面小胞体で完了せず，続きはゴルジ体へ引き継がれる．

滑面小胞体では，シトクロム P450 などの酵素によってステロイドホルモンなどの内在性物質の産生や薬物代謝が行われる．リン脂質，コレステロール，脂肪酸などの脂質合成の場でもある．また，内腔にカルシウムイオンを貯蔵しており，シグナルに応じて細胞質基質に放出する．

ゴルジ体(ゴルジ装置)は生体膜でできた，扁平の袋が複数重なった構造をしている．それぞれの袋を“嚢”とよび，それぞれの嚢の内部はつながっていない．ゴルジ体には極性(向き)がある．小胞体に近い方からシス，メディアル，トランスの嚢があり，シス嚢の外側にシス網，トランス嚢の外側にトランス網がある．粗面小胞体で合成されたタンパク質は小胞に内包されてゴルジ体のシス網に運ばれ，シス嚢からトランス嚢へと進む過程で糖鎖などの修飾が完成し，最終的にリソソームや細胞膜など目的地別に選別されてトランス網から小胞に内包されて運び出される(詳細は第 3 章 3-3 (p.147)を参照).

Check Point

小胞体：リボソームが結合＝粗面小胞体，結合せず＝滑面小胞体
粗面小胞体：膜タンパク質や分泌タンパク質の合成，修飾，品質管理の場．修飾はゴルジ体に引き継がれる．
滑面小胞体：脂質の合成，薬物などの代謝，カルシウムイオンの貯蔵と放出の場．
ゴルジ体：膜タンパク質や分泌タンパク質の修飾の完成，最終目的地別の選別・輸送小胞への積み込みの場．

問題 5

次の記述は，A)リソソーム，B)エンドソーム，C)ペルオキシソームのいずれに関するものか．記号で答えなさい．

1. 至適 pH が 5 付近である多種類の加水分解酵素を含む．
2. 過酸化水素を生成するオキシダーゼを含む．
3. 細胞外から取り込まれた物質の選別およびリソソームや細胞膜への輸送に関わる．
4. 不要となった細胞成分や細胞外から取り込んだ物質が分解される．
5. 過酸化水素を分解するカタラーゼを含む．

解答 1. A　2. C　3. B　4. A　5. C

解説

リソソームは細胞外からエンドサイトーシス(第 1 章 1-3 問題 7 解説参照)で取り込んだ物質，細胞内で不要になった物質，オートファジーされた物質を加水分解する場である．リソソーム内は pH 約 5 である．リソソーム膜上にあるプロトンポンプの働きにより pH が細胞質基質より低く保たれている．リソソームにはプロテアーゼ(タンパク質分解酵素)，ヌクレアーゼ(核酸分解酵素)，グリコシダーゼ(糖質分解酵素)，リパーゼ(脂質分解酵素)などの加水分解酵素が含まれる．これらの酵素はいずれも pH 5 付近でよく働く(pH 5 付近が至適 pH である)．

エンドソームでは細胞外からエンドサイトーシスによって取り込まれた物質が選別され，細胞膜やリソソームに輸送される．リソソーム同様，膜上にプロトンポンプが存在し，内部の pH は 5〜6 程度である．

ペルオキシソームでは，種々のオキシダーゼ(酸化酵素)が過酸化水素を発生させており，酸化による解毒やミトコンドリアでは分解できない極長鎖脂肪酸の酸化が行われている．過剰な過酸化水素を分解するカタラーゼも豊富である．

Check Point

リソソーム：細胞内・細胞外からの物質を加水分解する場．内部のpHは約5程度．pH 5付近でよく働く多種類の加水分解酵素を含む．

エンドソーム：細胞外から取り込んだ物質の選別の場．

ペルオキシソーム：酸化酵素が過酸化水素を産生する．過酸化水素による酸化的解毒などが行われる．過剰な過酸化水素を分解するカタラーゼを含む．

1-3　細胞膜の構造と機能

問題 1

次の記述の空欄①～③に最も適切な語句を入れなさい．④，⑤は括弧に示された語句のうち，正しい方を選びなさい．

生体膜の基本構造は，［　①　］を主成分とする［　②　］層である．［　①　］は，ひとつの分子内に疎水性部分と親水性部分の両方をもつ［　③　］性分子である．脂質二重層では，リン脂質の［④(親水性 or 疎水性)］部分が膜の表面に分布し，リン脂質の［⑤(親水性 or 疎水性)］部分は膜の内側に隔離されている．

解答　①リン脂質　②脂質二重　③両親媒　④親水性　⑤疎水性

解説

細胞や細胞小器官を囲む膜を生体膜という．生体膜は脂質二重層を基本構造とする．脂質二重層は両親媒性の脂質によって形成され，通常，主成分はリン脂質である．動物細胞の細胞膜では，他に主要な脂質成分として，コレステロール，糖脂質を含む．

リン脂質などの両親媒性物質は，ひとつの分子内に疎水性の領域と親水性の領域の両方をもつ．このような物質は，水溶液中では疎水性の領域を水から隔離し，水と接する表面を親水性の領域で覆うような状態が安定である．そのため，リン脂質は，親水性領域を外側に，疎水性領域を内側にむけて向かい合った二分子分の厚さ（約 8 nm）の膜構造を形成する（下図）．この脂質二重層は生体に特有の構造ではなく，リン脂質分子の物理化学的性質により形成される構造である．脂質二重層では，個々の脂質分子は互いに共有結合しておらず，疎水性相互作用およびファンデルワールス力により集合している．

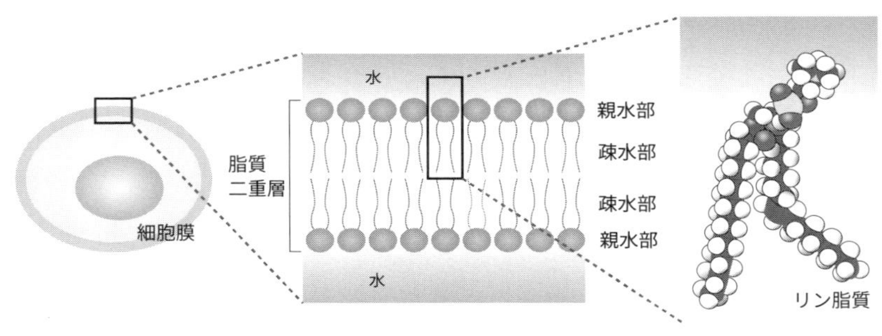

脂質二重層

（板部洋之，荒田洋一郎（2025）詳解生化学 第 2 版，図 3-8，京都廣川書店）

Column

リポソーム製剤

生体膜の構成成分となるリン脂質を水溶液中で分散させると，脂質二重層で形成された膜小胞を形成する．この人工的な膜小胞をリポソームという．リポソームは内部に水溶液を包含する．このことを利用して，内部に薬物を封入したマイクロカプセルとしてリポソームを用い，薬物の標的組織への到達性を高めた製剤が開発されている．

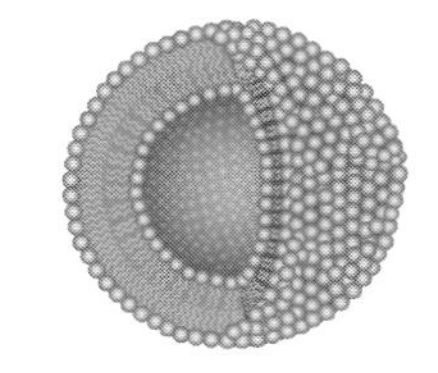

リポソーム

（板部洋之，荒田洋一郎（2025），詳解生化学 第 2 版，図 9-2，京都廣川書店）

問題 2

次の記述の空欄①に最も適切な語句を入れなさい．②～④は括弧に示された語句のうち，正しい方を選びなさい．

細胞膜では，脂質二重層でできた膜に多くの[①]が埋め込まれている．細胞膜中の脂質や[①]は互いに[②（共有 or 非共有）]結合しており，細胞膜中を膜の[③（水平 or 垂直）]方向に動くことができる．脂質や[①]に結合した糖鎖は，細胞膜の細胞[④（内 or 外）]に面した側に存在する．

解答 ①タンパク質　②非共有　③水平　④外

解説

生体膜のうち，外界と細胞内の境界を形成している膜が細胞膜である．細胞膜は脂質二重層を基本構造とし，脂質二重層の膜に多くのタンパク質が埋め込まれたような構造をしている（次頁図参照）．膜中の脂質およびタンパク質は疎水性相互作用を主とした非共有結合で相互作用している．個々の脂質分子やタンパク質分子は膜中で回転および水平方向に移動することができ，膜は流動性をもつ．この生体膜の構造モデルは流動モザイクモデルとよばれる．細胞膜の糖脂質（糖鎖が結合した脂質）や糖タンパク質（糖鎖が結合したタンパク質）の糖鎖部分は細胞の外に面した側にある．

細胞膜の主な役割には，細胞外との境界形成，物質の調節輸送，細胞外からの情報の受容と伝達，ある種の酵素反応の場の形成，細胞骨格の係留，細胞間の相互作用がある．

細胞小器官を構成する生体膜も，脂質二重層の膜にタンパク質が埋め込まれている，という構造は細胞膜と同じである．脂質二重層を構成する脂質の組成や膜に存在するタンパク質の種類は細胞小器官により，また細胞により違いがある．

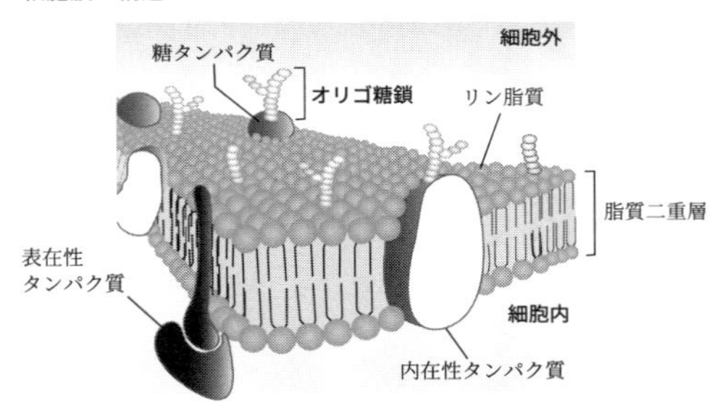

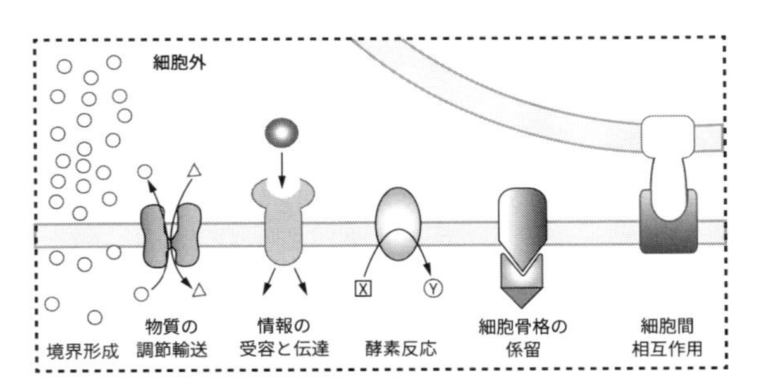

細胞膜の構造と機能

Check Point

細胞膜：細胞内と外界の境界を形成する生体膜

基本構造：脂質二重層にタンパク質が埋め込まれている．

流動性：脂質分子やタンパク質分子は水平方向に動き回る．

糖鎖：糖脂質や糖タンパク質の糖鎖は細胞外に面した側にある．

問題３

次の物質のうち，脂質二重層を自由に透過できるものをすべて選びなさい．

二酸化炭素，グルコース，水素イオン，アミノ酸，タンパク質，酸素分子，ステロイドホルモン，水，ナトリウムイオン

解答　二酸化炭素，酸素分子，ステロイドホルモン

解説

細胞膜の基本構造である脂質二重層は，細胞と外界との境界を形成し，物質透過の障壁となっている．しかし，脂質二重層を自由に透過できる分子には障壁とはならず，それらの分子は物理化学的法則(濃度勾配)に従って細胞に出入りする．脂質二重層を透過できない分子は，細胞膜にある担体(チャネルや輸送体)を介して細胞膜を透過する．

<table>
<tr><th>脂質二重層の透過</th><th colspan="2">物質の性状</th><th>例</th></tr>
<tr><td rowspan="2">できる</td><td colspan="2">疎水性分子</td><td>ステロイドホルモンなど</td></tr>
<tr><td colspan="2">非極性小分子
(主に気体)</td><td>酸素分子，二酸化炭素，
一酸化窒素　など</td></tr>
<tr><td>ある程度できる</td><td rowspan="2">電荷を
もたない
極性分子</td><td>分子量
小</td><td>グリセロール，
エタノール　など</td></tr>
<tr><td rowspan="3">できない</td><td>分子量
大</td><td>グルコース，スクロースなど</td></tr>
<tr><td colspan="2">電荷をもつ分子</td><td>アミノ酸，ヌクレオチドなど</td></tr>
<tr><td colspan="2">無機イオンなど</td><td>Na^+, Ca^{2+}, Cl^-, H^+　など</td></tr>
</table>

問題 4

次の記述の空欄①，②に最も適切な語句を入れなさい．③，④は括弧に示された番号のうち，正しい方を選びなさい．

生体膜に親水性の小孔を形成し，特定のイオンまたは特定の小分子を拡散により透過させるタンパク質のことを［ ① ］，特定の物質を選択的に結合して生体膜を透過させるタンパク質のことを［ ② ］という．［ ① ］，［ ② ］を比べると，［ ③(① or ②) ］のほうが輸送速度が速い．また，［ ④(① or ②) ］は，輸送する物質の濃度が高くなると，輸送速度が飽和する．

解答　①チャネル　②トランスポーター(輸送体)　③①(チャネル)
④②(トランスポーター)

解説

生体膜が特定の物質を選択的に透過させる性質(選択的透過性)は，脂質二重層に存在するタンパク質の働きによる．生体膜内外の物質輸送を担うタンパク質は，輸送のしくみの違いからチャネルとトランスポーター(輸送体)に分けられる．

チャネルは，生体膜に親水性の小孔を形成し，イオンなどを透過させる．小孔は通常は閉まっていて，特定の刺激により一過性に開く．このとき，特定のイオン(または物質)のみが濃度の濃いほうから薄いほうへと小孔を透過する．

トランスポーター(輸送体)は，膜の片側で特定の物質を結合するとタンパク質の形が変化し，膜の反対側に結合部位が開いて物質を移動させる．特定のイオンや有機小分子などを輸送する．

トランスポーターでは，物質を結合しタンパク質の形が変化する，という過程があるため，チャネルと比較して，輸送速度が遅く，また，輸送する物質の濃度が高くなると輸送速度が一定になる(飽和する)（詳細は第4章4-3を参照）．

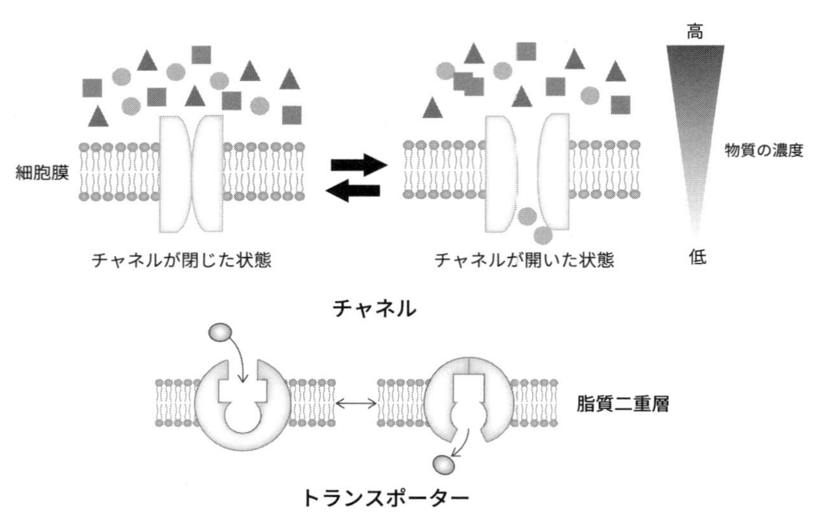

（上：板部洋之，荒田洋一郎(2025)詳解生化学 第2版，図9-9，京都廣川書店
下：同，図9-11）

Check Point

チャネル：生体膜に一過性に親水性の小孔を形成し，特定のイオンなどを透過させる．

トランスポーター(輸送体)：特定の物質を選択的に結合し，膜の反対側に運ぶ．

問題 5

次の記述の空欄に最も適切な語句を入れなさい．

生体膜を横切る物質移動のうち，移動する物質自身の濃度勾配(化学的勾配)または［①］勾配に従って移動するものを［②］輸送という．［②］輸送には物質が脂質二重層内を拡散により通過する［③］拡散とチャネルや輸送体によって移動する［④］拡散がある．
物質の移動に際して直接または間接的に［⑤］のエネルギーを消費する輸送を［⑥］輸送という．［⑥］輸送には［⑤］を直接消費する［⑦］輸送と，［⑤］のエネルギーを消費して形成されたイオンなどの［①］勾配を利用する［⑧］輸送がある．

解答　①電気化学的　②受動　③単純　④促進　⑤ ATP　⑥能動　⑦一次性能動　⑧二次性能動

解説

物質が生体膜を透過する様式は，担体の有無，エネルギー消費の有無などにより分類される．

受動輸送：輸送される物質の移動はその物質の濃度勾配または電気化学的勾配に従う．

単純拡散：担体を介さない(第 1 章 1-3 問題 3 解説参照)．

促進拡散：担体(チャネルやトランスポーター)を介する．

能動輸送：細胞が蓄えたエネルギーの消費により，輸送される物質は濃度勾配に逆らう移動が可能である．

一次性能動輸送：輸送体は ATP を分解する活性をもち，ATP 分解の

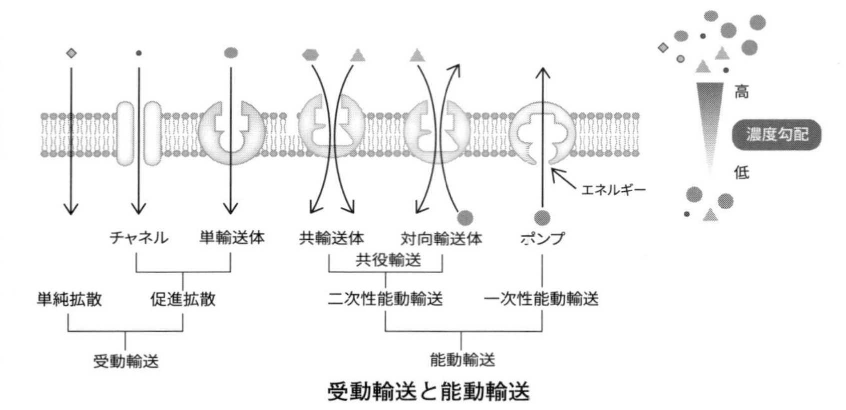

受動輸送と能動輸送

（板部洋之，荒田洋一郎(2025)詳解生化学 第2版，図 9-13，京都廣川書店）

エネルギーを直接利用して物質を輸送する．

二次性能動輸送：膜の内外に形成された別の物質の電気化学的勾配のエネルギーを利用して物質を輸送する．

トランスポーターによる輸送では，輸送される物質が1種類か2種類か，また，2種類のときはその向きによって分類されることがある．

単輸送　：1種類の物質を輸送

共輸送　：2種類の物質を同じ方向に輸送

対向輸送：2種類の物質を逆方向に輸送（逆輸送ともいう）

問題 6

1.～5. の物質透過は A. ～D. のいずれに相当するか．記号で答えなさい．

1. Na^+ 依存性グルコーストランスポーター(SGLT)によるグルコースの膜透過
2. 電位依存性 Ca^{2+} チャネルによるカルシウムイオンの膜透過
3. グルコーストランスポーター(GLUT)によるグルコースの膜透過
4. Na^+,K^+-ATPase によるナトリウムイオン，カリウムイオンの膜透過
5. 酸素分子の膜透過

A. 単純拡散　　B. 促進拡散
C. 一次性能動輸送　　D. 二次性能動輸送

解答　1.D　2.B　3.B　4.C　5.A

解説

1. SGLT(Na^+依存性グルコーストランスポーター)

Na^+の電気化学的勾配を消費しながら，グルコースを細胞内に取り込むトランスポーターである．Na^+は，濃いほうから薄いほうへ(＝細胞外から細胞内へ)移動し，それとともにグルコースを濃度勾配に依存せず，細胞外から細胞内へ輸送する．このとき細胞の膜を隔てて形成されたNa^+の濃度勾配，つまり，電気化学的エネルギーが消費される．このような輸送形態が二次性能動輸送である．グルコースとNa^+はどちらも

細胞外から細胞内へ輸送され，輸送する物質の種類と向きからの分類では，共輸送体である．

2. 電位依存性 Ca^{2+} チャネル

チャネルによる物質移動は，チャネルが膜に一過性の小孔を形成することで行われる．そのため，移動する物質は常にその物質の濃度勾配に従って移動する．つまり促進拡散である．電位依存性 Ca^{2+} チャネルでは Ca^{2+} の濃度勾配に従って Ca^{2+} がチャネルを透過する．チャネルの開閉を決める刺激にはさまざまあるが，電位依存性 Ca^{2+} チャネルは細胞膜を隔てた電位が変化したときにチャネルが開く．

3. GLUT（グルコーストランスポーター）

グルコースの濃度勾配に従って，グルコースを輸送するトランスポーターである．GLUT によって，グルコースは促進拡散する．グルコースを単独で輸送するので，輸送する物質の種類と向きによる分類では，単輸送体である．

4. Na^+,K^+-ATPase（Na^+,K^+-ポンプ，ナトリウムポンプ）

ATP を分解する酵素活性をもち，ATP の分解により得られるエネルギーを利用して Na^+,K^+ を電気化学的勾配に逆らって輸送できる．ATP から得られるエネルギーを直接利用する一次性能動輸送を行うトランスポーターは，ポンプともよばれる．Na^+,K^+-ATPase は ATP を 1 分子分解するごとに，K^+ を細胞外から細胞内へ 2 個，Na^+ を細胞内から細胞外へ 3 個輸送する．どちらも濃度勾配に逆らう輸送である．Na^+,K^+-ATPase は細胞膜を隔てた Na^+,K^+ の濃度勾配の形成に主要な役割を担う．Na^+,K^+ の濃度勾配は，細胞膜の膜電位の形成に必須である．また，Na^+ の濃度勾配は SGLT などでは二次性能動輸送のエネルギー源となる．

5. 酸素分子の膜透過

酸素分子などの気体は脂質二重層を拡散により透過することができ，担体を必要としない．

問題７

次の記述の空欄に最も適切な語句を入れなさい．

細胞膜の形態変化を伴う輸送である膜動輸送のうち，細胞内への輸送を［①］，細胞外への輸送を［②］という．［①］で取り込まれた物質は，細胞小器官の［③］で選別され，［④］へ運ばれたものはそこで加水分解される．［②］により細胞外に放出されるタンパク質は，［⑤］に結合したリボソームで合成された後，［⑥］に運ばれ，最終的に小胞に内包されて細胞膜へと運ばれ，小胞が細胞膜と融合することで細胞外に放出される．

解答　①エンドサイトーシス(飲食作用)
②エキソサイトーシス(開口分泌)　③エンドソーム
④リソソーム　⑤粗面小胞体　⑥ゴルジ体

解説

タンパク質などの高分子物質や低密度リポタンパク質(LDL)などの複合体の輸送は脂質二重層を基本構造とする小胞を介して行われる．細胞外のものを取り込む際には，細胞膜が陥入後，取り込む物質を内包した小胞が細胞膜から切り離される．これをエンドサイトーシスという．細胞内のものを放出する際には，放出されるものを内包した小胞が細胞膜と融合し，小胞の内容物が細胞外に放出される．これをエキソサイトーシスという．

エンドサイトーシスにより細胞内に取り込まれた物質はエンドソームでの選別を経て，分解されるものはリソソームに運ばれて加水分解される．取り込む対象の大きさにより，エンドサイトーシスをピノサイトーシス(飲作用)，ファゴサイトーシス(食作用)とよび分ける場合もある．細胞外にある LDL などの複合体や細胞膜上のタンパク質を取り込む場合は，ピノサイトーシス(飲作用)，貪食細胞による細菌や死細胞の取り込みはファゴサイトーシス(食作用)である．

エキソサイトーシスされるタンパク質は，粗面小胞体に結合したリボソームで合成されて粗面小胞体内腔に入り，ゴルジ体を経て分泌小胞に封入され細胞膜と融合することで，細胞外に分泌される．アルブミン，インスリン，コラーゲンなどはエキソサイトーシスにより細胞外に放出される．分泌される物質はタンパク質とは限らず，たとえば，神経伝達物質の放出もエキソサイトーシスの一種である．

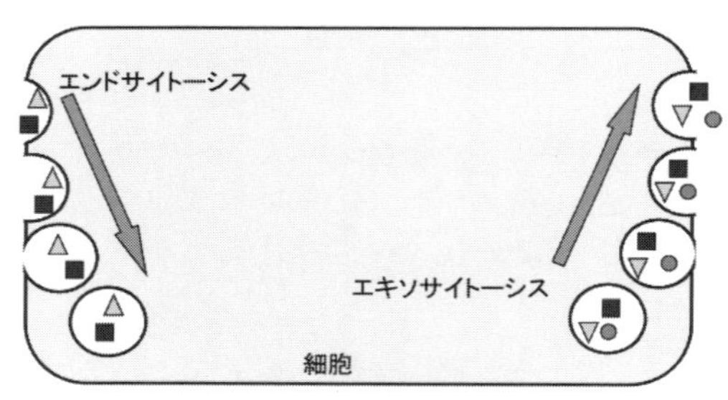

膜動輸送

(板部洋之，荒田洋一郎(2025)詳解生化学 第2版，図9-15，京都廣川書店)

Check Point

大きな物質は細胞膜の形態変化を伴う膜動輸送によって輸送される．

膜動輸送：細胞膜と小胞の融合または細胞膜からの小胞の形成を伴う輸送

エキソサイトーシス：細胞内から細胞外への輸送

エンドサイトーシス：細胞外から細胞内への輸送

1-4 細胞骨格と細胞外マトリックス

問題 1

次の記述の空欄に最も適切な語句を入れなさい.

細胞外や細胞内の構造物を構成するタンパク質を総称して［①］とよぶ.［①］にはコラーゲンなど細胞外マトリックスのタンパク質や細胞質基質に存在する一連の細く長い線維である［②］が含まれる.［②］には3種類あり, 線維が最も太いのが［③］, 最も細いのが［④］, 最も安定なのが［⑤］である.

解答 ①構造タンパク質　②細胞骨格　③微小管
④アクチンフィラメント(ミクロフィラメント)
⑤中間径フィラメント

解説

構造タンパク質は細胞外や細胞内の構造物を構成するタンパク質である. 細胞や組織の機械的支持体となり, 細胞や組織の形態形成や安定化に寄与する. コラーゲンなど細胞外マトリックス(細胞外基質)のタンパク質とアクチンフィラメント(ミクロフィラメント)などの細胞骨格が含まれる.

細胞骨格には微小管, 中間径フィラメント, アクチンフィラメントの

3 種類がある．太さ，形状，細胞内分布，構成要素，役割などに違いがある．

微小管とアクチンフィラメントは球状のタンパク質が決まった向きに重合しているので，向き（極性）があり，線維の伸長短縮（重合・脱重合）が容易に起こる（第 1 章 1–4 問題 3，問題 4 解説参照）．中間径フィラメントは構成タンパク質も線維状であり，極性がなく，他の線維に比べて引っ張り強度があり，安定である．

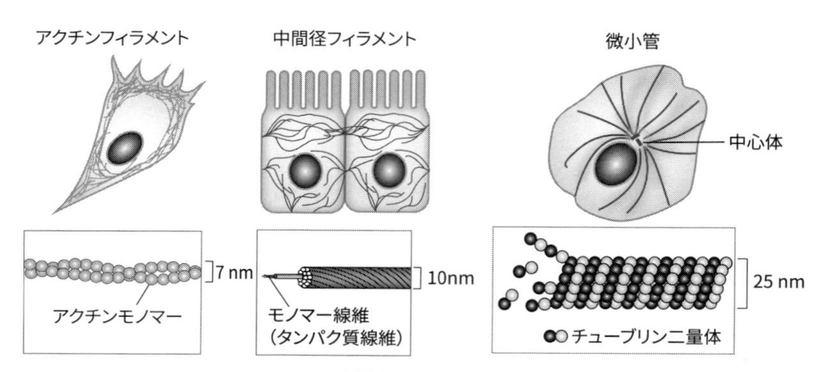

3 種類の細胞骨格

（板部洋之，荒田洋一郎（2025）詳解生化学 第 2 版，図 27–1，京都廣川書店 を一部改変）

Check Point

	太さ	構成要素の形状	極性の有無	繊維の安定性
微小管	太い	球状	有	動的
中間径フィラメント	中間	線維状	無	安定
アクチンフィラメント	細い	球状	有	動的

問題 2

次の現象や役割では，細胞骨格(A. 微小管　B. アクチンフィラメント　C. 中間径フィラメント)のうちのいずれが主要な役割を担うか．記号で答えなさい．

1. 細胞分裂における細胞質分裂
2. 細胞分裂における紡錘体の形成
3. 繊毛や鞭毛の形成と運動
4. 核膜の裏打ち
5. 細胞内の小胞や細胞小器官の輸送
6. 細胞膜の裏打ち
7. 引っ張り強度の付与
8. 筋収縮

解答　1. B　2. A　3. A　4. C　5. A　6. B　7. C　8. B

解説

3種類の細胞骨格はそれぞれ異なる役割を担う．主なものをあげると，

微小管
- 繊毛や鞭毛の形成と運動
- 細胞分裂時の紡錘体の形成と染色体の分配(紡錘糸＝微小管)
- 小胞や細胞小器官の輸送
- 細胞小器官(小胞体，ゴルジ体など)の形態および位置の維持

アクチンフィラメント
- 筋収縮
- 細胞膜の裏打ち
- 細胞分裂時の細胞質分裂(収縮環の形成と収縮)
- 微絨毛の形成
- 細胞のアメーバ運動

中間径フィラメント
- 細胞への引っ張り強度の付与
- 核膜の裏打ち(ラミン)

などである．

問題 3

次の記述の空欄に最も適切な語句を入れなさい．

微小管は，[①]という球状タンパク質が多数重合して形成される長い中空の管である．[①]にはヌクレオチドの一種[②]が結合しており，[②]の結合と加水分解は[①]の重合・脱重合と密接に関わる．動物細胞では，微小管は核近傍にある[③]を起点として形成される．微小管には向きがあり，[③]に結合していない側が[④]端で，[①]の付加・脱離が盛んに起こる．

解答　①チューブリン　② GTP　③中心体　④プラス(＋)

解説

チューブリンには α，β，γ の 3 種類あり，微小管の形成では，α-チューブリンと β-チューブリン各 1 分子ずつのヘテロ二量体が基本単位となる．このヘテロ二量体が規則正しく縦に重合した線維(原線維)が 13 本集まってできた中空の管が微小管である．

チューブリンのヘテロ二量体はすべて同じ向きに並ぶので，微小管には向き(極性)が生じる．微小管の形成や機能には極性が非常に重要である．

動物細胞では，微小管は核近傍の中心体という構造を起点に形成される(第 1 章 1–4 問題 1 解説の図参照)．中心体に結合した側は，安定化されている．微小管は，中心体と結合していない末端でチューブリンヘテロ二量体の重合・脱重合が起き，線維が頻繁に伸長・退縮する(動的不安定性)．微小管の向きを示すとき，中心体に結合している側(伸長・退縮しない側)をマイナス端，中心体と反対の先端側(伸長・退縮が起こる側）をプラス端とよぶ．

チューブリン分子はそれぞれ1分子のGTPを結合しており，β-チューブリンは結合したGTPを加水分解してGDPにする活性をもつ．GTPを結合した状態とGDPを結合した状態では，GTPを結合した状態のほうが重合しやすく，線維中で安定である．

微小管の表面には，微小管結合タンパク質（MAPs）とよばれるタンパク質が結合しており，微小管の機能を調節している．

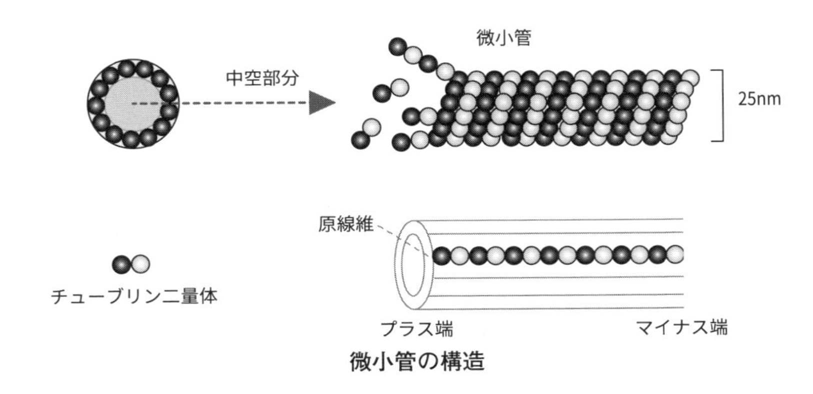

微小管の構造

Check Point

微小管

・チューブリン二量体が連なった原線維13本からなる中空状の線維
・**構成要素**：チューブリン（α，βのヘテロ二量体）
・**チューブリン**：GTPを結合．球状．
　β-チューブリンはGTPを加水分解する活性をもつ．
　GTP結合型が重合しやすく，線維が安定する．
・**中心体**：微小管の形成中心．
　中心体に結合した末端では微小管は安定化している．
・微小管は中心体と逆側の先端で，伸長・退縮を頻繁に繰り返す．（動的不安定性）
・線維に向き（極性）がある．
　中心体の側＝マイナス端 ⟷ 中心体と逆の先端側＝プラス端

問題４

次の記述の空欄に最も適切な語句を入れなさい．

アクチンフィラメントは球状タンパク質であるアクチンが二重らせん状に重合している線維で，［①］ともよばれる．単量体のアクチンを［②］アクチン，重合して線維を形成した状態のアクチンを［③］アクチンとよぶ．［②］アクチンはヌクレオチドの一種である［④］を結合している．重合後にはアクチンのもつ［⑤］活性により［④］が分解されて［⑥］になる．アクチン分子は［④］を結合している状態では重合しやすく，［⑥］を結合している状態では脱重合しやすいので，アクチンフィラメントでは絶えず重合と脱重合が起きている．

解答　①ミクロフィラメント　②G　③F　④ATP
⑤ATPase　⑥ADP

解説

アクチンフィラメントはアクチン分子が重合してできた二重らせん状の線維である．単量体のアクチンをGアクチン（globular actin：球状アクチンの意味），重合して線維を形成した状態のアクチンをFアクチン（filamentous actin：線維状アクチンの意味）とよぶ．アクチン分子には向きがあり，重合する際には常に一定の決まった向きで重合するため，線維に向き（極性）が生じる．重合の速い側をプラス端，遅い側をマイナス端とよぶ．

アクチン分子はATPを結合し，また，ADPに分解するATPase活性をもつ．アクチン分子はATPを結合した状態では重合しやすく，ADP

を結合した状態では脱重合しやすい．そのため，細胞質基質のアクチン単量体濃度とアクチン分子による ATP の分解速度のバランスにより重合・脱重合が制御される．両者のバランスがとれていると，プラス端ではアクチン分子の重合により線維が伸長し，マイナス端では脱重合により線維が短縮するトレッドミル現象がみられる．この場合，全体として線維の長さが変わらないまま，線維全体があたかもプラス端方向に移動しているかのような現象が観察される．

細胞内には，アクチンフィラメントに結合するさまざまなタンパク質があり，アクチンフィラメントの重合・脱重合や，架橋・束化などを制御している．

Check Point

アクチンフィラメント

・アクチン分子が重合してできた二重らせん状の線維

・**構成要素**：アクチン
（単量体：G アクチン，線維状に重合：F アクチン）

・**アクチン分子**：ATP を結合．球状．ATP を加水分解する活性をもつ．
ATP 結合型が重合しやすく，線維が安定する．

・線維に向き（極性）がある．
重合しやすい側＝プラス端 ⟷ 重合しにくい側＝マイナス端

・**トレッドミル現象**
プラス端側：重合により線維が伸長
マイナス端側：脱重合により線維が短縮
線維全体がプラス端側に動くように見える．

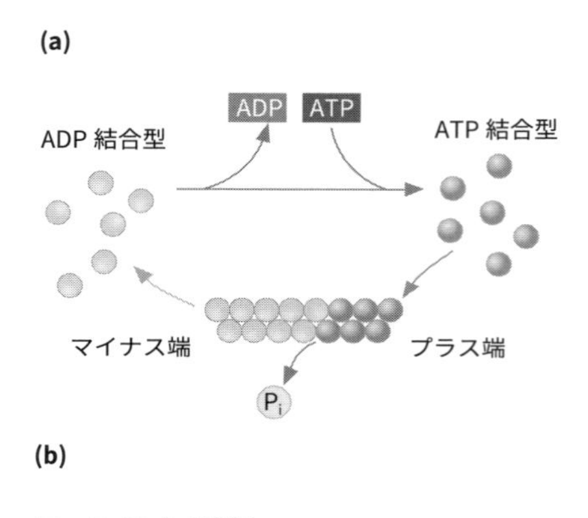

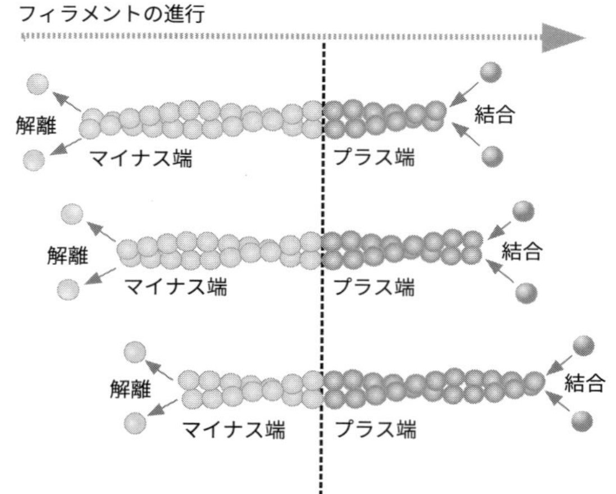

アクチン単量体によるフィラメント形成とトレッドミル現象

(板部洋之，荒田洋一郎(2025)詳解生化学 第2版，図27-2，京都廣川書店)

問題 5

次の記述の空欄に最も適切な語句を入れなさい．

中間径フィラメントの構成タンパク質は多種多様であり，それぞれ，特徴的な組織・細胞でみられる．代表的なものに，上皮細胞にみられる［　①　］，線維芽細胞にみられる［　②　］，神経細胞に特徴的な［　③　］，筋細胞にみられる［　④　］がある．また，核膜の裏打ちをする［　⑤　］も中間径フィラメントである．いずれも，長いαヘリックス領域をもつ［　⑥　］状タンパク質である．

解答　①ケラチン　②ビメンチン　③ニューロフィラメント
④デスミン　⑤ラミン　⑥線維

解説

アクチンフィラメントや微小管と異なり，中間径フィラメントの構成タンパク質には，さまざまな種類があり，それぞれ特徴的な組織・細胞にみられる．上皮細胞では，ケラチン（サイトケラチン*），線維芽細胞ではビメンチン，筋細胞ではデスミン，神経細胞ではニューロフィラメント，グリア細胞ではグリア線維性酸性タンパク質（GFAP）などである．種類は多いが，構成タンパク質の高次構造は互いによく似ており，いずれも長いαヘリックス領域をもつ線維状タンパク質である．

中間径フィラメントは，構成要素の重合の仕方（次頁図参照）により，他の細胞骨格よりも重合・脱重合の頻度が低く安定で，引っ張り強度があり，極性をもたない．

*サイトケラチン：上皮細胞の細胞内で中間径フィラメントを形成しているケラチンを特にサイトケラチンとよぶことがある．ケラチンは，表

皮の角質層や，爪，角，うろこ，毛，羽のような皮膚の上皮由来の構造体の主成分でもある．これらと区別する際のよび方といえる．

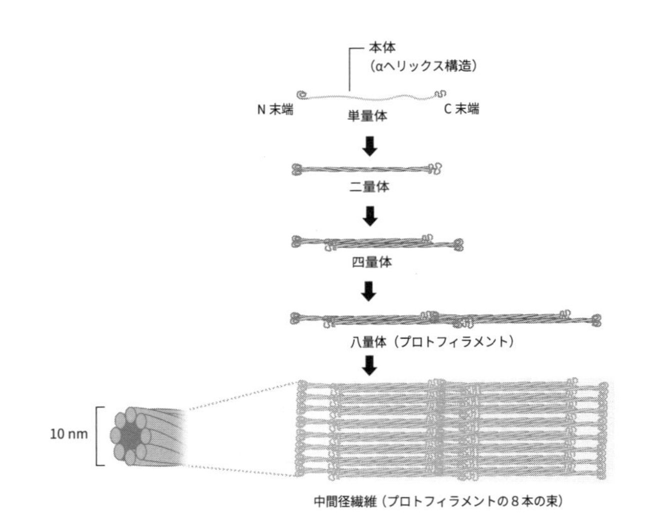

中間径フィラメントの形成のされ方

（板部洋之，荒田洋一郎(2025)詳解生化学 第 2 版，図 27-11，京都廣川書店）

Check Point

中間径フィラメントの種類	主な存在部位・細胞
ケラチン	上皮細胞
ビメンチン	線維芽細胞
デスミン	筋細胞
ニューロフィラメント	神経細胞
ラミン	核膜

問題 6

次の記述の空欄に最も適切な語句を入れなさい.

[①]の加水分解により生じるエネルギーを利用して，細胞骨格に沿って移動するタンパク質が[②]タンパク質である.
[②]タンパク質は大きく3つのグループに分類される.
1つ目は，アクチンフィラメント上を移動する[③]である.
筋線維の[③]は会合して太い[③]フィラメントを形成し，細いアクチンフィラメントとともに筋収縮を担う.
2つ目と3つ目は微小管上を移動するタンパク質で，[④]は微小管のプラス端に向かって移動し，[⑤]はマイナス端に向かって移動する. [④]および[⑤]は小胞体やゴルジ体などの細胞小器官の細胞内での配置や，神経細胞での[⑥]輸送(軸索突起におけるシナプス小胞前駆体などの輸送)などに関わる.

解答　① ATP　②モーター　③ミオシン　④キネシン　⑤ダイニン
⑥軸索

解説

アクチンフィラメントと微小管には極性があり，その極性を判別して線維上を移動するタンパク質がある. これらのタンパク質はATPを加水分解する活性をもち，それにより生じるエネルギーを運動のエネルギーに変換して移動する. このようなタンパク質のことをモータータンパク質とよぶ. モータータンパク質は大きく3つのグループに分かれ，それぞれ移動する線維が決まっている.

アクチンフィラメントを移動するのがミオシンである. ミオシンはア

クチンフィラメントをプラス端に向かって移動する．ミオシンにはいくつかの種類があり，筋線維ではたらくタイプのミオシン(II型ミオシン)は，重合してミオシンフィラメントを形成し，アクチンフィラメントとの相互作用により筋収縮を担う．また，筋細胞以外でもよく似たしくみで小規模な収縮を担う(細胞分裂時の収縮環など)．別のタイプのミオシンは，線維を形成せず，細胞膜や小胞などと相互作用し，アクチンフィラメントに沿った細胞膜の変形や小胞の輸送などに関与する．

微小管を移動するモータータンパク質にはキネシンとダイニンがあり，移動の向きが異なる．微小管をプラス端に向かって移動するのがキネシン，マイナス端に向かって移動するのがダイニンである．小胞や細胞小器官などの細胞内輸送や，神経細胞における軸索輸送に関わる．また，ゴルジ体や小胞体の形態や位置の維持にも関与する．

Check Point

モータータンパク質	細胞骨格	移動の方向
ミオシン	アクチンフィラメント	プラス端方向
キネシン	微小管	プラス端方向
ダイニン		マイナス端方向

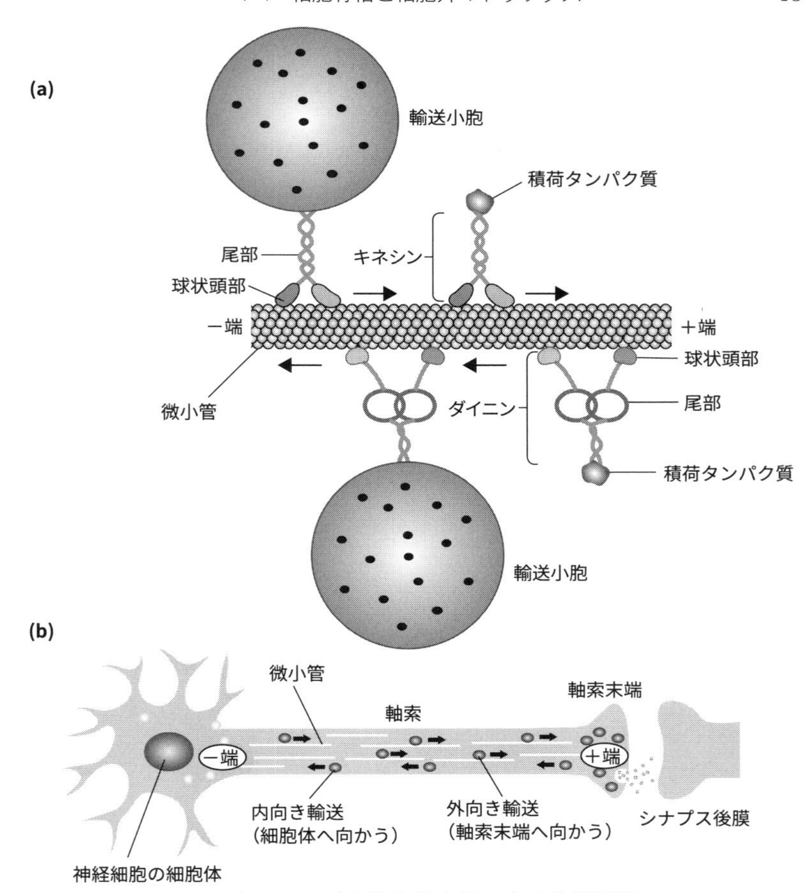

モータータンパク質と微小管による物質輸送

（板部洋之，荒田洋一郎(2025)詳解生化学 第2版，図27-10，京都廣川書店）

問題 7

次の記述が示す細胞接着分子の名称を答えなさい.

1. 同じ細胞接着分子どうしがカルシウムイオン依存的に結合する.
2. 細胞外に免疫グロブリン様ドメインをもち，結合にカルシウムイオンを必要としない.
3. 細胞と細胞外マトリックスの接着における細胞側の分子で，α 鎖と β 鎖のヘテロ二量体で機能する.
4. 糖鎖を認識するレクチン活性をもち，血球および脈管系の細胞にのみ発現している.

解答　1. カドヘリン　2. 免疫グロブリンスーパーファミリー
3. インテグリン　4. セレクチン

解説

細胞膜にあり，細胞と細胞または細胞と細胞外マトリックスの接着に関わる受容体タンパク質が細胞接着分子(接着分子，接着因子，接着受容体)である．隣接する細胞や細胞外マトリックスとの接着を通して組織全体の構造を維持し，細胞による外界の認識および細胞内への外界からの情報の伝達を行う．細胞接着分子は分子の構造によって分類され，主なものにカドヘリン(カドヘリンスーパーファミリー)，インテグリン，免疫グロブリンスーパーファミリー，セレクチンがある．

カドヘリンは，カルシウムイオン依存的に結合する 1 回膜貫通型の糖タンパク質で，70 種類以上がある．同種類のカドヘリン間で結合する特徴をもつことから，接着する細胞を選別する役割をもつ．デスモソーム(1-4 問題 8 解説参照)の細胞接着分子であるデスモコリン，およびデスモグレインもこのファミリーに含まれる．

インテグリンは 1 回膜貫通型の糖タンパク質である α 鎖および β 鎖のヘテロ二量体からなり，カルシウムイオン依存的に結合する．α 鎖，β 鎖とも複数種類存在し，細胞により種類や組合せに違いがある．細胞と細胞外マトリックスの接着を担う主要な細胞接着分子である．

免疫グロブリンスーパーファミリーは細胞外領域に免疫グロブリン類似の構造をもつ糖タンパク質で，1,000 種類以上がある．結合にはカルシウムイオンを必要としない．代表的なものに，NCAM(神経細胞接着因子)，ICAM(細胞間接着因子)などがあり，MHC 分子(主要組織適合抗原)や T 細胞の抗原認識に関する CD4 や CD8 も含まれる．

セレクチンは細胞外領域に糖鎖を認識するレクチン活性をもち，カルシウムイオン依存的に結合するタンパク質で，3 種類が知られている．血球および脈管系の細胞のみに発現しており，白血球の血管外への遊走に関与する．

細胞接着分子	Ca^{2+}要求性	接着対象	その他特徴
カドヘリン	あり	同種のカドヘリン	デスモコリン，デスモグレインなどが含まれる
免疫グロブリンスーパーファミリー	なし	分子ごとに異なる	免疫グロブリン様ドメインをもつ
インテグリン	あり	細胞外マトリックス(細胞間接着に関与するのもある)	α 鎖と β 鎖のヘテロ二量体
セレクチン	あり	特定の糖鎖	脈管系細胞で発現

問題 8

次の記述は上皮細胞にみられる接着構造の特徴を示す．それぞれの名称を答えなさい．

1. 最も頂端側にあり細胞間隙の物質移動の障壁の形成と細胞極性の維持を担う．
2. カドヘリンどうしが細胞間で結合することにより隣接細胞間のアクチンフィラメントの束を間接的に連結する．
3. 結合している細胞間でイオンや水溶性の小さい分子を通過させるチャネルを形成する．
4. 隣接細胞間に斑点状に存在し，細胞の内側に観察される円盤様構造には中間径フィラメント（ケラチン）が結合する．
5. 細胞の底面と細胞外マトリックスの一種である基底膜との間で形成される接着構造で細胞内は中間径フィラメントが結合している．

解答　1. 密着結合（タイト結合，タイトジャンクション）
2. 接着結合（アドヘレンスジャンクション）
3. ギャップ結合（ギャップジャンクション）
4. デスモソーム　5. ヘミデスモソーム

解説

外界とのバリア機能を担う上皮細胞には，細胞と細胞および細胞と細胞外マトリックスの間で形成されるさまざまな接着構造がある．

密着結合は，上皮細胞の最も頂端側にあり，隣接細胞間でオクルディンやクローディンなどが結合し，細胞どうしをファスナーで閉じたように密着させる．細胞間隙の物質移動の障壁の形成と細胞極性の維持を担う．

接着結合は，密着結合のすぐ下に形成され，隣接細胞間でカドヘリンが結合し，細胞内ではカテニンというタンパク質を介してアクチンフィラメントと結合している．

ギャップ結合は，細胞間でコネクソンとよばれるチャネルを形成し，イオンや水溶性の小分子を通過させる．神経細胞や心筋細胞では，ギャップ結合を介したイオンの移動が，迅速で協調的な応答に重要な役割を担う．

デスモソームは，デスモコリンやデスモグレインが細胞間で接着し，細胞内に観察される円盤状の構造には中間径フィラメントが結合している．物理的ストレスにさらされる皮膚や心筋で豊富に観察される．

ヘミデスモソームは，上皮細胞の基底面と細胞外マトリックスである基底膜との間の接着構造で，細胞接着分子はインテグリンである．細胞内は中間径フィラメントと結合している．

細胞–細胞外マトリックス間の接着構造には，他にフォーカルアドヒージョンなどがある．フォーカルアドヒージョンの細胞接着分子はインテグリンであり，細胞内ではアクチンフィラメントと結合している．フォーカルアドヒージョンは上皮細胞だけでなく，線維芽細胞や組織マクロファージなどの結合組織中の細胞などと細胞外マトリックスとの結合に関与している．

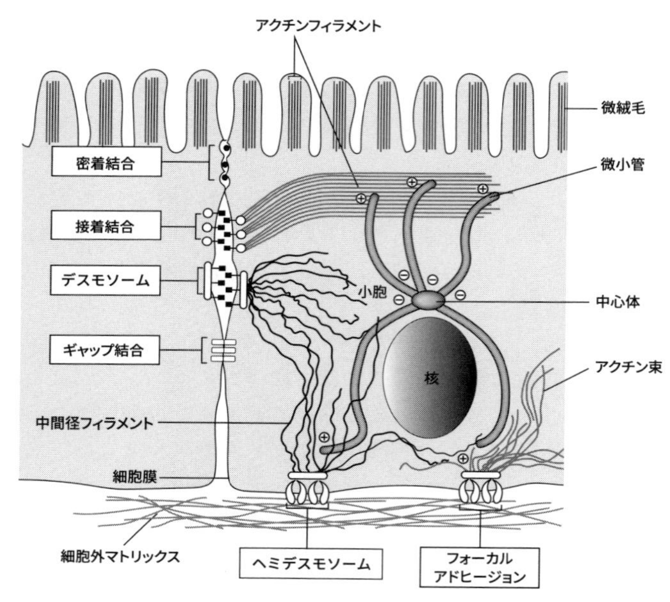

細胞間の接着構造と細胞骨格

（板部洋之，荒田洋一郎(2020)詳解生化学，図 27-13，京都廣川書店）

問題 9

次の記述が示す細胞外マトリックス分子の名称を答えなさい.

1. 3本のポリペプチドが三重ヘリックスを形成し，細胞外マトリックスの構成要素のなかで最も多い.
2. 複数の分子が網目状構造を形成し，組織に弾力性を与える.
3. ヘテロ二量体を形成し，動物のほぼすべての結合組織で細胞を細胞外マトリックスに接着させる働きをする.
4. ヘテロ三量体を形成し，他の細胞外マトリックス分子などと一緒に網目状構造を形成するとともに，細胞を細胞外マトリックスに接着させる働きをする.
5. 多数のグリコサミノグリカンがコアタンパク質に共有結合しており，軟骨や水晶体に多く含まれる.

解答　1. コラーゲン　2. エラスチン　3. フィブロネクチン
4. ラミニン　5. プロテオグリカン

解説

細胞外マトリックスとは，多細胞生物の細胞間を満たしている分子のネットワークのこと(次頁図)で，構成要素となる分子はこのネットワーク内にある細胞により産生される.

コラーゲンは，細胞外マトリックス分子のなかで最も豊富であり，哺乳類のタンパク質のなかで最も多い. 3本のポリペプチドが非共有結合および共有結合により三重らせんを形成した線維状構造をとる. アミノ酸配列にはGly-X-Yの繰り返し構造をもち，Xにはプロリン，Yにはヒドロキシプロリンが多く含まれる. リシン，プロリンが翻訳後修飾によりヒドロキシ化されたヒドロキシリシン，ヒドロキシプロリンはコラーゲンの立体構造維持に必須である．コラーゲンは組織の構造維持に重要で，細胞外マトリックスに引っ張り強度や柔軟性を与える．

エラスチンはリシン残基および修飾されたリシン残基を介して分子間で共有結合し，網目状の構造をつくる．組織に弾力性を与え，動脈，靭帯，腱や皮膚などに豊富である．

フィブロネクチンとラミニンは細胞と細胞外マトリックスを接着させる役割をもち，ひとつの分子内にコラーゲンやインテグリン，プロテオグリカンや他の同種の分子との結合部位を含む．フィブロネクチンはヘテロ二量体の分子で動物のほぼすべての結合組織にある．ラミニンはヘテロ三量体の分子で，コラーゲンなどとともに網目状の構造を形成する．

プロテオグリカンは，コアタンパク質に多数のグリコサミノグリカンが結合したものである．グリコサミノグリカンのもつ多数の負電荷により，保水作用をもちゲル化し，圧力に対する抵抗性を与える．軟骨などに多く含まれる．

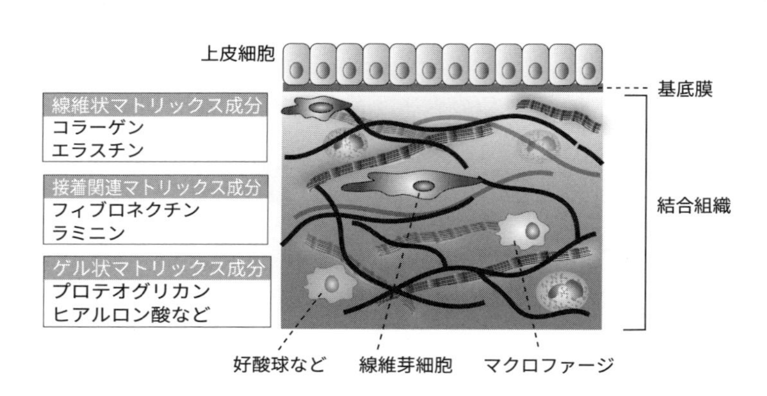

組織内の細胞外マトリックスの構造模式図

（板部洋之，荒田洋一郎（2025）詳解生化学 第2版，図27-12，京都廣川書店）

演習問題

次の各問の正誤を判定しなさい.

(1-1　細胞とは)

問1　細胞は生命活動を営む最小単位である.

問2　すべての細胞はその基本構造として細胞膜と細胞壁をもつ.

問3　真核細胞と原核細胞はリボソームの大きさに基づいて分類される.

問4　原核生物は, 細菌と菌類(真菌類)に分類される.

問5　真核生物は, 古細菌, 動物, 植物に分類される.

問6　原核生物は単細胞生物で, 真核細胞は多細胞生物である.

問7　リボソームとDNAは真核細胞にも原核細胞にも含まれる.

問8　真核細胞の特徴には, 細胞小器官および80Sのリボソームをもつこと, 環状のDNAは核の内部にあることがあげられる.

問9　生体膜に囲まれた, 形態的・機能的に独立した細胞内構造のことを細胞小器官とよぶ.

(1-2　細胞小器官の構造と機能)

問1　核内部のクロマチンのうち, 凝集度の高い部分をヘテロクロマチンといい, そこでは遺伝情報が盛んに用いられている.

問2　核小体では, tRNAの転写とリボソームの大小サブユニットの形成が行われる.

問3　ヌクレオチドなどの小分子は核膜孔を自由に通過するが, ある程度以上の大きさのRNAやタンパク質は核膜孔複合体通過のためのシグナルを要する.

問4　ミトコンドリアは細胞におけるATPの主要な産生部位である.

問5　ミトコンドリアの外膜と内膜の間をマトリックスという.

問6　ミトコンドリアの外膜と内膜にはタンパク質による小孔があり, イオンやATPなどの有機小分子が自由に通過できる.

問 7　分泌タンパク質や細胞膜のタンパク質のジスルフィド結合は粗面小胞体で形成される．

問 8　粗面小胞体で合成されたタンパク質は，小胞輸送によりゴルジ体へ運ばれる．

問 9　リソソームおよびペルオキシソームでは，プロトンポンプの働きにより，内部が酸性に保たれている．

問 10　免疫グロブリンを盛んに分泌する形質細胞では，滑面小胞体が豊富である．

問 11　薬物代謝で主要な役割を担う肝実質細胞では，滑面小胞体が豊富である．

問 12　リソソームにおいて，加水分解により生じるアミノ酸や糖，脂質などは細胞で再利用される．

(1-3　細胞膜の構造と機能)

問 1　動物細胞では，細胞膜の主要な構成成分である脂質は，リン脂質，糖脂質，中性脂肪である．

問 2　細胞膜の役割には，細胞内外の境界の形成，物質の輸送の調節，情報の受容と伝達，エネルギーの貯蔵がある．

問 3　細胞膜を構成する脂質やタンパク質は，主に疎水性相互作用によって会合している．

問 4　脂質二重層でできた膜に多くのタンパク質が埋め込まれている，という生体膜の構造モデルは流動モザイクモデルとよばれる．

問 5　生体膜を構成する脂質に含まれる脂肪酸の不飽和度が低くなると，生体膜の流動性が増す．

問 6　生体膜の基本構造である脂質二重層は細胞によって形成される生物特有の構造である．

問 7　生体膜の構成成分となるリン脂質を水溶液中で分散させたときに形成される，脂質二重層でできた人工的な膜小胞をミセルという．

問 8 疎水性分子であるステロイド，小さいイオンである H^+，気体である一酸化窒素は脂質二重層を単純拡散により透過できる．

問 9 生体膜に親水性の小孔を形成して特定のイオンなどを透過させるタンパク質をポンプといい，このタンパク質による輸送は拡散による受動輸送である．

問 10 Na^+依存性グルコース輸送体(SGLT)は，生体膜の内外に生じた電気化学的エネルギーを利用した輸送，つまり二次性能動輸送を行う輸送体である．

問 11 細胞膜を横切る物質輸送において，濃度勾配に逆らう輸送にはエネルギー消費が伴う．

問 12 Na^+,K^+-ATPase(Na^+,K^+-ポンプ，ナトリウムポンプ)は，ATP を 1 分子分解するごとに，K^+を細胞外から細胞内へ 2 個，Na^+を細胞外から細胞内へ 2 個輸送する．

問 13 エンドサイトーシスのうち，貪食細胞による細菌や死細胞の取り込みをピノサイトーシスという．

(1-4 細胞骨格と細胞外マトリックス)

問 1 構造タンパク質のうち，細胞質基質や細胞外マトリックスで細く長い線維を形成しているものを細胞骨格という．

問 2 3 種類の細胞骨格のうち，中間径フィラメントのみは極性をもたず，中間径フィラメント上を移動するモータータンパク質はみつかっていない．

問 3 小胞体やゴルジ体などの細胞小器官の形態や位置の保持には中間径フィラメントが主要な役割を担う．

問 4 チューブリンは ATP を結合しており，β-チューブリンは ATP を加水分解する活性をもつ．

問 5 微小管は α-チューブリンと β-チューブリンのヘテロ二量体が縦に重合した 13 本の原線維からなる管状の構造をしている．

問 6 微小管は，中心体に結合している末端がプラス端である．

問 7 アクチンフィラメントは，GTP を結合した G アクチンが重合して伸長する.

問 8 アクチンフィラメントはアクチン分子が重合して三重らせん状構造の線維を形成している.

問 9 筋肉細胞に存在する α アクチンはミオシン線維とともに筋収縮に関与するアクトミオシンを形成する.

問 10 中間径フィラメントの構成要素となるタンパク質は，長い β シート領域をもつ線維状タンパク質である.

問 11 毛髪，爪，羽毛，羊毛の主要な成分はケラチンである.

問 12 細胞内の中間径フィラメントを形成するケラチンはサイトケラチンとよばれる.

問 13 中間径フィラメントにはさまざまな種類があり，細胞の種類によってどの中間径フィラメントをもつかが決まっている.

問 14 微小管の表面には，微小管結合タンパク質(MAPs)とよばれるタンパク質が結合しており，微小管の機能を調節している.

問 15 密着結合は，隣接細胞間でクローディンやオクルディンなどが結合して形成される.

問 16 神経細胞や心筋では，ギャップ結合が迅速で協調的な応答に重要な役割を担う.

問 17 フォーカルアドヒージョンおよびヘミデスモソームは細胞–細胞外マトリックス間の接着構造で，細胞接着分子はセレクチンである.

問 18 細胞の接着構造のうち，接着結合とフォーカルアドヒージョンでは，細胞内でアクチンフィラメントと結合している.

問 19 コラーゲンはポリペプチド 2 本が形成する二重らせん構造からなる.

問 20 コラーゲンは Gly–X–Y の繰り返し配列をもち，X にはプロリンが，Y にはヒドロキシプロリンが多く存在する.

問 21 コラーゲンの立体構造維持に必須であるリシン残基，プロリン残基のヒドロキシ化反応にはビタミンC(L-アスコルビン酸)を必要とする.

第 2 章

生体成分の構造と性質

2-1　生体を構成する元素

問題 1

次の記述の空欄に最も適切な元素記号を入れなさい．

生物を構成する元素のうち，割合が多いのは［ ① ］，［ ② ］，［ ③ ］，［ ④ ］で，この 4 つの元素だけで生重量の 96％を占める．このほかにも微量ではあるが，生重量％の多い順に［ ⑤ ］，［ ⑥ ］，K，Na，Cl，S，Mg などの元素が含まれている．

解答　①②③④ O, C, H, N（①～④順不同）　⑤ Ca　⑥ P

解説

地球の表面で発生した生物は，地殻に存在する物質を取り込んで利用してきた．したがって，生物を構成する元素と地表部や海水，大気に含まれる元素には共通するものがある．しかし，その割合は大きく異なっている．地表部や海水，大気中では O，Si，Al，Fe，Ca，Mg，Na，K の 8 元素で 99％（重量％）を占めるが，生物では O，C，H，N の 4 元素が 96％（生重量％）を占める．そのほか生物には Ca，P，K，Na，Cl，S，Mg などの元素が含まれている．C，H，O，N の 4 元素は有機物を構成する主要構成元素であるが，それ以外の元素で生理活性をもつものを無機質(ミネラル)という.

また，極微量でも正常な生命活動に必須の金属元素を**微量元素**といい，すべての生物に共通する微量元素としてFe(鉄)，Mo(モリブデン)，Zn(亜鉛)，Cu(銅)，Mn(マンガン)，V(バナジウム)，Co(コバルト)がある．微量元素が欠乏すると欠乏症となる.

Check Point

- **生物の主要4元素**：酸素 (O)，炭素 (C)，水素 (H)，窒素 (N)
- **有機物を構成する元素**：酸素 (O)，炭素 (C)，水素 (H)，窒素 (N)，リン (P)，イオウ (S)
- **微量元素**：鉄 (Fe)，モリブデン (Mo)，亜鉛 (Zn)，銅 (Cu)，マンガン (Mn)，バナジウム (V)，コバルト (Co) など (欠乏すると欠乏症になる)

問題 2

次の記述の空欄に最も適切な語句を入れなさい.

細胞をつくっている生体物質のうち, 生重量%が最も大きいのは［ ① ］で, 70%以上を占める. 残りは, ［ ② ］, ［ ③ ］, ［ ④ ］, ［ ⑤ ］やその他の有機物と無機物である. 有機物で最も多いのは［ ② ］である.

解答 ①水 ②タンパク質
③④⑤脂質, 核酸, 糖質(炭水化物) (順不同)

解説

生物を構成する元素は, 生体物質の成分となって存在している. 生体物質には, 水, 有機物, 無機物がある. この中で最も多いのは水で, 生重量の70〜90%を占めている.

有機物は炭素を含む化合物で, 生体を構成する主な有機物は, タンパク質, 脂質, 核酸, 糖質(炭水化物)である. それらが含まれる割合は, 細胞の種類により異なるが, 真核細胞の場合は動物細胞と植物細胞では核と細胞質を合わせた部分における割合にほとんど違いはなく, 生重量%でみると, 水>タンパク質>脂質>核酸>糖質(炭水化物)>無機物となる. 生重量から水の重量を除いた乾燥重量では, 有機物の重量がほとんどを占め, なかでもタンパク質が全体の約60〜70%近くと一番多い.

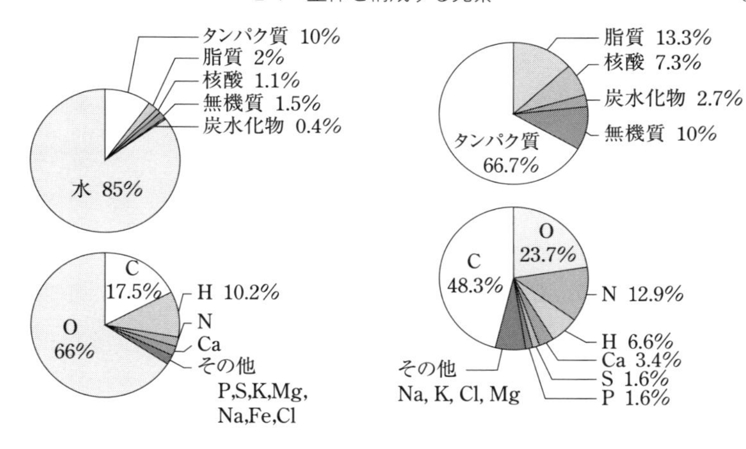

Check Point

細胞をつくっている物質（生体物質*）

・**水**：細胞中に最も多く含まれている（70〜90％）

・**有機物**：タンパク質，脂質，核酸，糖質（炭水化物）および，これらの構成単位物質および中間体

・**無機物**：水に溶けて無機イオンとして働くほか，タンパク質などに結合して細胞機能を調節する

*生体物質：水，タンパク質，脂質，核酸，糖質（炭水化物），無機物

2-2 水

問題 1

次の記述の空欄に最も適切な語句を入れなさい．

水分子内では，[①]の原子核は[②]の原子核より電子を引き付ける力が強いため，[①]原子はいくぶんマイナスに，[②]原子はいくぶんプラスに帯電している．そのため，水分子の[③]原子は，別の水分子の[④]原子と静電的に引き合って[②]結合とよばれる結合を形成している．水分子は非極性分子同士の会合を[⑤]める．

解答 ①酸素 ②水素 ③④酸素，水素(③④順不同) ⑤強

解説

水素原子と酸素原子の**電気陰性度**(電子を引き付ける度合い)の差(水素 2.1 に対して酸素 3.5)により共有結合電子の分布が酸素原子側に偏るため，水分子は酸素がいくぶんマイナスに，水素がいくぶんプラスに帯電した電気的双極子になっている．分子内に存在する電気的な偏りを**極性**という．極性をもった水分子同士はプラス部分とマイナス部分で静電的に引き合う．このようにして形成される結合は，弱くプラスに帯電した水素原子を介するので水素結合とよばれる．また，水分子は静電的引

力により極性分子やイオンを取り囲むことができ(**水和**)，さまざまな物質を溶かすことができる．非極性分子同士は，水中に存在するときは水との接触を小さくするために集合体を形成する．これを**疎水性相互作用**とよぶ．

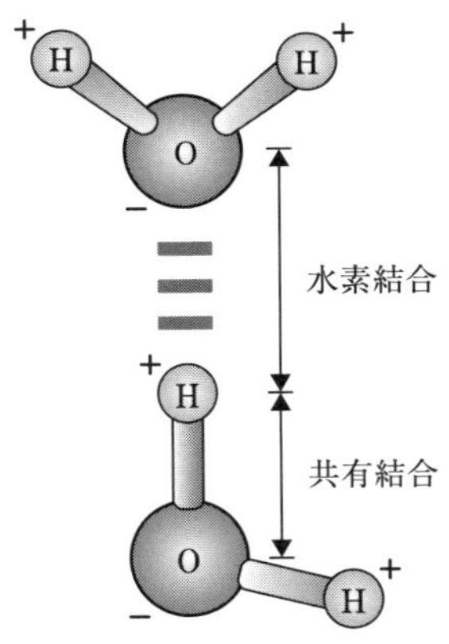

水の構造と分子間水素結合

Check Point

水分子

- 酸素原子がいくぶんマイナスに，水素原子がいくぶんプラスに帯電した電気的双極子(酸素原子と2つの水素原子の間の共有結合角は，約104.5度)である
- 水分子間や他の極性分子間で水素結合を形成する
- 静電的引力により極性分子を取り囲むことができ(水和)，さまざまな極性物質を溶かすことができる
- 非極性分子同士を集合させる(疎水性相互作用)

問題 2

次の記述の空欄に最も適切な語句を入れなさい.

水は低分子量化合物としては［ ① ］点(0℃)や［ ② ］点(100℃)が高い. また［ ③ ］熱(4.2 kJ/kg・K)も大きい. これらは, 水分子同士が［ ④ ］結合をしており, 状態変化を起こすときに［ ④ ］結合を切断するためのエネルギーが必要であることによる.

解答　①融　②沸　③比　④水素

解説

水は生物の生重量の70～90%を占めており, 多くの物質を溶かして反応の場を与えるなど生命活動と密接な関係をもつ. しかし, 水は水素結合を形成しているため分子間の凝集力が大きく, 状態変化を起こすときには水素結合を切断するためのエネルギーが必要である. そのため, 融点(0℃), 沸点(100℃)が高く, 比熱(4.2 kJ/kg・K), 蒸発熱(40.7 kJ/mol, 100℃), 融解熱(6.01 kJ/mol, 0℃)が大きいなど他の液体と異なった性質をもっており,「異常な液体」ともいわれるが, 例えば比熱が大きいため, 温まりにくく, 冷めにくいので生物体内の温度の急変が防がれるなどそれらの性質が生物にとって有利に働くことがある.

Check Point

水の「異常な」性質

融点(0℃), 沸点(100℃), 比熱(4.2 kJ/kg・K), 蒸発熱(40.7 kJ/mol, 100℃), 融解熱(6.01 kJ/mol, 0℃)が異常に大きい

⟶水が水素結合を形成していることによる

2-3 アミノ酸とタンパク質

問題 1

次の 1. ～5. の各問いに答えなさい.

1. 塩基性アミノ酸を列記し，その構造式を書きなさい.
2. 酸性アミノ酸を列記し，その構造式を書きなさい.
3. 含硫アミノ酸を列記し，その構造式を書きなさい.
4. 芳香族アミノ酸を列記し，その構造式を書きなさい.
5. ヒドロキシ基をもつアミノ酸を列記し，その構造式を書きなさい.

解答
1. リシン(Lys, K)，アルギニン(Arg, R)，ヒスチジン(His, H)
2. アスパラギン酸(Asp, D)，グルタミン酸(Glu, E)
3. システイン(Cys, C)，メチオニン(Met, M)
4. フェニルアラニン(Phe, F)，チロシン(Tyr, Y)，トリプトファン(Trp, W)，ヒスチジン(His, H)
5. セリン(Ser, S)，トレオニン(Thr, T)，チロシン(Tyr, Y)

構造式については次頁参照

1. 塩基性アミノ酸

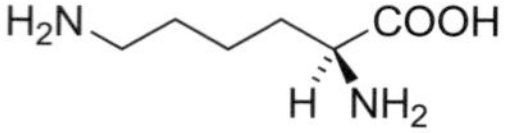

L-リシン
（L-lysine Lys,K）

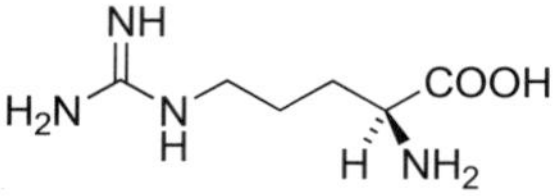

L-アルギニン
（L-arginine Arg,R）

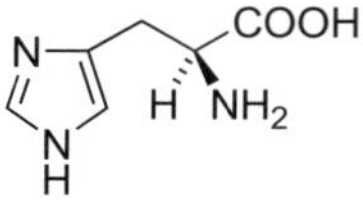

L-ヒスチジン
（L-histidine His,H）

2. 酸性アミノ酸

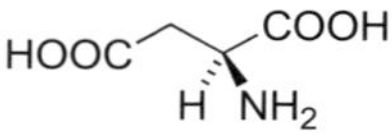

L-アスパラギン酸
（L-aspartic acid Asp,D）

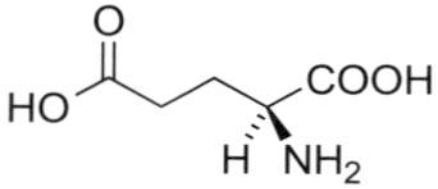

L-グルタミン酸
（L-glutamic acid Glu,E）

3. 含硫アミノ酸

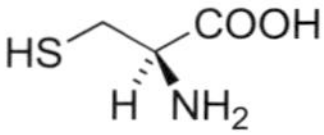

L-システイン
（L-cysteine Cys,C）

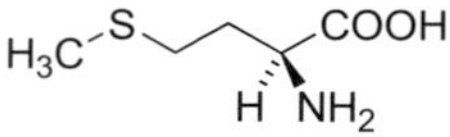

L-メチオニン
（L-methionine Met,M）

4. 芳香族アミノ酸

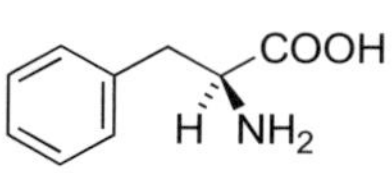

L-フェニルアラニン
（L-phenylalanine Phe,F）

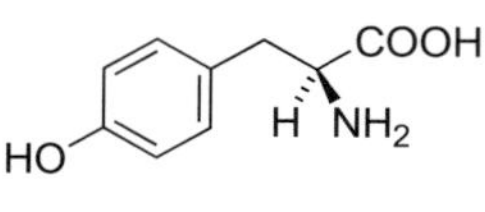

L-チロシン
（L-tyrosine Tyr,Y）

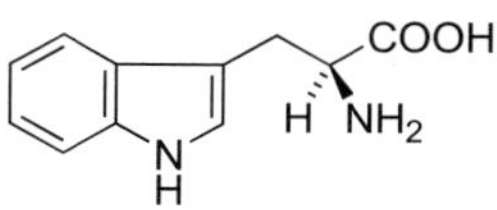

L-トリプトファン
（L-tryptophan Trp,W）

L-ヒスチジン
（構造式は上記 1. 塩基性アミノ酸を参照）

5. ヒドロキシ基をもつアミノ酸

L-セリン
(L-serine Ser,S)

L-トレオニン
(L-threonine Thr,T)

L-チロシン
(L-tyrosine Tyr,Y)

解説

アミノ酸(amino acid)とは，広義には，アミノ基とカルボキシ基の両方の官能基をもつ有機化合物の総称である．アミノ酸はカルボン酸の一種として分類される．カルボキシ基の次の炭素(カルボキシ基が結合している炭素)を α 炭素といい，α 炭素にアミノ基が結合しているアミノ酸を「α-アミノ酸」という．タンパク質を構成するアミノ酸は α-アミノ酸である．

α-アミノ酸は $RCH(NH_2)COOH$ という構造をもつ．R はアミノ酸の側鎖を表し，その化学的な性質により，脂肪族アミノ酸，芳香族アミノ酸，含硫アミノ酸，酸性アミノ酸，塩基性アミノ酸などに分類される．プロリンは厳密にはアミノ酸ではなく，イミノ酸であるが，タンパク質を構成するので便宜上アミノ酸に含める．

問題 2

次のアミノ酸の解離曲線を書きなさい．アミノ酸のカルボキシ基，アミノ基の p*K*a はそれぞれ 1.8，9.2 とする．また，各アミノ酸の側鎖部分の p*K*a は(　　)内に示す．

1. アスパラギン酸(4.0)，グルタミン酸(4.3)
2. リシン(10.8)，アルギニン(12.5)，ヒスチジン(6.0)

解答

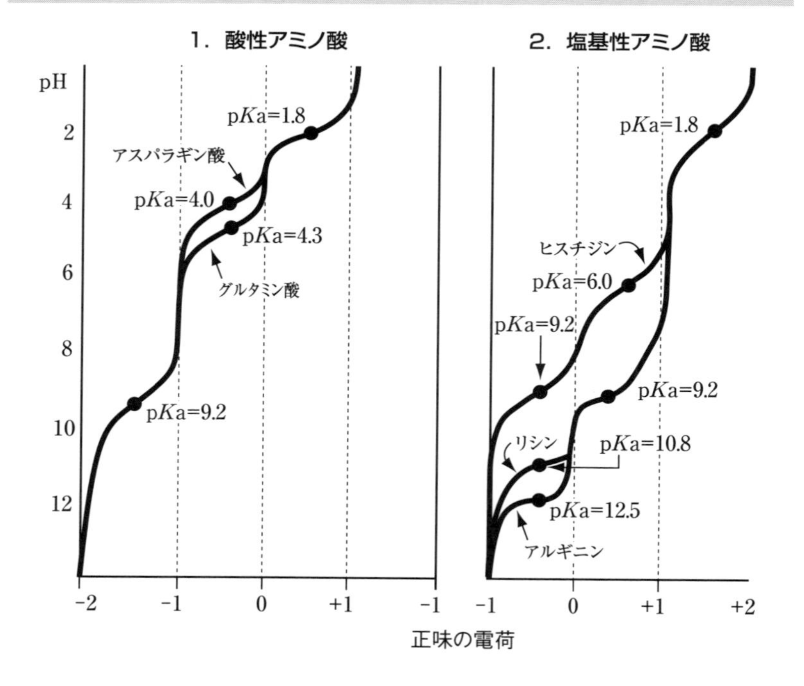

解説

アミノ酸は，カルボキシ基(-COOH)，アミノ基($-NH_2$)をもつが，これらの基はそれぞれ酸，塩基の性質をもつ．よってアミノ酸は酸，塩基の両方の性質をもつ．カルボキシ基は，ある種の条件で解離してプロトン(H^+)を与え，一方，アミノ基はプロトン(H^+)を受け取ることで，イオンになる．アミノ酸はある種の条件で，プラスとマイナスの両方の電荷をもつ両性(双性)イオンとなる．

酸解離定数 Ka の負の常用対数をとったものを，pKa という．

ヘンダーソン・ハッセルバルヒの式　$pH = pKa + \log\left(\frac{[A^-]}{[HA]}\right)$

に $pH = pKa$ を代入すると，$\log\left(\frac{[A^-]}{[HA]}\right) = 0$

$$\frac{[A^-]}{[HA]} = 1 \quad \text{となり，} [A^-] = [HA]$$

酸を pKa と同じ pH の緩衝液に溶解すると，その 50%が解離する．

アミノ酸のカルボキシ基の pKa はおよそ 1.8 で，pH 1.8 の緩衝液中では，カルボキシ基の 50%が解離している．中性の緩衝液中では，カルボキシ基は解離し，負に帯電している($-COO^- + H^+$)．

アミノ酸のアミノ基の pKa はおよそ 9.2 で，pH 9.2 の緩衝液中では，アミノ基の 50%がプロトン化している．中性の緩衝液中では，アミノ基は正に帯電している($-NH_3^+$)．

塩基性アミノ酸の側鎖部分もプロトン化され，正に帯電しうる．一方，酸性アミノ酸の側鎖部分のカルボキシ基も解離し，負に帯電する．リシン，アルギニン，ヒスチジン，アスパラギン酸，グルタミン酸の側鎖部分の pKa は，それぞれリシン(10.8)，アルギニン(12.5)，ヒスチジン(6.0)，アスパラギン酸(4.0)，グルタミン酸(4.3)である．緩衝液の pH が各側鎖の pKa と等しいとき，それぞれの側鎖の 50%が解離する．アミノ酸などの両性物質(両性電解質)の電荷が 0 となる溶液の pH を等電点とよぶ．

問題 3

次のアミノ酸を中性の緩衝液に溶解した場合の構造式を書きなさい.

1. リシン(Lys, K), アルギニン(Arg, R), ヒスチジン(His, H)
2. アスパラギン酸(Asp, D), グルタミン酸(Glu, E)

解答

1.

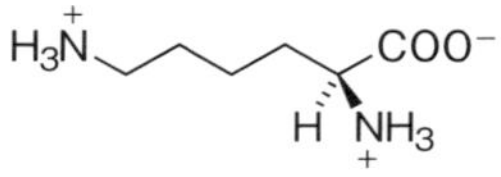

リシン
(Lys, K)

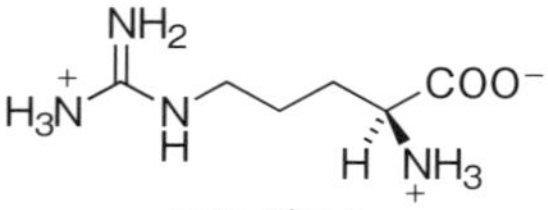

アルギニン
(Arg, R)

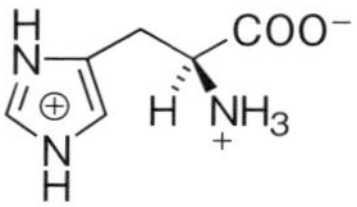

ヒスチジン
(His, H)

2.

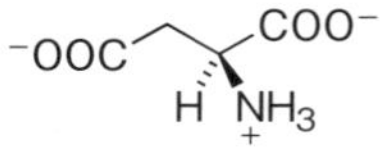

アスパラギン酸
(Asp, D)

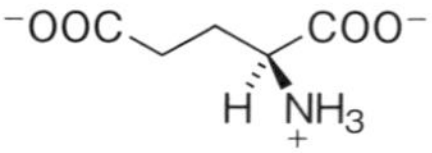

グルタミン酸
(Glu, E)

問題 4

次図のアミノ酸をフィッシャーの投影式で表し，D 型か L 型かを答えなさい．

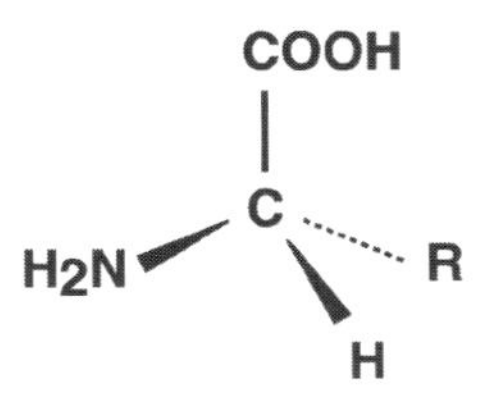

解答　L 型

解説

α-アミノ酸の α 炭素は不斉炭素であり，これを中心とした光学異性体(鏡像異性体)が存在する．α 炭素(不斉炭素)を中心に，カルボキシ基(-COOH)，アミノ基($-NH_2$)，側鎖(-R)，水素(-H)が結合する．これらの基の位置関係は，α 炭素を中心に位置すると，正四面体の頂点に位置する．α-アミノ酸を Fischer の投影式で表す場合，α 炭素(不斉炭素)を中心に，カルボキシ基(-COOH)を上に，置換基(R)を下に書く．この場合，アミノ基が左側に向くものは L 型，アミノ基が右側のものは D 型である．左図の矢印の方向から光を当てたと考えると，右図が映し出される．

Fischer の投影式では，縦方向の結合は α 炭素より奥側に伸び，一方で横方向の結合は手前側に出ている．

COOH
C
H_2N
R
H

COOH
NH_2 — C — H
R

問題 5

アミノ酸の側鎖を R1，R2，R3 としてトリペプチドの構造式を書きなさい．

解答

$$NH_2-\underset{R1}{\overset{H}{C}}-\overset{O}{\overset{\|}{C}}-\underset{H}{N}-\underset{R2}{\overset{H}{C}}-\overset{O}{\overset{\|}{C}}-\underset{H}{N}-\underset{R3}{\overset{H}{C}}-\overset{O}{\overset{\|}{C}}-OH$$

解説

アミノ酸のカルボキシ基と他のアミノ酸のアミノ基が脱水縮合したものをペプチドという．図は 3 つのアミノ酸が縮合しているのでトリペプチドである．2 つのアミノ酸の間の結合をペプチド結合という（図中の四角で囲っている箇所）．

同様に 2 つのアミノ酸がペプチド結合により結合したものをジペプチド，4 つのアミノ酸，5 つのアミノ酸，6 つのアミノ酸がつながったものを，それぞれ，テトラペプチド，ペンタペプチド，ヘキサペプチドとよぶ．また，多数のアミノ酸が多数鎖状につながったものをポリペプチドとよぶ．

（ポリ）ペプチドには末端があるが，図の左側の末端をアミノ末端（N 末端），右側の末端をカルボキシ末端（C 末端）といい区別されている．

問題 6

次の記述の空欄に最も適切な語句を入れなさい.

下図は［①］結合を模式的に示す. Cα はアミノ酸の［②］を示す. ［①］結合(−CO−NH−)は［③］構造をとり, C−N 結合は［④］的な性質を帯びている. C−N 結合の長さは Cα−C 結合の長さに比べ［⑤］.
［①］結合の C−N 結合は, その［④］的な性質から［⑥］が制限されている. すなわち, ［①］結合の C−N 結合は［⑥］しない.
また, ［①］結合の −CO−NH− の酸素−炭素−窒素−水素の各原子は同一平面上に存在している. この［①］結合の［⑦］性がタンパク質の［⑧］構造の形成に重要な役割を演じている.

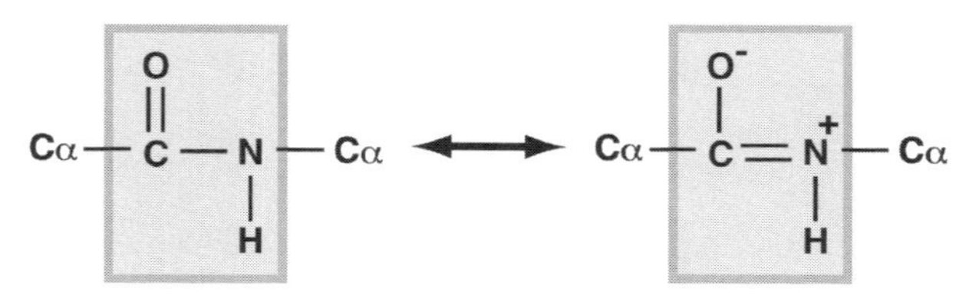

解答 ①ペプチド ②α 炭素 ③共鳴 ④二重結合 ⑤短い ⑥回転 ⑦平面 ⑧二次

問題 7

次の記述の空欄に最も適切な語句を入れなさい.

ポリペプチドの[①]結合の酸素-炭素-窒素-水素は同一[②]上に固定されているため,[①]結合の炭素-窒素結合の[③]は制限されている(事実上回転しない).一方,アミドの窒素(N)と α 炭素(Cα)の結合(N-Cα),および α 炭素(Cα)とカルボキシ炭素(C)の結合(Cα-C)は,ある程度自由な回転が許されるが,N-Cα 結合の回転角(ϕ ファイ)と Cα-C 結合の回転角(ψ プサイ)は,[①]結合の[②]やアミノ酸の[④]の立体的な制約から特定の組合せのみが可能である.[⑤](下図)は,各原子間距離の計算によって立体的に許容される ϕ,ψ 値の範囲を図示したものである.ポリペプチドの[⑥]構造によって,ϕ,ψ 値の組合せが決まっている.

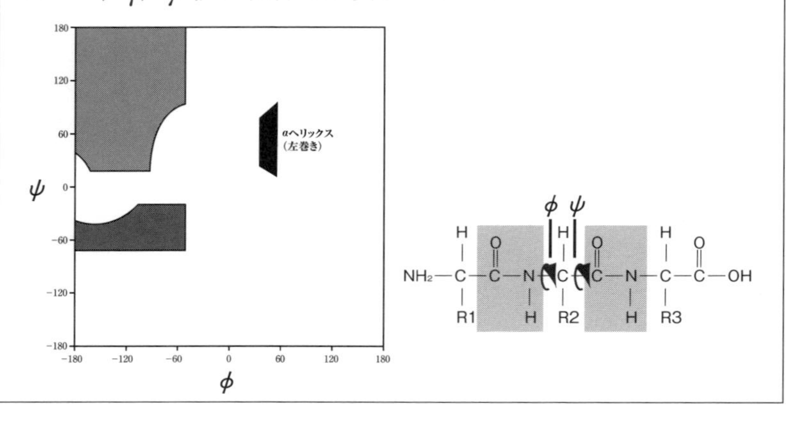

解答 ①ペプチド ②平面 ③回転 ④側鎖 ⑤ラマチャンドランプロット ⑥二次

問題 8

タンパク質の「一次構造」,「二次構造」,「三次構造」,「四次構造」について説明しなさい.

解答

タンパク質はアミノ酸のポリマーである. すなわち, アミノ酸が多数, ペプチド結合を介してつながったものである. アミノ酸は約 20 種類のものがあるので, タンパク質の構造は, アミノ酸の種類およびその順番, すなわち「アミノ酸配列」により規定される. このアミノ酸の配列をタンパク質の「一次構造(primary structure)」とよぶ. タンパク質の一次構造は, 遺伝子により規定されている.

タンパク質の二次構造(secondary structure)は, アミノ酸が並んでできるペプチドの部分的な立体構造のことである. α ヘリックス, コラーゲンヘリックス, β シート, β ターンなどを含む. これら二次構造はペプチドのアミノ酸の種類により, ある程度規定されている. アミノ酸の種類により, 置換基の大きさ, 化学的な性質が異なるため, N–Cα 結合の回転角(ϕ ファイ)と Cα–C 結合の回転角(ψ プサイ)の組合せがある程度制限されるからである.

タンパク質の三次構造(tertiary structure)は, タンパク質全体の立体構造のことである. α ヘリックス, β シート, β ターンなどの二次構造が組合わさった複雑な立体構造をとる. 三次構造を安定化する要因は多数あるが, 置換基の間の水素結合, 静電的な結合, 疎水的な相互作用, ジスルフィド結合などがある.

タンパク質は, 複数のサブユニットから構成されるものがある. これらのオリゴマータンパク質の複合体全体の立体構造を四次構造(quaternary structure)とよぶ.

問題 9

次の記述の空欄に最も適切な語句を入れなさい.

タンパク質の［ ① ］構造のひとつに［ ② ］がある.［ ② ］はポリペプチド鎖が［ ③ ］巻きのらせん構造をしている. アミノ酸［ ④ ］残基で1回転し, らせんのピッチ(1回転で進む軸方向の距離)は［ ⑤ ］nm である. また,［ ② ］では, ペプチド結合のアミドの窒素に結合した［ ⑥ ］原子は4つ離れたペプチド結合のカルボキシ炭素に結合した［ ⑦ ］原子と［ ⑥ ］結合をつくり, 安定化されている.［ ⑥ ］結合の方向は, らせんの軸方向に［ ⑧ ］している.

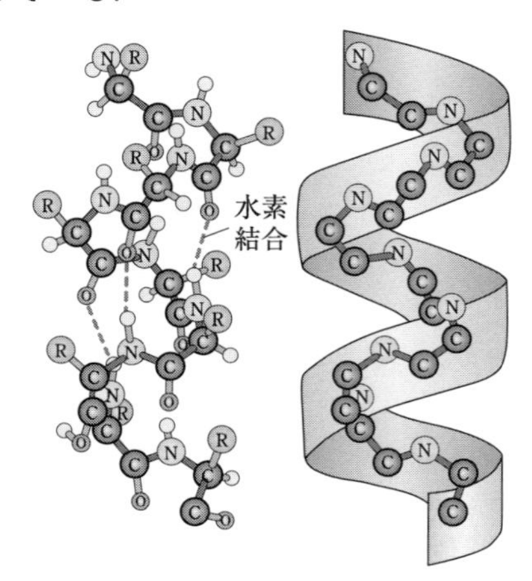

α-ヘリックス構造　右側の図ではヘリックス構造を見やすくするため側鎖と水素原子は省略している.

解答　①二次　②αヘリックス　③右　④3.6　⑤0.54　⑥水素　⑦酸素　⑧一致

問題 10

次の記述の空欄に最も適切な語句を入れなさい．

［　①　］シートは伸びたポリペプチド鎖が隣のポリペプチド鎖と［　②　］結合でつながったシート状の構造である．シートは単純な平面ではなく，［　③　］状の構造なので，［　④　］，β プリーツともよばれる．アミノ酸の［　⑤　］炭素は［　③　］の山および谷に位置し，その間の［　⑥　］結合の平面が山と谷の間に位置する．［　①　］シートには 2 本のペプチド鎖が同一方向に並んだ［　⑦　］シート(parallel)と，逆方向に並んだ［　⑧　］シート(antiparallel)がある(図は［　⑧　］シートである)．一般に［　⑦　］シートに比べ［　⑧　］シートの方が安定だが，それはペプチド鎖の間に形成される［　②　］結合が平行に並ぶからである．

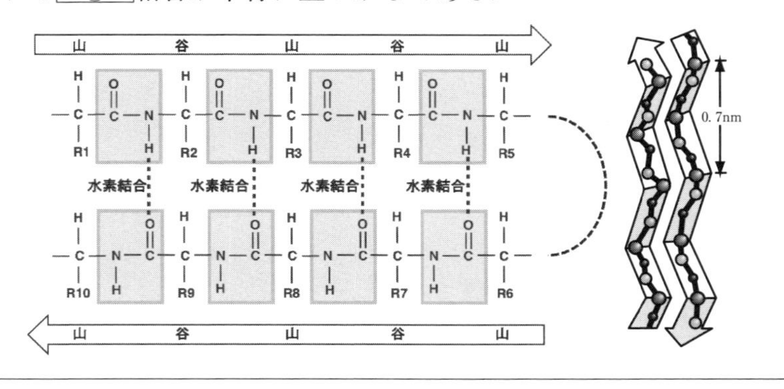

解答　①β　②水素　③ひだ　④プリーツシート　⑤α　⑥ペプチド　⑦平行　⑧逆平行

問題 11

次の記述の空欄に最も適切な語句を入れなさい.

コラーゲンヘリックスはコラーゲンに特徴的ならせん構造である. αヘリックスが右巻きであるのに対して, コラーゲンヘリックスは左巻きのらせん構造をしている. アミノ酸[①]残基で1回転し, らせんのピッチは[②]nmで, αヘリックスよりも巻がゆるい.
また, αヘリックスに存在し構造を安定化する[③]がコラーゲンヘリックスには存在しない. そのかわりに, コラーゲンが3分子会合し, 右巻きのコラーゲン[④]構造をとる. コラーゲンにはグリシン-プロリン-[⑤]の3アミノ酸配列の繰り返し配列が存在し, この配列が[④]構造に必要である.
[⑤]は特殊なアミノ酸で, 翻訳後修飾(post-translational modification)により生成される. すなわち, コラーゲンのプロリン残基が[⑥]を受け, [⑤]残基となる. この修飾に[⑦]が必要である. プロリン残基だけでなく[⑧]残基の[⑥]もコラーゲンの立体構造に重要である.

解答 ① 3.3　② 0.96　③水素結合　④三重らせん
⑤ヒドロキシプロリン　⑥ヒドロキシ化
⑦ビタミンC(L-アスコルビン酸)　⑧リシン

問題 12

αヘリックス，βシート，コラーゲンヘリックスの水素結合について説明しなさい．

解答

αヘリックス，βシートのいずれも，ペプチド結合のC=Oの酸素原子と他のペプチド結合のN-Hの水素原子の間に水素結合を形成する．これらの水素結合はαヘリックス，βシートを安定化する．

αヘリックスの場合は，水素結合の方向は，らせんの軸方向にほぼ平行である．一方，βシートの場合は，ペプチド鎖と隣のペプチド鎖の間に水素結合が形成される．水素結合の方向は，シートの方向と垂直になる．

コラーゲンヘリックスはαヘリックスよりも巻がゆるく，らせんのピッチは0.96 nmであることから，αヘリックスにみられる水素結合をすることができない(ピッチが長く，水素結合が形成できない)．

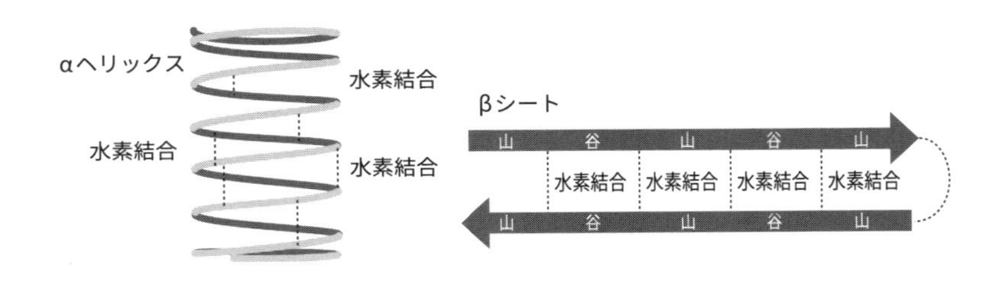

問題 13

次の記述の空欄に最も適切な語句を入れなさい.

タンパク質のシステイン残基の[①]基は他のシステイン残基の[①]基と[②]結合(-S-S-)を形成する場合がある.[②]結合はタンパク質の構造を安定化する. タンパク質およびペプチドのコンホメーションは, [②]結合, [③]結合, [④]的, [⑤]的な相互作用など, さまざまな相互作用で安定化される. これらの相互作用で[②]結合だけが共有結合である.

[②]結合が形成されるとき, タンパク質は[⑥]されている. 逆に[②]結合が切断されるとき, タンパク質は[⑦]される. タンパク質に[⑦]剤を作用させると, [②]結合が切断される.

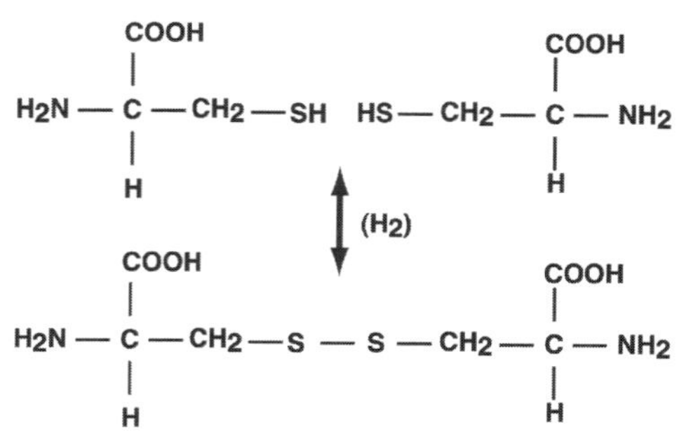

解答 ①チオール　②ジスルフィド　③水素
④⑤静電, 疎水(順不同)　⑥酸化　⑦還元

問題 14

次の記述の空欄に最も適切な語句を入れなさい.

タンパク質は特徴的な立体構造をとり機能を獲得する. 水素結合, 疎水的な相互作用, 静電的な相互作用(イオン結合)などにより高次構造(二次～四次構造)を保っているが, これらが破壊され特徴的な折りたたみ構造を失うことを[①]という. 多くの場合, 水に対する溶解性が低下して, 不溶性になったり, ゲル化したりする. [①]により, タンパク質の固有の機能が失われ, 酵素なら触媒活性がなくなってしまう.
タンパク質を高温にすると水素結合やイオン結合を維持できなくなり[①]するが, これは[②]とよばれる. また, タンパク質はpHの変化によっても[①]する. タンパク質に強い[③]や[④]を加えpHが極端に変化すると, タンパク質中の酸性アミノ酸・塩基性アミノ酸(Glu, Asp, Lys, Arg, His)の側鎖の荷電状態が変化する. これによりクーロン相互作用によるストレスがかかり, タンパク質が[①]する.
タンパク質[①]剤には, [⑤]結合を破壊する[⑥]やグアニジン塩や, [⑦]結合を破壊するドデシル硫酸ナトリウムなどの界面活性剤がある.

解答 ①変性 ②熱変性 ③④酸, 塩基(順不同) ⑤水素 ⑥尿素 ⑦疎水

解説

変性という現象は不可逆な過程であることが多く，いったん変性したタンパク質は，元に戻せないことが多い．タンパク質の立体構造が非常に複雑であるからである．ただし小さいタンパク質の場合には，条件を選べば，もとのタンパク質に巻き戻すことができる．アンフィンゼン(Anfinsen) らは，酵素(例えば，リボヌクレアーゼA)に尿素を加えて変性させ酵素活性を失わせたあとに，尿素を除去すると，再びタンパク質が正しく折りたたまれ元と同じ活性が回復することを見出した．このことは，「タンパク質の立体構造はアミノ酸配列さえ決まれば決定する」，「タンパク質はエネルギー最小の状態に勝手に折りたたまれる(フォールディングする)」ということを示す．これは「アンフィンゼンのドグマ」として知られている．

小さなタンパク質は試験管内で自発的に正しい折りたたみ(フォールディング)をしやすい．一方で，大きなタンパク質や，細胞内の環境によっては，誤った折りたたみ構造をとりやすい場合がある．そこで生体内には，シャペロン(chaperone)とよばれるタンパク質があり，他のタンパク質分子が正しい折りたたみをするのを助けている．シャペロンは，分子シャペロンやタンパク質シャペロンともよばれる．

2-4　ヌクレオチドと核酸

問題 1

次の記述の空欄に最も適切な語句を入れなさい．ただし，④と⑤は英語のフルネームで答えなさい．

核酸は［ ① ］が［ ② ］結合によって重合した［ ③ ］とよばれる長い鎖状の分子で，［ ④ ］と［ ⑤ ］に大別される．［ ① ］は，［ ⑥ ］，ペントース，［ ⑦ ］から成り，［ ⑧ ］の糖部分に［ ⑦ ］がエステル結合したものである．

解答　①ヌクレオチド　②リン酸ジエステル(ホスホジエステル)
③ポリヌクレオチド
④⑤ deoxyribonucleic acid，ribonucleic acid(順不同)
⑥塩基　⑦リン酸　⑧ヌクレオシド

解説

核酸は，ヌクレオチドがリン酸ジエステル結合で連なった長い鎖状の重合体(ポリヌクレオチド)である．ヌクレオチドは，窒素を含む複素環式化合物である塩基，五炭糖(ペントース)，リン酸(1～3 個)からなる．核酸を構成するヌクレオチドはリン酸 1 個を含み，五炭糖が D-リボース(D-ribose)か 2-デオキシ-D-リボース(2-deoxy-D-ribose)か(いずれも

5員環構造のβ-フラノース形)によって，核酸はリボ核酸(ribonucleic acid：RNA)とデオキシリボ核酸(deoxyribonucleic acid：DNA)とに分類される．deoxy-のde-は，「〜がなくなる」という意味で，デオキシリボースは，リボースの2位炭素に結合している-OHが-Hに置き換わったもの(酸素(oxy-)がとれた)という意味である．RNA，DNAを構成するヌクレオチドをそれぞれ，リボヌクレオチド，デオキシリボヌクレオチドという．いずれも五炭糖の1′位炭素(ペントースが塩基と結合している場合は，炭素番号に′をつけて塩基の炭素番号と区別する)に結合しているOH基に塩基が*N*-グリコシド結合し，5′位のOH基にリン酸がエステル結合している．RNAとDNAでは構成塩基が一部異なる(第2章2-4問題2，p.86参照)．ヌクレオチドの3′位のOH基に次のヌクレオチドの5′位側のリン酸基がエステル結合した繰り返し構造をとっているため，ポリヌクレオチド鎖には方向性があり，5′位リン酸基側を5′末端，3′位OH基側を3′末端という(第2章2-4問題3解説の図，p.88を参照)．

ヌクレオチドには核酸構成成分以外にもATP(アデノシン三リン酸)のようにエネルギー運搬体などとして機能しているものがある．ヌクレオチドからリン酸を除いたものをヌクレオシドという．

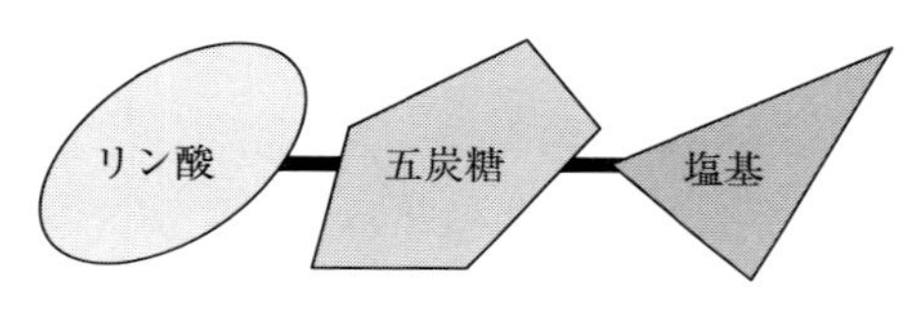

DNA	2-デオキシ-D-リボース	A, T, C, G
RNA	D-リボース	A, U, C, G

ヌクレオチドの一般構造

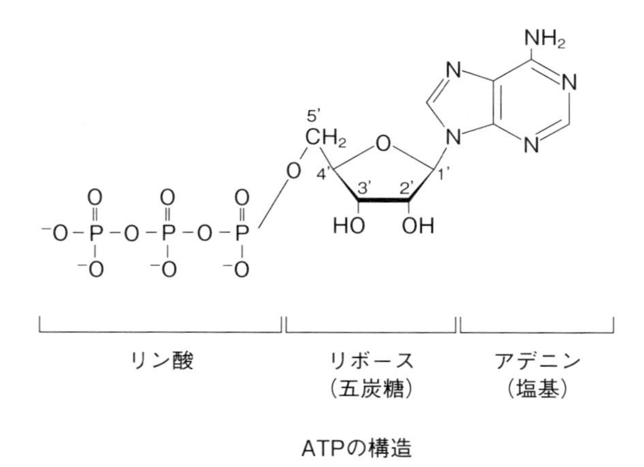

ATPの構造

問題 2

DNA と RNA に含まれる塩基の名称と構造式をそれぞれすべて書きなさい.

解答 DNA：アデニン，グアニン，シトシン，チミン　RNA：アデニン，グアニン，シトシン，ウラシル　（構造式は解説を参照）

解説

核酸に含まれる塩基は，窒素を含む複素環式化合物であるプリンおよびピリミジンの誘導体で，それぞれプリン塩基，ピリミジン塩基という.

プリン塩基には，アデニン(A)，グアニン(G)が，ピリミジン塩基には，シトシン(C)，チミン(T)，ウラシル(U)がある.

DNA にはアデニン，グアニン，シトシン，チミンが，RNA にはアデニン，グアニン，シトシン，ウラシルが含まれる.

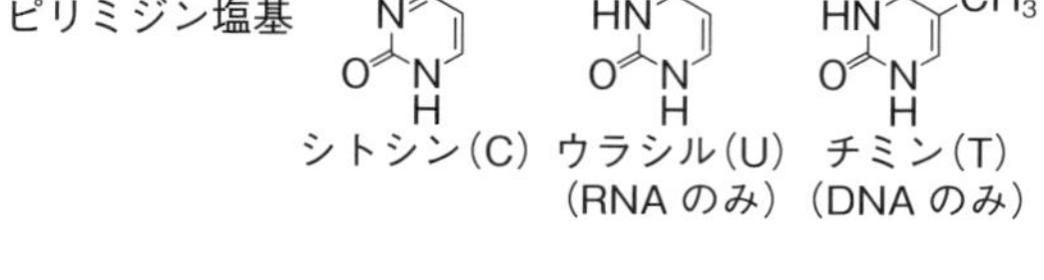

プリン塩基

NH_2 / N / N / N / N / H
アデニン(A)

O / HN / N / H_2N / N / N / H
グアニン(G)

ピリミジン塩基

NH_2 / N / O / N / H
シトシン(C)

O / HN / O / N / H
ウラシル(U)
(RNA のみ)

O / HN / CH_3 / O / N / H
チミン(T)
(DNA のみ)

核酸を構成する塩基

問題 3

次の記述の空欄に最も適切な語句を入れなさい.

核酸のうち[①]は, 2本の[②]鎖が[③]向きに対合し, 互いに対を形成しうる[④]同士が[⑤]結合を形成している. このような[④]の組合せを互いに[⑥]的であるという. グアニンと[⑥]的な[④]は[⑦]で, 両者間には[⑧]本の[⑤]結合が形成される.
二本鎖[①]溶液を加熱すると, 二本鎖が解離して一本鎖になる. これを[①]の[⑨]という. この溶液を徐々に冷却するともとの二本鎖[①]が再生する. これを[⑩]という.

解答 ① DNA ②ポリヌクレオチド ③逆 ④塩基 ⑤水素 ⑥相補 ⑦シトシン ⑧ 3 ⑨変性(融解) ⑩アニーリング

解説

DNAでは, 逆向きに対合した2本のポリヌクレオチド鎖がねじれて二重らせん構造をとっている. ポリヌクレオチド鎖から突き出た疎水性の塩基は互いに二本鎖の内側を向き合い, アデニンとチミンおよびグアニンとシトシンの塩基対がそれぞれ2か所と3か所で水素結合を形成している. すなわち, 一方の鎖の塩基がアデニンの場合は, これに対面する他方の鎖の塩基はチミンで, 一方がグアニンのときは他方はシトシンになる. このように一方の塩基がわかれば, 塩基対をつくる相手が自動的に決まることを相補性という.

二本鎖のDNA溶液を加熱すると, 相補的塩基対の水素結合が切れるため一本鎖に解離する. これをDNAの変性または融解という. このとき，グアニン-シトシン塩基対を多く含む DNA ほど解離しにくくなる．熱変性した DNA を徐々に冷却すると正確な相補的塩基対の形成が起こり，もとの二重らせんが再生される．この再生をアニーリングという．

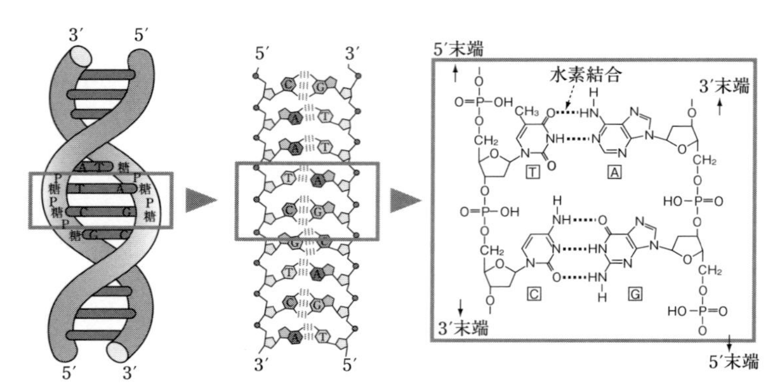

DNA の二重らせん構造と塩基対

問題 4

次の記述の空欄に最も適切な語句を入れなさい．

真核細胞の核酸のうち［①］は，塩基性タンパク質である［②］などのタンパク質と複合体を形成して存在している．この複合体を［③］といい，その構成単位を［④］という．
核酸のうち［⑤］は二本鎖を形成せず，機能により主に［⑥］，［⑦］，［⑧］の3つに分類される．細胞内にはこれらのほかに微量ではあるが，［⑨］が含まれており，遺伝子発現の調節に関与しているものもある．また，［⑤］には［⑩］活性をもつものもある．

解答　① DNA　②ヒストン　③クロマチン　④ヌクレオソーム
⑤ RNA　⑥⑦⑧メッセンジャーRNA（mRNA），リボソーム RNA（rRNA），転移 RNA（tRNA）（⑥⑦⑧順不同）
⑨ miRNA（microRNA，低分子（量）RNA）　⑩酵素

解説

真核細胞の DNA は，核内で 4 種類のヒストン（H2A，H2B，H3，H4）各 2 分子ずつからなるヒストン八量体に二本鎖 DNA が約 2 巻き分左巻きに巻きついたヌクレオソームという単位粒子構造が連なったヌクレオソーム線維構造をとっている．さらにヌクレオソーム線維が折りたたまれて形成されたクロマチン線維（30 nm 線維）がその他の非ヒストンタンパク質と高次構造をもつ複合体を形成している．真核細胞核内に存在する DNA とタンパク質の複合体をクロマチン（染色質）という．細胞分裂に際しては，クロマチンはさらに凝縮して染色体となる．

RNA は DNA とは異なり一本鎖として存在するが，しばしば分子内で相補的塩基対を形成して複雑な高次構造をとっている．主なものにメッセンジャーRNA(mRNA)，リボソーム RNA(rRNA)，転移 RNA(tRNA)などがあり，遺伝情報の発現に関与している．mRNA は，DNA の塩基配列(遺伝情報)を写し取り，リボソームに伝える役割を果たす．rRNA は，リボソームの構成に関与している RNA で，細胞内全 RNA の約 80 %を占める．tRNA は，アミノ酸をリボソームに運搬する役割を果たしている．酵素としての触媒作用をもつ RNA もある(リボザイム)．RNA はいずれも DNA の塩基配列情報に基づいて合成される．

Check Point

ヌクレオチド：リン酸，ペントース，塩基により構成．

核酸：ヌクレオチドがリン酸ジエステル結合したポリヌクレオチド．
構成成分の違いから DNA と RNA とに大別．

DNA：ペントースとして 2-デオキシ-D-リボース(単にデオキシリボースということがある)，塩基としてアデニン，グアニン，シトシン，チミンをもつ．
二重らせん構造．

RNA：ペントースとして D-リボース(単にリボースということがある)，塩基としてアデニン，グアニン，シトシン，ウラシルをもつ．
一本鎖構造．

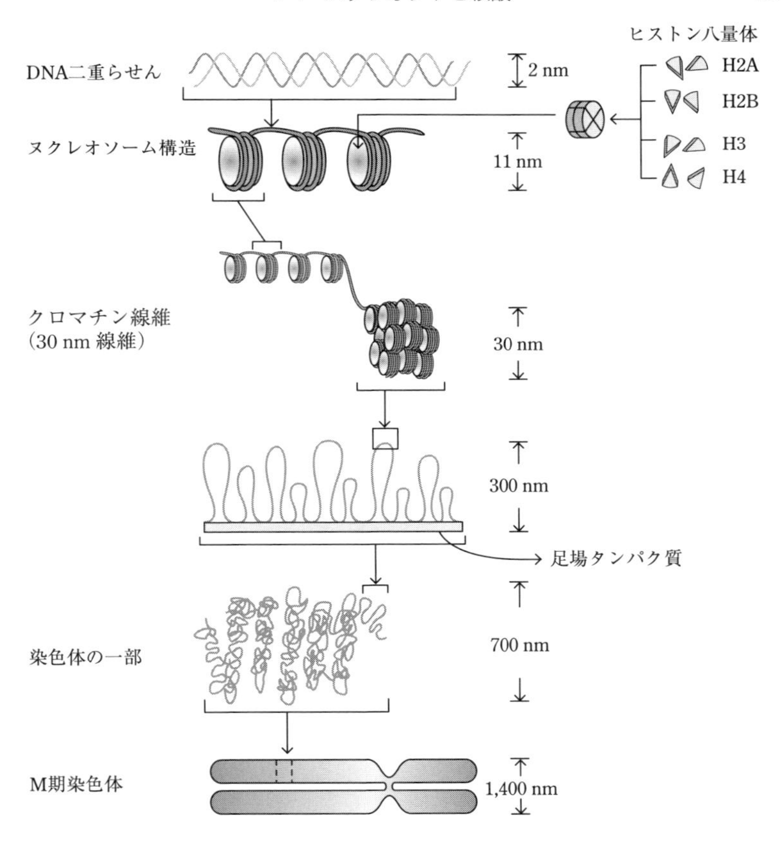

染色体における DNA の存在形態

2-5 糖　質

問題 1

次の単糖のうち，(1)アルドースであるものはどれか．また，(2)ケトースであるものはどれか．

1. D-ガラクトース　2. D-リボース　3. D-リブロース
4. D-グルコース　5. D-フルクトース

解答　(1)1. 2. 4.　(2)3. 5.

解説

糖質とは，2個以上のアルコール性ヒドロキシ基とカルボニル基をもつ化合物(多価アルコールのアルデヒドまたはケトン誘導体)の総称で，基本構造を単糖という．単糖のうち，カルボニル基としてアルデヒド基をもつものをアルドース，ケト基をもつものをケトースという．D-リボースおよび2-デオキシ-D-リボースは，五炭糖アルドース(アルドペントース)であり，D-ガラクトースおよびD-グルコースは，六炭糖アルドース(アルドヘキソース)である．一方，D-リブロースは，五炭糖ケトース(ケトペントース)，D-フルクトースは，六炭糖ケトース(ケトヘキソース)である．(D表示については第2章2-5問題2の解説，p.94を参照)．

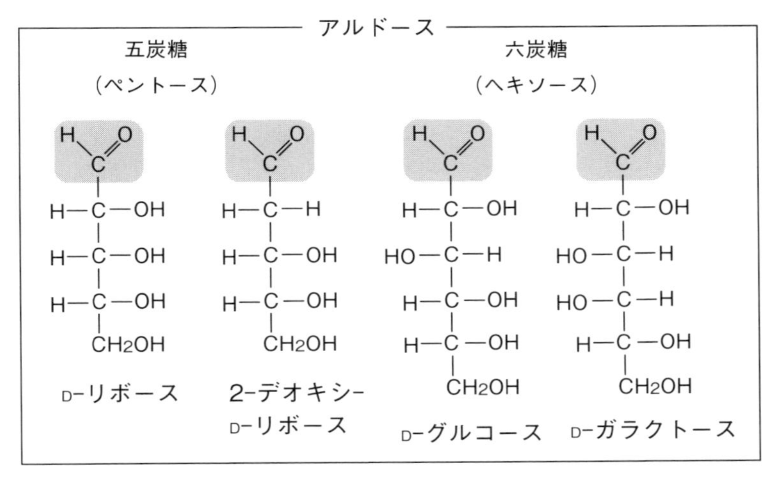
アルドース
五炭糖
（ペントース）
六炭糖
（ヘキソース）
H
O
C
H—C—OH
H—C—OH
H—C—OH
CH2OH
D-リボース
H—C—H
2-デオキシ-
D-リボース
HO—C—H
D-グルコース
D-ガラクトース

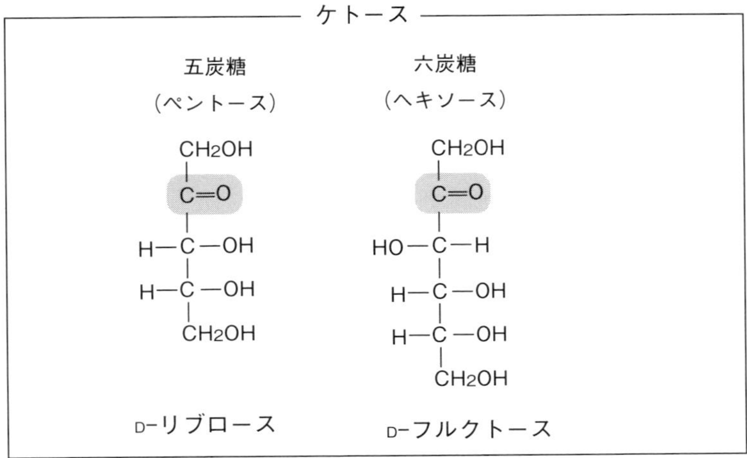
ケトース
五炭糖
（ペントース）
六炭糖
（ヘキソース）
CH2OH
C=O
H—C—OH
HO—C—H
D-リブロース
D-フルクトース

代表的な単糖の構造

問題 2

次の記述の空欄に最も適切な語句または数字を入れなさい.

D-グルコースとD-マンノースは互いに［ ① ］位の炭素の立体配置が異なる［ ② ］の関係にあり，D-グルコースとD-ガラクトースは互いに［ ③ ］位の炭素の立体配置が異なる［ ② ］である.

解答　①2　②エピマー　③4

解説

糖質の立体異性体には鏡像異性体(エナンチオマー)の他に鏡像異性体ではない立体異性体(ジアステレオマー)がある．ジアステレオマーのうち，1つの不斉炭素の立体配置(OH 基と H 基の付き方)だけが異なる立体異性体をエピマーという.

鏡像異性体の場合は，カルボニル基を上にして鎖状構造式(フィッシャーFischer 投影式)を書いたとき，カルボニル基から最も遠い不斉炭素に結合する OH 基が向かって右側にあるものを D 型，左側にあるものを L 型とする．この場合の D, L 表示は実際の旋光性とは無関係である.

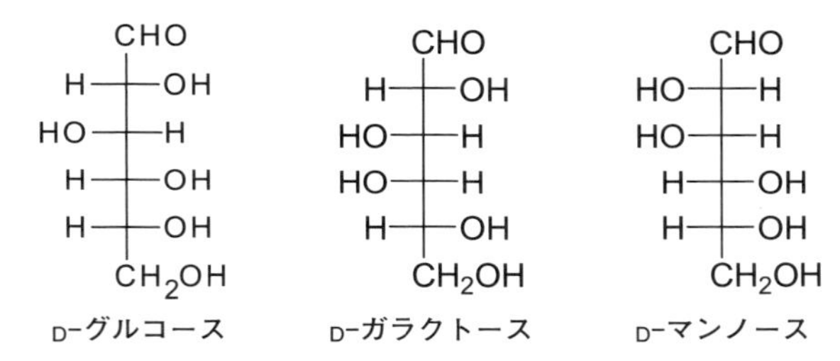

(エナンチオマー)

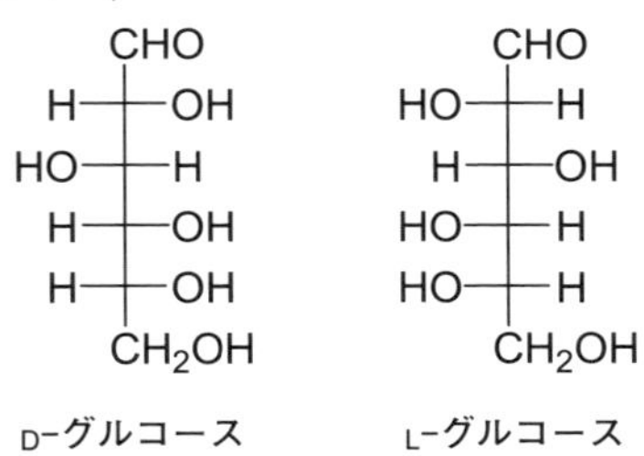

(上図の Fischer 投影式では不斉炭素の C は省略してある)

問題 3

次の記述の空欄に最も適切な語句または数字を入れなさい．

D-グルコースが環状構造をとったとき，［ ① ］番目の炭素が新たな不斉炭素になる．その結果生じる立体異性体を［ ② ］とよぶ．

解答 ①1　②アノマー

解説

直鎖状の単糖が環状構造をとったとき，新たに1つの不斉炭素を生じる(アルドースの場合は1位，ケトースの場合は2位)．この不斉炭素(アノメリック炭素という)に結合するOH基の立体配置に基づく立体異性体をアノマーという．D-グルコースが環状構造をとる場合，6位の$-CH_2OH$基が環の上側にくるように書いたとき，1位の$-OH$基が環の下に位置するものをα-D-グルコース，上を向いているものをβ-D-グルコースという．環状グルコースには5員環構造のもの(グルコフラノース)と6員環構造のもの(グルコピラノース)がある．

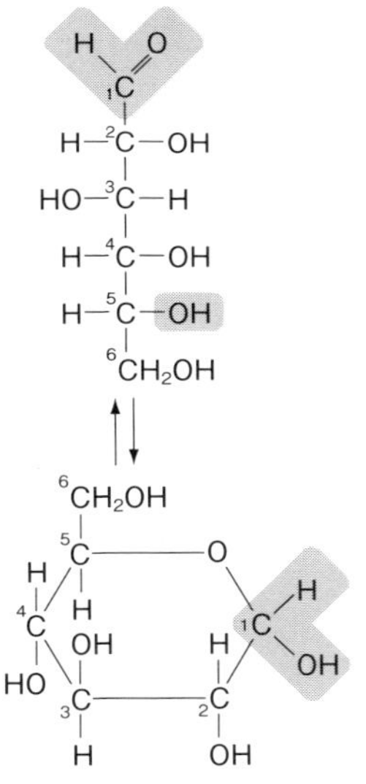

グルコースの直鎖状構造と環状構造

Check Point

単糖の立体異性体

(1) 鏡像異性体(D 型，L 型)：実際の旋光性とは無関係
(2) エピマー：複数存在する不斉炭素のうち，1 つだけ OH 基の付き方が異なる
(3) アノマー：直鎖状の単糖が環状構造をとる際に生じるエピマー

エピマーとアノマーは鏡像異性体(エナンチオマー)ではない立体異性体(ジアステレオマー)

問題 4

次の記述の空欄に最も適切な語句を入れなさい.

スクロースは, 1分子の α-D-グルコースと1分子の［①］が［②］グリコシド結合した［③］二糖類で, 還元性を［④］.
デンプンに［⑤］(酵素)を作用させると, 二糖類である［⑥］が生じる. ［⑥］は［⑦］が［⑧］グリコシド結合した［⑨］二糖類で, 還元性を［⑩］.

解答 ① β-D-フルクトース ② α(1)→β(2) ③ヘテロ
④もたない ⑤ α-アミラーゼ ⑥マルトース(麦芽糖)
⑦ α-D-グルコース ⑧ α1→4 ⑨ホモ ⑩もつ

解説

糖質のヒドロキシ基のうち, 少なくとも1個のアノマーヒドロキシ基が関与して, できたエーテル結合をグリコシド結合という. 二糖類は, 二分子の単糖がグリコシド結合したもので, 代表的なものにスクロース(ショ糖), ラクトース(乳糖), マルトース(麦芽糖)がある. 構成単糖が同じものをホモ二糖, 異なるものをヘテロ二糖という. ラクトースは β-D-ガラクトースの1番目の β 位(上向き)のヒドロキシ基が α-D-グルコースの4番目のヒドロキシ基(これはアノマーヒドロキシ基ではないので, α も β もない)とグリコシド結合しているので, その結合を β1→4 と表記する. スクロースは, α-D-グルコースの1番目の α 位(下向き)のヒドロキシ基が β-D-フルクトースの2番目の β 位(上向き)のヒドロキシ基というようにアノマーヒドロキシ基同士がグリコシド結合しているので, α(1)→β(2)のようにそれぞれのヒドロキシ基が α か β

かを明記する．

二糖類のうち，アノマーヒドロキシ基が遊離しているものは，開環して鎖状構造をとれるのでアルデヒド基，α-ケトール(ヒドロキシケトン)基によって還元性を示す．スクロースや α-D-グルコースが2分子 α(1)→α(1)結合したトレハロースのようにアノマーヒドロキシ基同士がグリコシド結合した二糖類は，開環できないので還元性を示さない．

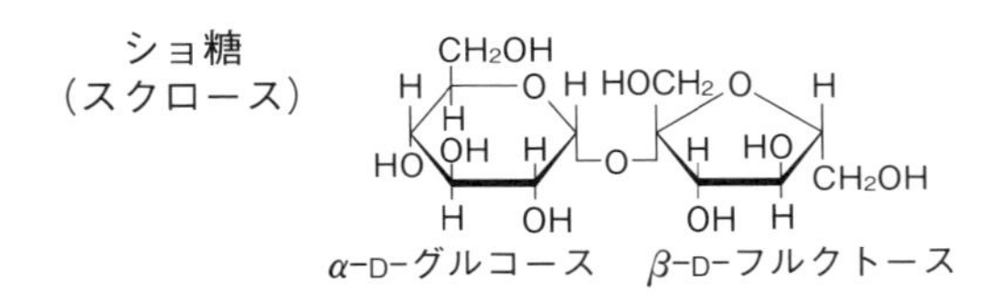

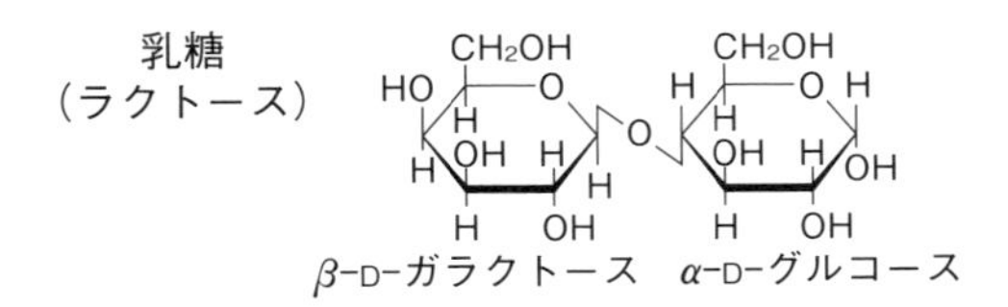

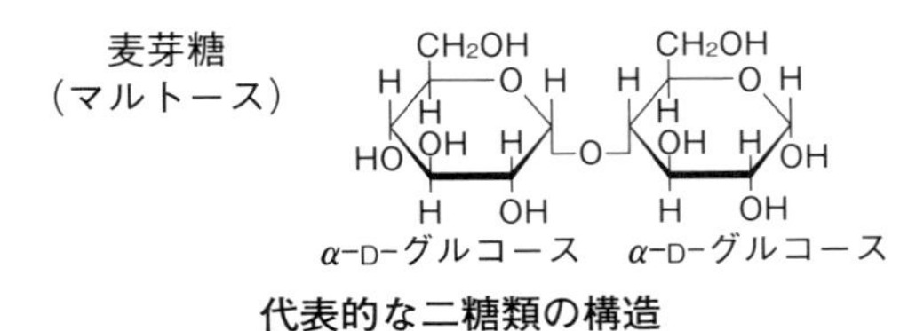

代表的な二糖類の構造

問題 5

次の記述の空欄に最も適切な語句を入れなさい.

デンプンはD-グルコースが[①]グリコシド結合で直鎖上につながった[②]と[③]グリコシド結合の分岐をもつ[④]から構成される. ヒアルロン酸は[⑤]と[⑥]が交互にグリコシド結合してできた, [⑦]に分類される直鎖状の高分子多糖である.

解答 ① $\alpha 1 \rightarrow 4$ ②アミロース ③ $\alpha 1 \rightarrow 6$ ④アミロペクチン
⑤グルクロン酸(β-D-グルクロン酸)
⑥ *N*-アセチルグルコサミン(β-D-*N*-アセチルグルコサミン)
⑦グリコサミノグリカン(ムコ多糖)

解説

多糖類は単糖類が10個以上グリコシド結合して高分子になったもので, 代表的なものにデンプン, グリコーゲン, セルロースがある. すべて実質的に還元性を示さない非還元糖である.

デンプンは植物の貯蔵多糖であるが, グリコーゲンは動物の貯蔵多糖で主に肝臓と筋肉に貯蔵されている. アミロペクチンよりも直鎖部分が短く, 分岐が多いことが特徴である. アミロースとアミロペクチンはヨウ素イオンと反応して(ヨウ素デンプン反応)それぞれ, 青色, 赤紫色を呈する. セルロースは植物の細胞壁の構成成分で, 天然に最も多く存在する多糖類である. しかし, D-グルコースが $\beta 1 \rightarrow 4$ グリコシド結合で直鎖上につながった分子であるため, ヒトの消化酵素では分解できず, 栄養素とならない.

ウロン酸＋アミノ糖を１つの単位として，これが繰り返し結合した枝分かれのない複合多糖類(ヘテロ多糖類)をグリコサミノグリカン(ムコ多糖)という．代表的なものに，ヒアルロン酸，コンドロイチン硫酸，ヘパリンがあり，いずれも負の電荷を有するポリアニオンである．ウロン酸のうち，D-グルコースの６位の第一級ヒドロキシ基が酸化されてカルボキシ基に変化したものをグルクロン酸という．ヒアルロン酸は他のグリコサミノグリカンと異なり，硫酸基の結合がみられず，またコアタンパク質とよばれるタンパク質と結合してプロテオグリカンを形成しない．

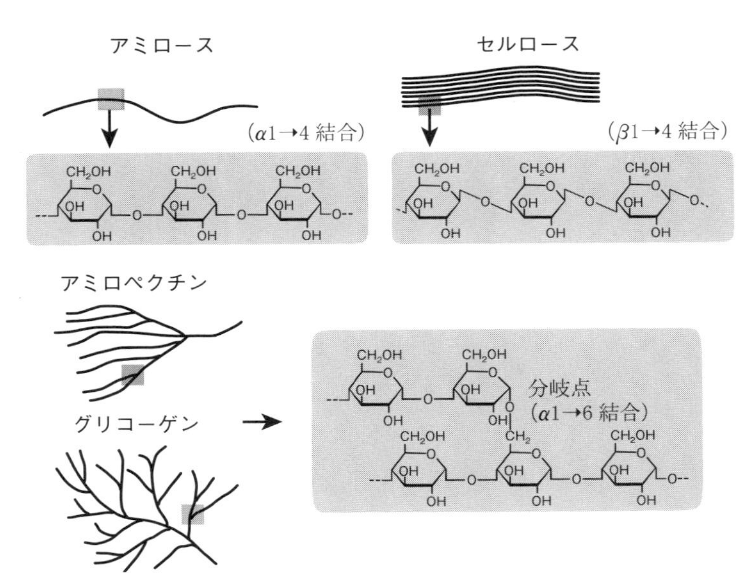

代表的な多糖類の構造

2-6 脂 質

問題 1

右図に示す脂肪酸は，いずれも生体によくみられる脂肪酸である．

1. ①，②，③，④の脂肪酸の名称を答えなさい．
2. 脂肪酸③の9位の二重結合はシス型とトランス型のどちらか．
3. 脂肪酸①と脂肪酸②ではどちらの融点が高いか．
4. 脂肪酸②，脂肪酸③，脂肪酸④のうちで最も融点の低いのはどれか．

①
$HO-\overset{O}{\overset{\|}{C}}{}_1-(CH_2)_{14}-{}_{16}CH_3$

②
$HO-\overset{O}{\overset{\|}{C}}{}_1-(CH_2)_{16}-{}_{18}CH_3$

③
$HO-\overset{O}{\overset{\|}{C}}{}_1-(CH_2)_7-{}_9CH=CH-(CH_2)_7-{}_{18}CH_3$

④
$HO-\overset{O}{\overset{\|}{C}}{}_1-(CH_2)_7-{}_9CH=CH-CH_2-{}_{12}CH=CH-(CH_2)_4-{}_{18}CH_3$

解答 1. ①パルミチン酸，②ステアリン酸，③オレイン酸，④リノール酸　2. シス型　3. ②　4. ④

解説

1. 炭素数 16 の①パルミチン酸および炭素数 18 の②ステアリン酸，③オレイン酸，④リノール酸などは，高等植物や動物に最も多い脂肪酸である．
2. 不飽和脂肪酸の場合，③のように，二重結合が 1 つのときは，カルボキシ炭素から数えて C9 と C10 の間にあり，これを 9 位の二重結合という．この二重結合はシス型配置である．
3. 飽和脂肪酸(①および②)の融点は，炭化水素鎖が長いほど高い．
4. 同じ炭素数の脂肪酸の融点を比べると，不飽和脂肪酸よりも飽和脂肪酸の方が高く，不飽和度が多いとより融点が低くなる．これは，シス型の二重結合により，炭化水素鎖が 30° 曲がり，ファンデルワールス力が小さくなるためである．脂肪酸のこの性質は，生体膜の流動性に影響を与えるため重要である．

Check Point

生体によくみられる脂肪酸

記号	名称	構造式	融点(℃)
飽和脂肪酸			
12:0	ラウリン酸	$CH_3(CH_2)_{10}COOH$	44
14:0	ミリスチン酸	$CH_3(CH_2)_{12}COOH$	54
16:0	パルミチン酸	$CH_3(CH_2)_{14}COOH$	63
18:0	ステアリン酸	$CH_3(CH_2)_{16}COOH$	70
不飽和脂肪酸			
16:1	パルミトレイン酸	$CH_3(CH_2)_5CH{=}CH(CH_2)_7COOH$	−0.5
18:1	オレイン酸	$CH_3(CH_2)_7CH{=}CH(CH_2)_7COOH$	12
18:2	リノール酸	$CH_3(CH_2)_4(CH{=}CHCH_2)_2(CH_2)_6COOH$	−5
18:3	α-リノレン酸	$CH_3CH_2(CH{=}CHCH_2)_3(CH_2)_6COOH$	−11
18:3	γ-リノレン酸	$CH_3(CH_2)_4(CH{=}CHCH_2)_3(CH_2)_3COOH$	−11
20:4	アラキドン酸	$CH_3(CH_2)_4(CH{=}CHCH_2)_4(CH_2)_2COOH$	−50
20:5	EPA(エイコサペンタエン酸)	$CH_3CH_2(CH{=}CHCH_2)_5(CH_2)_2COOH$	−54
22:6	DHA(ドコサヘキサエン酸)	$CH_3CH_2(CH{=}CHCH_2)_6CH_2COOH$	−44

問題 2

次の脂肪酸を分類し，選択欄からひとつ選びなさい．

1. octadecanoic acid
2. octadec-9-enoic acid
3. octadeca-9,12-dienoic acid
4. eicosa-8,11,14-trienoic acid
5. eicosa-5,8,11,14,17-pentaenoic acid
6. docosa-7,10,13,16-tetraenoic acid
7. docosa-4,7,10,13,16,19-hexaenoic acid

選択欄

A. 飽和脂肪酸　B. n-3 系不飽和脂肪酸

C. n-6 系不飽和脂肪酸　D. n-9 系不飽和脂肪酸

解答 1. A. 2. D. 3. C. 4. C. 5. B. 6. C. 7. B.

解説

1. ステアリン酸(飽和脂肪酸)
2. オレイン酸(18：1 n-9)
3. リノール酸(18：2 n-6)
4. エイコサトリエン酸(20：3 n-6)
5. エイコサペンタエン酸(EPA)（20：5 n-3)
6. ドコサテトラエン酸(22：4 n-6)
7. ドコサヘキサエン酸(DHA)（22：6 n-3)

接頭語などを理解すれば脂肪酸の炭素数や二重結合の数や位置を特定できる.
octadeca：18, eicosa：20, docosa：22, di：2 つ, tri：3 つ,
tetra：4 つ, penta：5 つ, hexa：6 つ, en：二重結合

脂肪酸の二重結合はメチレン単位を介して隣り合っている. 問の脂肪酸の二重結合の位置は, カルボキシ基の炭素を 1 としているので, 脂肪酸を作図して二重結合の位置を確認し, カルボキシ炭素と最も遠い二重結合がオメガ炭素(ω 炭素：末端メチル炭素)から数えて何個目の炭素であるかを調べることで, 不飽和脂肪酸の分類を行う.

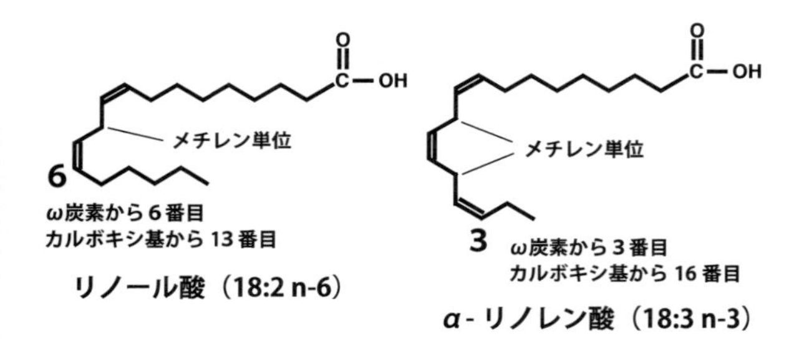

問題３

下図に示した不飽和脂肪酸に関する以下の各問に答えなさい.

1. n-3(ω-3)系列不飽和脂肪酸をすべて選びなさい.
2. n-6(ω-6)系列不飽和脂肪酸をすべて選びなさい.
3. n-9(ω-9)系列不飽和脂肪酸をすべて選びなさい.
4. ヒト体内で合成できない不飽和脂肪酸をすべて選びなさい.

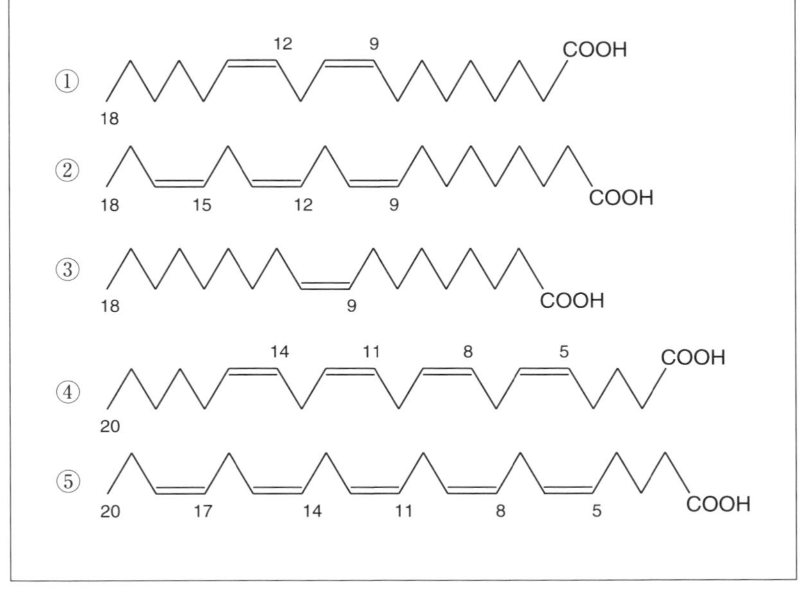

解答　1. ②, ⑤　2. ①, ④　3. ③　4. ①, ②

解説

脂肪酸の炭素原子は，カルボキシ末端から数えて番号がつけられ，リノール酸(①)のように不飽和結合がカルボキシ末端から9番と，12番の位置にあるものを$\Delta^{9,12}$と表す．一方，不飽和結合の位置をメチル末端(ω位)から数えることがあり，メチル末端から，3，6，9の位置から始まるものを，それぞれn-3(ω-3)，n-6(ω-6)，n-9(ω-9)系列不飽和脂肪酸という．動物体内では，Δ^{9}位に不飽和結合を導入することができ，炭素数18の飽和脂肪酸であるステアリン酸から，オレイン酸(③)を合成でき，その後，不飽和化および炭素鎖伸長によりn-9系列の不飽和脂肪酸を完全に合成できる．栄養学上重要な，n-3系列およびn-6系列の不飽和脂肪酸は，植物ではオレイン酸のΔ^{12}位およびΔ^{15}位に不飽和結合を導入することで合成されるが，動物では，この反応を触媒する酵素をもたないため，リノール酸($\Delta^{9,12}$)，およびα-リノレン酸(②$\Delta^{9,12,15}$)を食物から摂取しなければならず，この2つを狭義の必須脂肪酸とよぶ．n-6系列のアラキドン酸(④)，n-3系列のエイコサペンタエン酸(⑤)は，動物体内でも，それぞれ，リノール酸とα-リノレン酸から合成できるがその量的な割合は，食物から摂取する場合と比べてかなり低い．

Check Point

不飽和脂肪酸の系列

n-9系列　オレイン酸 (18:1, Δ^{9}) →

n-6系列　リノール酸 (18:2, $\Delta^{9,12}$) →(2)→(1)→(2) アラキドン酸 (20:4, $\Delta^{5,8,11,14}$)

n-3系列　αリノレン酸 (18:3, $\Delta^{9,12,15}$) →(2)→(1)→(2) エイコサペンタエン酸 (20:5, $\Delta^{5,8,11,14,17}$) →(1)→(2) ドコサヘキサエン酸 (22:6, $\Delta^{4,7,10,13,16,19}$)

1 炭素鎖伸長

2 不飽和化

問題 4

次の 1. から 5. の記述に当てはまるリン脂質を選択肢①〜⑤の中から選びなさい.

1. 肺胞の表面を覆い，表面張力を低下させることにより，肺胞構造を維持する.
2. 細胞膜の内側に局在し，細胞がアポトーシスを起こすと細胞膜の外側に露出する.
3. ホルモン刺激に応答して加水分解を受け，シグナル伝達に関与するセカンドメッセンジャーに変換される.
4. 細胞内ミトコンドリアに局在し，ミトコンドリア機能の維持に関与している.
5. アシル基をただ 1 個含み，強い溶血作用を示す.

①リゾホスファチジルコリン　②ジパルミトイルホスファチジルコリン　③ホスファチジルイノシトール-4,5-二リン酸
④カルジオリピン　⑤ホスファチジルセリン

解答 1. ② 2. ⑤ 3. ③ 4. ④ 5. ①

解説

1. ジパルミトイルホスファチジルコリンは，2 個のパルミチン酸をグリセロール骨格に結合したホスファチジルコリンである. 肺胞表面の界面活性剤(サーファクタント)の 80 〜 90％はリン脂質であり，その 70 〜 80％をジパルミトイルホスファチジルコリンが占めている.
2. ホスファチジルセリンは，極性塩基としてセリン基を結合してお

り，細胞がアポトーシスを起こすときに，細胞膜表面に露出するために，アポトーシスのマーカーとして用いられる．

3. ホスファチジルイノシトール-4,5-二リン酸は，アドレナリンなどのホルモンによる受容体刺激によって，ジアシルグリセロールおよびイノシトール-1,4,5-三リン酸を生じる．これらは，シグナル伝達におけるセカンドメッセンジャーとしての役割を果たす．
4. カルジオリピンは，ミトコンドリアが豊富な心筋から発見されたことから命名され，ミトコンドリア機能維持に重要な役割を果たしている．
5. アシル基を１個のみ結合するリゾホスファチジルコリンは，細胞膜溶解作用が強い．また，酸化リポタンパク質に含まれ，粥状動脈硬化症の促進にも関わっている．

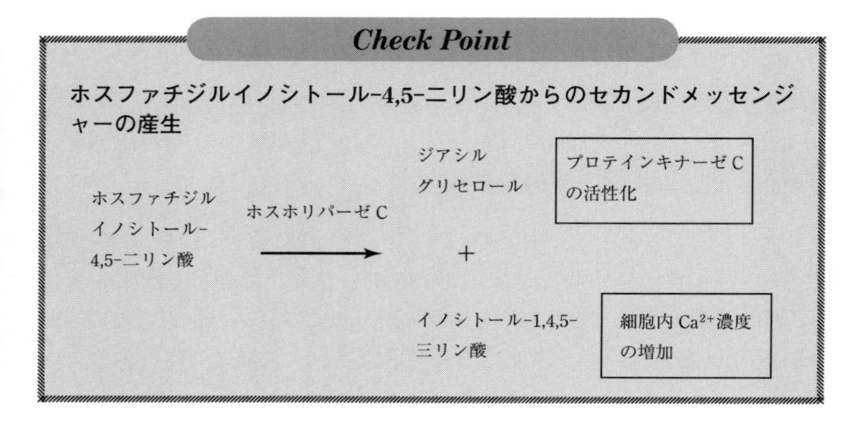

問題 5

下図は，生体内に存在する脂質の構造式を示したものである．

1. 単純脂質に分類されるものはどれか．
2. スフィンゴ脂質に分類されるものはどれか．
3. 哺乳動物の生体膜に最も豊富に存在するリン脂質はどれか．
4. 炎症・アレルギーに関与する生理活性をもつリン脂質はどれか．

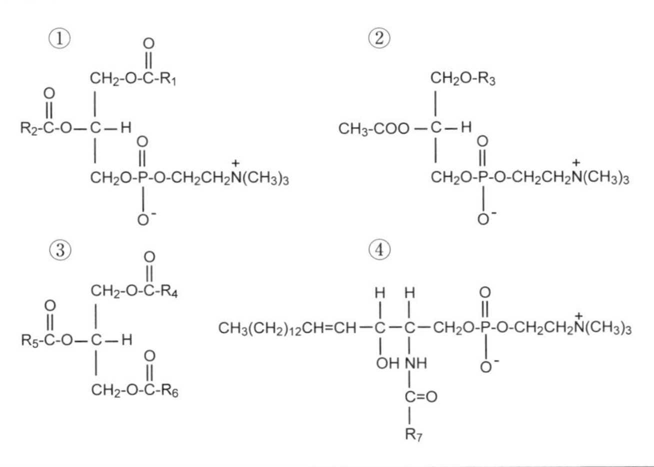

解答 1. ③　2. ④　3. ①　4. ②

解説

1. 単純脂質は，C，H，O のみから構成される脂質である．③のトリアシルグリセロール（トリグリセリド）は，その代表である．

2. 複合脂質の分類として，リン脂質と糖脂質に大別する方法と，グリセロ脂質とスフィンゴ脂質に大別する方法とがある．④のスフィンゴミエリンはスフィンゴシン骨格を含む代表的なスフィンゴ脂質である．
3. リン脂質は分子内にリン酸残基をもつ脂質である．①のホスファチジルコリン(レシチン)は哺乳動物の生体膜に最も豊富に含まれるリン脂質である．
4. ②の血小板活性化因子(PAF)は，血管透過性亢進などの生理活性をもち，炎症・アレルギーのメディエーターとしての役割を果たしているリン脂質である．

Check Point

脂質の分類と代表例

分類		代表例
単純脂質	中性脂肪	モノ(ジ，トリ)アシルグリセロール
	脂肪酸	
	飽和脂肪酸	パルミチン酸
	不飽和脂肪酸	リノール酸
	ステロイド	コレステロール，胆汁酸，ステロイドホルモン
	ろう(ワックス)	
複合脂質	リン脂質	
	グリセロリン脂質	ホスファチジルコリン
	スフィンゴリン脂質	スフィンゴミエリン
	糖脂質	
	グリセロ糖脂質	モノガラクトシルジアシルグリセロール
	スフィンゴ糖脂質	ガングリオシド，セレブロシド

問題 6

スフィンゴ糖脂質に関する以下の記述の 1. から 4. の正誤を答えなさい.

1. その構造中にグリセロール骨格をもつ.
2. ガングリオシドは，特徴的な構成要素として，*N*-アセチルノイラミン酸をもつ.
3. 生体内で加水分解を受けない.
4. 脂質二重層を形成し，細胞膜の外側と内側の両者に分布する.

解答　1. 誤　2. 正　3. 誤　4. 誤

解説

1. スフィンゴ糖脂質は，スフィンゴシン骨格をもつスフィンゴ脂質である.
2. 代表的なスフィンゴ糖脂質として，セレブロシドおよびガングリオシドがある. *N*-アセチルノイラミン酸(シアル酸)はガングリオシドに特徴的な構成要素である.

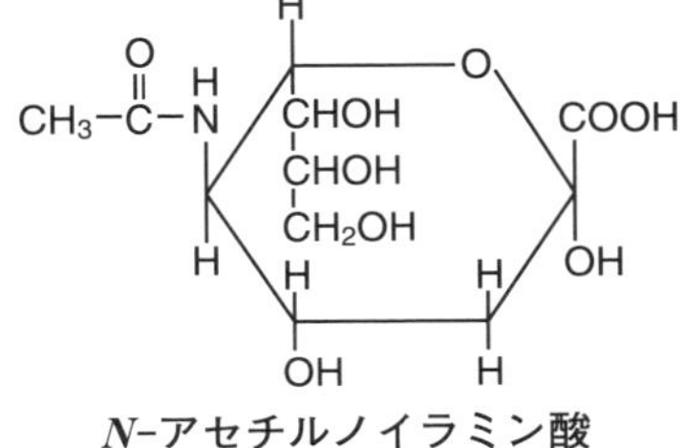

***N*-アセチルノイラミン酸**

3. スフィンゴ糖脂質は，スフィンゴシン，脂肪酸および糖に加水分解される.
4. 糖脂質は，細胞膜の外側表面に存在し，受容体機能などの役割を果たしている.

Check Point

スフィンゴ糖脂質とスフィンゴリン脂質

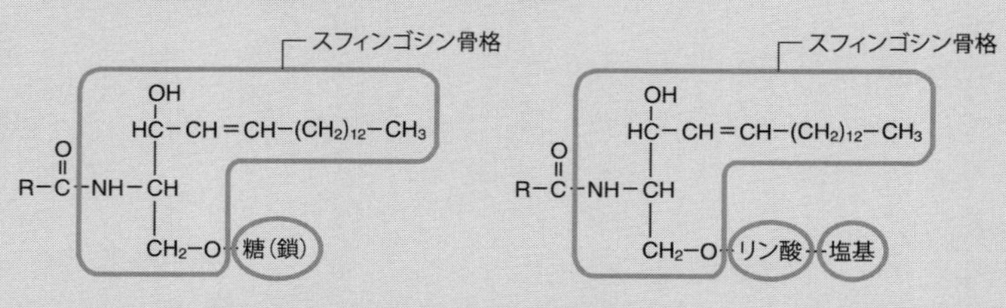

スフィンゴ糖脂質(左)はスフィンゴシン骨格にアシル基および糖(鎖)が結合している．セレブロシドは，ガラクトースあるいはグルコースが1分子結合しているのに対し，ガングリオシドは，シアル酸を含む糖鎖を結合する．一方，スフィンゴリン脂質(右)は，スフィンゴシン骨格に，アシル基およびリン酸，塩基が結合したものである．

問題 7

右図は，ステロイド核の構造式を示したものである．次の 1. から 4. の記述に当てはまるステロイド化合物を選択肢①〜⑥の中から選びなさい．

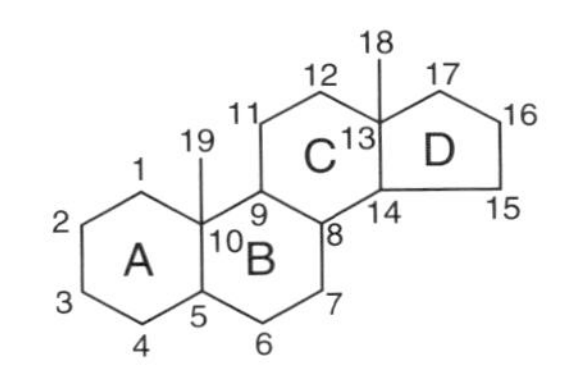

1. 脂質とミセルを形成することにより，小腸での脂質消化を促進するステロイドはどれか．
2. 3 位にヒドロキシ基をもち，動物組織の細胞膜成分として，その流動性の調節に関与するステロイドはどれか．
3. A 環が芳香環となっているステロイドはどれか．
4. 皮膚において合成される際に，光によって B 環が開環するステロイドはどれか．

①カルシトリオール　②コレステロール　③コール酸
④エストラジオール　⑤アルドステロン　⑥エルゴステロール

解答　1. ③　2. ②　3. ④　4. ①

解説

1. ステロイドで重要なグループは，ステロール，胆汁酸，ステロイドホルモンの 3 種である．胆汁酸は，コレステロールより合成され，D 環に結合する側鎖の末端部にカルボキシ基をもつため，両親媒性物質として脂質とミセルを形成する．③のコール酸は，肝臓で合成される一次胆汁酸のひとつである．
2. ステロールは，ステロイド核の 3 位にヒドロキシ基をもっている．

②のコレステロールはすべての動物組織に存在し，細胞膜の流動性を調節している．⑥のエルゴステロール(プロビタミン D_2)は，麦角，酵母，シイタケなどの菌類に含まれ，エルゴカルシフェロール(ビタミン D_2)の前駆体となる．

3. ヒトは，プロゲステロン，コルチゾール，アルドステロン，テストステロン，エストラジオール，カルシトリオールの6つのステロイドホルモンをもっている．この中で，芳香環をもつものは，④のエストラジオールのみである．
4. ①のカルシトリオール(活性型ビタミン D_3)は，血中 Ca^{2+}濃度を増加させるステロイドホルモンである．カルシトリオールは，合成の際に，B環が光により開裂するために，他のステロイドホルモンと構造的に異なる．

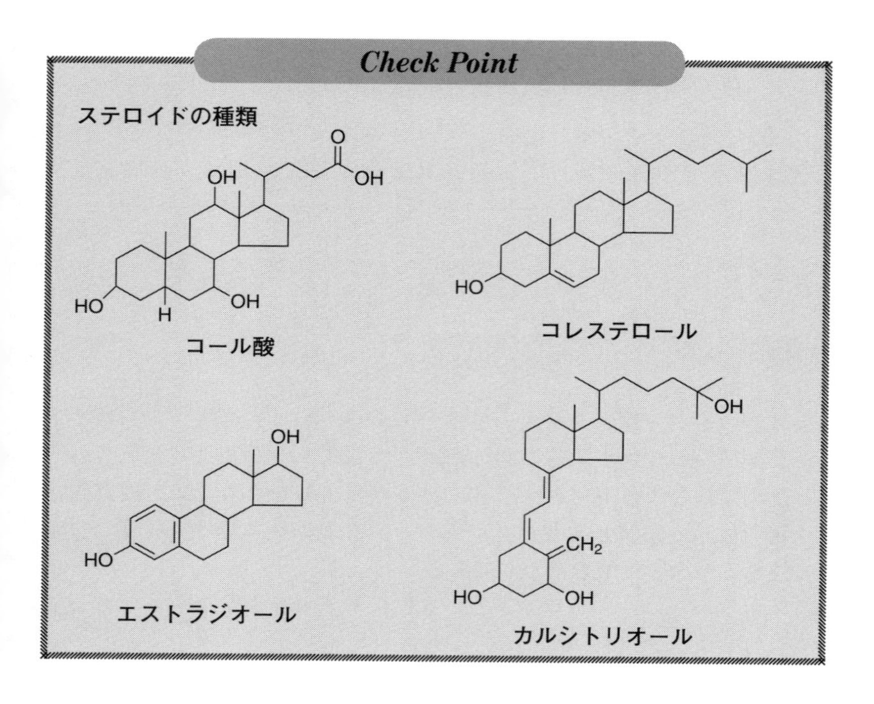

演習問題

(2-1 生体を構成する元素)

次の各問の文章の正誤を答えなさい.

問 1 生体物質のうちで,最も生重量が重いのは有機物である.

問 2 微量元素のうちで,Co はヒトにのみ必須である.

問 3 有機物を構成する主要構成元素は,C,H,O,S の 4 元素である.

(2-2 水)

問 1 非極性分子を水中に加えると水との接触を小さくするために集合体を形成することを疎水性相互作用とよぶ.

問 2 水分子は他の液体と比べて比熱や蒸発熱が小さいという特徴をもつ.

問 3 水分子どうしはお互いにイオン結合により凝集しているために,状態変化を起こすためにはイオン結合を切断するためのエネルギーを与えなければならない.

(2-3 アミノ酸とタンパク質)

次の各問の文章の正誤を答えなさい.

問 1 アミノ酸はアミノ基とカルボキシ基をもつ.

問 2 タンパク質を構成するすべてのアミノ酸は不斉炭素をもつ.

問 3 タンパク質を構成するアミノ酸は D 体である.

問 4 α-アミノ酸は α-炭素原子に,アミノ基とカルボキシ基の両方が結合している.

問 5 Fischer の投影式では,上下方向の結合は紙面の奥側に伸びる結合を表している.

問 6 Fischer の投影式では,左右方向の結合は紙面の手前側に伸びる結合を表している.

問 7 アミノ酸の Fischer の投影式で,カルボキシ基を上に,置換基

(R)を下に書いた場合，アミノ基が右側のものはD型である．

問8　Ka は酸解離定数である．

問9　pKa は Ka を負の常用対数で表したものである（pKa = $-\log_{10}Ka$）．

問10　溶液の pH が酸の pKa と等しいとき，酸は 50％が解離している（分子型とイオン型の量が等しい）．

問11　ヘンダーソン・ハッセルバルヒの式は，溶液の pH と酸の解離定数，分子型とイオン型の割合の関係を示したものである．

問12　強い酸ほど pKa は高い．

問13　多くのアミノ酸は中性付近で両性イオン（双性イオン）となる．

問14　両性イオン（双性イオン）とは，ひとつの分子の中にカチオンとアニオンの両方をもつ物質のことである．

問15　等電点はアニオンになる官能基とカチオンになる官能基の両方をもつ化合物（両性イオン，双性イオン）において，電離後の化合物全体の電荷平均が 0 となる pH のことである．

問16　タンパク質を構成するアミノ酸はおよそ 20 種類ある．

問17　トリプトファンは環状アミノ酸である．

問18　必須アミノ酸は，その動物の体内で合成できず，栄養分として摂取しなければならないアミノ酸のことである．

問19　バリン，ロイシン，イソロイシン，メチオニン，フェニルアラニン，トリプトファン，トレオニン，リシン，ヒスチジンは必須アミノ酸である．

問20　（ポリ）ペプチドは，複数のアミノ酸がアミノ基とカルボキシ基でエステル結合して鎖状につながったものである．

問21　ポリペプチドのアミノ基側の末端をアミノ末端または N 末端という．

問22　ポリペプチドのカルボキシ基側の末端をカルボキシ末端または C 末端という．

問23　ペプチド結合は共鳴安定化している．

問24　ペプチド結合（-CO-NH-）の C-N 結合は二重結合の性質を帯びて

いるため，回転が制限されている．

問 25 ポリペプチドのペプチド結合の回転は制限されているが，アミドの窒素（N）と α 炭素（Cα）の結合（N–Cα），および α 炭素（Cα）とカルボキシ炭素（C）の結合（Cα–C）は，自由な回転が許されている．

問 26 3 つ以上のアミノ酸からなるペプチドでは，N–Cα 結合の回転角（ϕ ファイ）と Cα–C 結合の回転角（ψ プサイ）は，立体的な制約から特定の組合せのみが可能である．

問 27 ラマチャンドランプロット（Ramachandran plot）は，ϕ，ψ 値，各原子間距離の計算によって立体的に許容されるペプチドの構造の範囲を図示したものである．

問 28 タンパク質の二次構造は，α ヘリックス，コラーゲンヘリックス，β シート，β ターンなどを含む．

問 29 α ヘリックスでは，アミノ酸のアミノ基は 4 残基離れたアミノ酸のカルボキシ基と水素結合をつくり，安定化されている．

問 30 β シートには 2 本のペプチド鎖が同一方向に並んだ平行シート（parallel）と，逆方向に並んだ逆平行シート（antiparallel）がある．

問 31 β シートでは，一般に逆平行シートに比べ平行シートの方が安定だが，それは水素結合が平行に並ぶからである．

問 32 β ターンは逆平行シートのつなぎ目や，α ヘリックスと β シートのつなぎ目によくみられる．

問 33 ペプチド中のメチオニン残基のチオール基（SH 基）は他の SH 基とジスルフィド結合（–S–S–）を形成する場合がある．

問 34 タンパク質およびペプチドのコンホメーションは，水素結合，疎水的な相互作用など，さまざまな相互作用で安定化される．これらの相互作用でジスルフィド結合だけが共有結合である．

問 35 タンパク質の三次元的なコンホメーションを三次構造（tertiary structure）とよぶ．

問 36 多くのタンパク質は複合体を形成する．この複合体の形成を含めた立体構造を四次構造（quaternary structure）とよぶ．

問 37 タンパク質分子 2 つが会合したものをダイマー(dimer)とよぶ.

問 38 タンパク質分子 4 つが会合したものをテトラマー(tetramer)とよぶ.

問 39 数個のタンパク質分子が会合したものをオリゴマー(oligomer)とよぶ.

問 40 同じタンパク質が2つ会合したものをヘテロダイマー(hetero dimer)とよぶ.

問 41 異なる2つのタンパク質が会合したものをホモダイマー(homo dimer)とよぶ.

問 42 オリゴマーを形成する個々のタンパク質をドメインとよぶ.

問 43 タンパク質は水素結合，疎水結合，イオン結合などにより高次構造(二次～四次構造)を保っているが，これらが破壊され特徴的な折りたたみ構造を失うことを「変性」という.

問 44 タンパク質は高温になると変性するが，これは熱変性とよばれる.

問 45 タンパク質は pH の変化によっても変性する．pH が極端に変化すると，タンパク質中の酸性アミノ酸・塩基性アミノ酸(Glu, Asp，Lys，Arg，His)の側鎖の荷電状態が変化する．これによりクーロン相互作用によるストレスがかかり，タンパク質が変性する.

問 46 タンパク質変性剤には，水素結合を破壊する尿素やグアニジン塩，疎水結合を破壊するドデシル硫酸ナトリウムなどの界面活性剤がある.

問 47 シャペロン(chaperone)とは，他のタンパク質分子が正しい折りたたみ(フォールディング)をして機能を獲得するのを助けるタンパク質の総称である．分子シャペロン (molecular chaperone)，タンパク質シャペロンともいう.

問 48 シャペロンがタンパク質の折りたたみを助けるときに，ATP の加水分解エネルギーを使用する.

(2–4 ヌクレオチドと核酸)

次の各問の文章の正誤を答えなさい.

問 1 DNA を構成するピリミジン塩基は, アデニンとグアニンであり, プリン塩基は, シトシンとチミンである.

問 2 DNA にはリボースが, RNA にはデオキシリボースが含まれる.

問 3 リボースリン酸エステルまたはデオキシリボースリン酸エステルの糖部分の 1′位に, プリン塩基またはピリミジン塩基が結合したものをヌクレオチドという.

問 4 ペントースリン酸エステルの C1′に塩基が結合したものをヌクレオシドという.

問 5 ヌクレオチドは, プリン塩基, ヘキソース, リン酸からなる.

問 6 DNA は, ヌクレオチドのポリマーで糖部分の 2′位と 5′位がリン酸で連結されている.

問 7 DNA の二重鎖中の塩基対は, アデニン–シトシン, グアニン–チミン間の水素結合により形成されている.

問 8 核酸の高次構造は, 塩基間のホスホジエステル結合によって形成される.

問 9 DNA が熱により変性するのは, ホスホジエステル結合が加水分解されるためである.

問 10 水溶液中の DNA 構造において, 2 本のポリヌクレオチド鎖は, 共通な軸を中心に右巻きに二重らせん構造をとる.

(2–5 糖　質)

次の各問の文章の正誤を答えなさい.

問 1 グリセルアルデヒドとジヒドロキシアセトンは, 単糖のうち最も小さな四炭糖である.

問 2 マンノース, アラビノース, ガラクトース, フルクトースは, いずれも単糖である.

問 3　フルクトースは五炭糖ケトースである.

問 4　アルドースには還元性があるが，ケトースにはない.

問 5　D 体と L 体の区別は，鎖状構造式におけるアルデヒドまたはケト基から最も近い不斉炭素の立体配置でなされる.

問 6　糖では一般に D 体は右旋性，L 体は左旋性を示す.

問 7　D-グルクロン酸は，D-グルコースのアルデヒド基をカルボキシ基へ酸化することにより生成する.

問 8　α-D-グルコースの結晶を水に溶かすと，変旋光の現象が認められる.

問 9　多糖類として自然界に最も多く存在するものは，貯蔵多糖としてのグリコーゲンである.

問 10　ヒアルロン酸は *N*-アセチルヘキソサミンを含むムコ多糖である.

(2-6　脂　質)

問 1　シリカゲルの薄層クロマトグラフィーで，トリアシルグリセロール，ホスファチジルコリン，脂肪酸を分離するとき，移動度の大きさの順番はどのようになるか.

問 2　必須脂肪酸は，グリセロリン脂質において，グリセロール 1 位の炭素と 2 位の炭素のどちらに結合しているか.

問 3　脂質残基の一種であるファルネシル基がタンパク質に共有結合する意義は何か.

問 4　マーガリンとバターとを比べた場合，リノール酸含量が多いのはどちらか.

問 5　細胞膜上の脂質ラフトとよばれる領域に集合して見出される脂質成分は何か.

問 6　魚油に豊富に含まれる n-3 系列不飽和脂肪酸をあげよ.

第3章

タンパク質の機能

3-1 多様なタンパク質

問題 1

下表は，タンパク質の主な機能を分類したものである．下記のタンパク質A～Wの機能はどの分類に該当するか．表の①～⑪から選びなさい．

分類	生理機能
① 酵素	生体内の化学反応の触媒
② シグナル分子	特定の細胞から放出され，細胞間で情報を伝達する
③ 受容体	シグナル分子を結合してシグナルを受容・伝達する
④ 膜輸送体	膜の内外の物質の移動
⑤ 運搬・輸送タンパク質	イオンや低分子の輸送
⑥ 貯蔵タンパク質	物質の貯蔵
⑦ 接着タンパク質	細胞同士，または細胞と細胞外マトリックスの結合
⑧ 構造タンパク質	細胞・組織の形態維持
⑨ モータータンパク質	ATPの加水分解エネルギーを運動に変換する
⑩ 防御タンパク質	病原体などの異物に対する防御(免疫系)や，活性酸素などの有害物質に対する防御
⑪ 調節タンパク質	生体のさまざまな反応の調節

A：インスリン，B：インスリン受容体，C：ヘモグロビン，D：トリプシン，E：カドヘリン，F：ミオシン，G：トランスフェリン，H：フェリチン，I：免疫グロブリン，J：グルコーストランスポーター，K：転写制御因子，L：イオンチャネル，M：ミオグロビン，N：コラーゲン，O：インテグリン，P：キネシン，Q：血漿リポタンパク質，R：サイトカイン，S：サイトカイン受容体，T：DNA ポリメラーゼ，U：アクチン，V：Na^{+},K^{+}-ATP アーゼ(Na^{+},K^{+}ポンプ)，W：スーパーオキシドジスムターゼ（SOD)

解答　A ②　B ①，③　C ⑤　D ①　E ⑦　F ⑨　G ⑤　H ⑥　I ⑩　J ④　K ⑪　L ④　M ⑥　N ⑧　O ⑦　P ⑨　Q ⑤　R ②，⑩　S ③，⑩　T ①　U ⑧　V ①，④　W ①，⑩

解説

タンパク質には非常に多くの種類があり，ヒトでは少なくとも数万種類が同定されている．タンパク質は生体内で多彩な機能を担っており，本問では主な機能を分類し，表にまとめた．タンパク質によっては，複数の分類にあてはまるものもある(解答欄の下線)．例えば，インスリン受容体はチロシンをリン酸化する酵素活性をもつので，受容体と酵素の両方に分類できる．Na^{+},K^{+}-ATP アーゼ(Na^{+},K^{+}ポンプ)は，ATP を加水分解する酵素活性をもち，Na^{+}イオンを細胞内から細胞外へ，K^{+}イオンを細胞外から細胞内へ輸送する膜輸送体としても働く．

それぞれのタンパク質の機能については，下記も参照．
酵素(第 4 章，DNA ポリメラーゼは第 7 章 7-5)，シグナル分子・受容体(第 3 章 3-2)，膜輸送体(第 1 章 1-3)，運搬・輸送タンパク質，貯蔵タンパク質(第3章3-1)，接着タンパク質，構造タンパク質，モータータンパク質(第1章1-4)，防御タンパク質(免疫グロブリンは第3章3-1参照，スーパーオキシドジスムターゼ (SOD)は活性酸素の除去に働く)，調節タンパク質(転写制御因子は第7章7-2)

問題 2

次の記述の空欄に最も適切な語句を入れなさい．

ヘモグロビンは赤血球のタンパク質で，酸素の輸送を担っている．［①］本のα鎖と［①］本のβ鎖からなる［②］構造をもち，各ポリペプチド鎖に1個ずつ［③］が結合している．［③］はポルフィリン環と2価の鉄イオンが複合体を形成した分子で，［③］に酸素が結合して運ばれる．
ヘモグロビンの1つのサブユニットの［③］に酸素が結合すると，他のサブユニットのコンホメーションが変化し，酸素親和性が上昇する．したがって，低酸素分圧ではヘモグロビンの酸素親和性は［④］，高酸素分圧では親和性が［⑤］なり，酸素分圧とヘモグロビンの酸素飽和度の関係を示すグラフは，［⑥］曲線になる．
このような性質から，ヘモグロビンは，酸素分圧が高い肺においてはより多くの酸素を結合し，酸素分圧が低い末梢組織ではより多くの酸素を解離して末梢組織に供給することができる．
筋肉に酸素を蓄えるミオグロビンは，単量体のタンパク質である．酸素分圧とミオグロビンの酸素飽和度の関係を示すグラフは，ミカエリス・メンテン型(双曲線型)になる．

解答　①2　②四量体　③ヘム　④低く　⑤高く
⑥シグモイド(S字)

解説

pHの低下，二酸化炭素分圧の増加，温度の上昇，2,3-ビスホスホグリセリン酸濃度の増加により，ヘモグロビンの酸素親和性は，低下する．末梢組織はこのような環境にあるため，ヘモグロビンからの酸素の解離が増加する．逆に，pH の上昇，二酸化炭素分圧の減少，温度の低下，2,3-ビスホスホグリセリン酸濃度の減少により，ヘモグロビンの酸素親和性は，増加する．

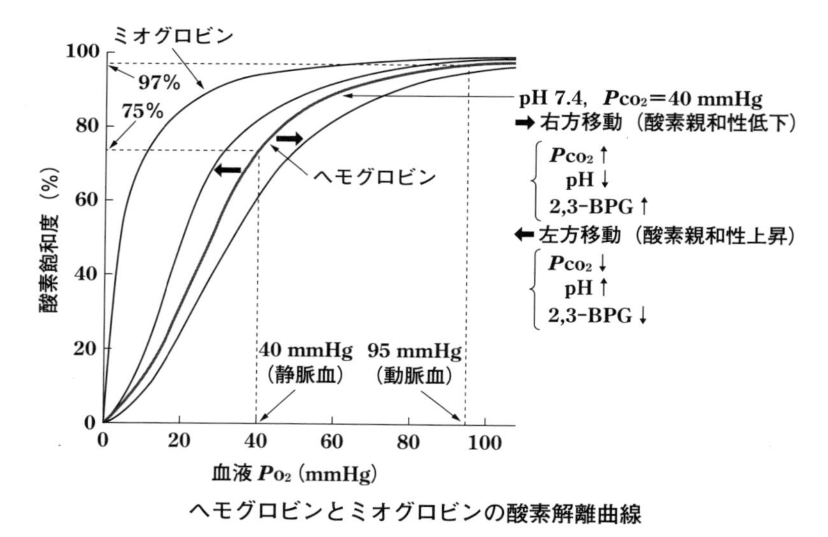

ヘモグロビンとミオグロビンの酸素解離曲線

（林典夫・廣野治子監修，野口正人・五十嵐和彦編集（2014）シンプル生化学 改訂第 6 版，300 頁，図 21・15，南江堂，より引用）

問題3

物質の運搬や貯蔵に関わるタンパク質①〜⑧の機能を，A〜Hから選びなさい．

タンパク質
①血清アルブミン　②トランスフェリン　③ミオグロビン
④血漿リポタンパク質　⑤ヘモグロビン　⑥フェリチン
⑦フェロオキシダーゼ(セルロプラスミン)　⑧ラクトフェリン

機能
A：血中で酸素を運搬する．
B：筋肉中で酸素を貯蔵する．
C：血中で鉄イオンを運搬する．
D：唾液，涙，母乳中などの鉄イオンを結合している．
E：鉄イオンを貯蔵する．
F：血中で銅イオンを運搬する．
G：血中で脂肪酸，胆汁酸，ステロイドホルモンなどを運搬する．
H：血中でトリアシルグリセロールやコレステロールエステルなどの脂質を運搬する．

解答　①G　②C　③B　④H　⑤A　⑥E　⑦F　⑧D

解説

血清アルブミンは，血液の浸透圧調整の役割も果たしている．また，酸性薬物を結合する性質もあるので，血清アルブミンに結合しやすい酸性薬剤を併用する場合，注意が必要である．

血漿リポタンパク質には，キロミクロン，超低密度リポタンパク質(VLDL)，中間密度リポタンパク質(IDL)，低密度リポタンパク質(LDL)，高密度リポタンパク質(HDL)の5種類がある(第6章6-3参照)．

問題4

次の記述の空欄に最も適切な語句を入れなさい．

病原体が外部から体内に侵入すると，白血球の一種であるB細胞が活性化されて形質細胞となり，［①］を産生する．［①］は病原体表面の抗原を特異的に認識して結合するタンパク質で，病原体の攻撃から身を守るための防御タンパク質である．［①］は5つのクラス，IgA，IgD，［②］，［③］，IgMに分類される．「Ig」は免疫グロブリン(immunoglobulin)の略である．
血液中で最も多く存在する［①］は［③］で，［①］の約8割を占める．［③］は胎盤を通過することができ，胎児や新生児の免疫にも重要である．［②］は血液中にごく低濃度で存在し，花粉症などのアレルギー反応に関与している．
［③］の構造は，2本の［④］と2本の［⑤］がジスルフィド結合した四量体である．［④］は4つのドメイン，［⑤］は2つのドメインをもち，そのうちN末端のドメインはアミノ酸配列が多様であることから［⑥］とよばれている．この［⑥］に抗原結合部位があり，その立体構造は抗原と隙間なく結合できるようになっている．
［①］は高い特異性で抗原を認識できることから，抗原を検出する試薬として用いられている．

解答　①抗体　②IgE　③IgG　④重鎖(H鎖)　⑤軽鎖(L鎖)　⑥可変部

解説

抗原とは，生体内に入ってきたときに，抗体産生などの免疫細胞の応答を引き起こすような物質で，一般にタンパク質であるものが多い．病原体が体内に侵入すると，病原体表面の抗原を特異的に認識する抗体が産生され，病原体を排除するように働く．抗体が非常に高い特異性で抗原を認識する性質は，臨床検査や研究に用いられている（第5章5–1問題5参照）．

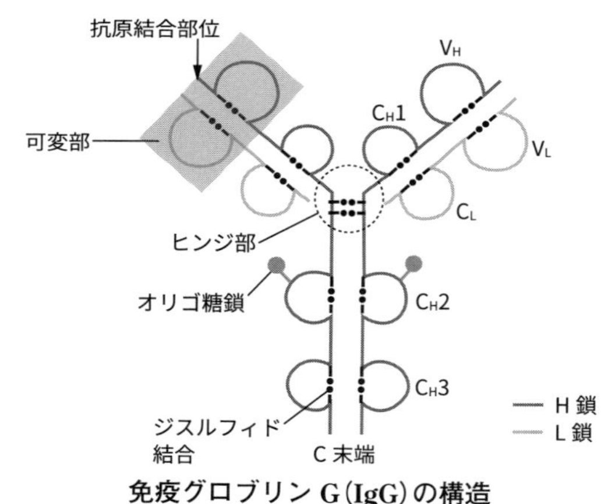

免疫グロブリンG（IgG）の構造

（Jan Koolman，Klaus–Heinrich Roehm 著，川村越監訳（2015）見てわかる生化学第2版，p311 図B，メディカル・サイエンス・インターナショナルを参考に作成）

3-2 受容体

問題 1

次の記述の空欄に最も適切な語句を入れなさい．

Gタンパク質共役型受容体は，アルファベット4文字の略号で［①］とよばれる．［①］は1本のポリペプチド鎖が［②］回［③］を貫通した構造をもち，細胞外側にリガンド結合部位がある．細胞内側にはα，β，γのサブユニットからなる［④］と結合する部位がある．
休止状態のGタンパク質は［⑤］を結合している．受容体にリガンドが結合すると受容体の立体構造が変化し，［④］と結合できるようになる．その結果，不活性型の［⑤］結合型が活性型の［⑥］結合型に変わる．［⑥］結合型のαサブユニットは$\beta\gamma$サブユニットと解離し，不活性型の標的酵素(例としてアデニル酸シクラーゼなど)に結合して活性型に変え，細胞内に情報を伝達する．

解答 ① GPCR　② 7　③細胞膜　④(ヘテロ)三量体Gタンパク質
⑤ GDP　⑥ GTP

解説

GPCRはG-protein coupled receptor(Gタンパク質共役型受容体)の略で，7回膜貫通型受容体である．

三量体Gタンパク質(GTP結合タンパク質)のαサブユニットには，休止状態ではグアノシン二リン酸(GDP)が結合している(不活性型，スイッチOFF)．受容体にリガンドが結合すると，受容体と三量体Gタンパク質が結合し，GDP-GTP交換反応により三量体Gタンパク質がグアノシン三リン酸(GTP)結合型(活性型，スイッチON)となり，細胞内にシグナルが伝達される．Gタンパク質はGTPアーゼ(GTPase)活性をもつので，結合しているGTPは時間とともにGDPに分解され，休止状態に戻る．GDP-GTP交換反応を促す因子をGEF(guanine nucleotide exchange factor)，GTPの加水分解を促す因子をGAP(GTPase activating protein)という．

アゴニストが結合したGPCRはGEFとして働く．

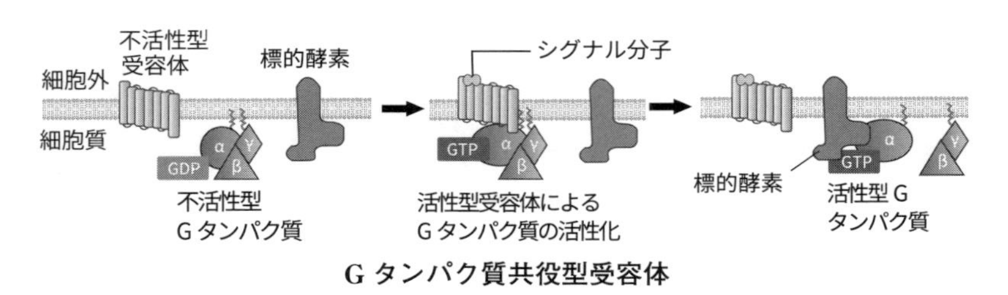

Gタンパク質共役型受容体

(板部洋之，荒田洋一郎(2025)詳解生化学 第2版，図25-3，京都廣川書店)

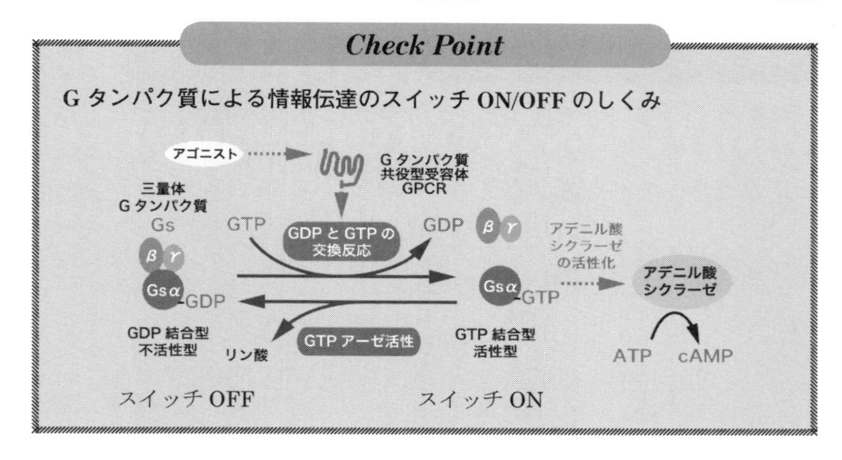
Check Point
G タンパク質による情報伝達のスイッチ ON/OFF のしくみ
アゴニスト
G タンパク質
共役型受容体
GPCR
三量体
G タンパク質
Gs
β
γ
Gsα
GDP
GTP
GDP と GTP の
交換反応
GDP
β γ
アデニル酸
シクラーゼ
の活性化
Gsα
GTP
アデニル酸
シクラーゼ
GDP 結合型
不活性型
リン酸
GTP アーゼ活性
GTP 結合型
活性型
ATP
cAMP
スイッチ OFF
スイッチ ON

問題 2

三量体Gタンパク質には，Gαサブユニットの違いにより，働きの異なるいくつかのタイプがある．表の空欄にあてはまる作用と受容体の例を選びなさい．

Gα 分類	主な作用	共役している受容体の例
Gs	(1)	(A)
Gi	(2)	(B)
Gq	(3)	(C)

作用

(ア) アデニル酸シクラーゼを活性化し，cAMP 上昇
(イ) アデニル酸シクラーゼを抑制し，cAMP 低下
(ウ) ホスホリパーゼ C を活性化し，イノシトール 1,4,5-三リン酸 (IP_3) とジアシルグリセロール (DG) が上昇

受容体

(a) アドレナリン α_1 受容体，(b) アドレナリン α_2 受容体，(c) アドレナリン $\beta_{1/2/3}$ 受容体，(d) ドパミン D_1 受容体，(e) ドパミン D_2 受容体，(f) ムスカリン $M_{1/3/5}$ 受容体，(g) ムスカリン $M_{2/4}$ 受容体，(h) ヒスタミン H_1 受容体，(i) ヒスタミン H_2 受容体，(j) グルカゴン受容体

解答 (1) (ア)　(2) (イ)　(3) (ウ)
(A) (c), (d), (i), (j)　(B) (b), (e), (g)　(C) (a), (f), (h)

解説

Gタンパク質共役型受容体は，共役しているGタンパク質のαサブユニットの違いにより，Gs共役型受容体，Gi共役型受容体，Gq共役型受容体などに分類される．

Gs共役型受容体は，アデニル酸シクラーゼを活性化し，反対に，Gi共役型受容体は，アデニル酸シクラーゼを不活性化させる．アデニル酸シクラーゼは，ATPからcAMP（サイクリックAMP：cyclic AMP）を生成する反応を触媒する酵素である．cAMPはプロテインキナーゼA（PKA）を活性化し，PKAは転写調節因子CREBなどの標的タンパク質をリン酸化する．CREBはリン酸化されると活性型となり，標的遺伝子の転写を亢進させる．

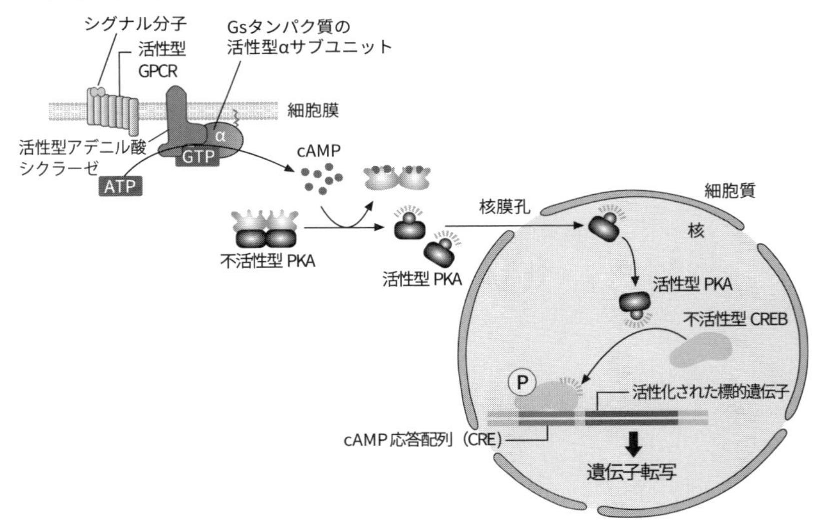

G_s を介した細胞内情報伝達

（板部洋之，荒田洋一郎（2025）詳解生化学 第2版，図25-11，京都廣川書店）

Gq 共役型受容体は，ホスホリパーゼ Cβ(PLCβ) を活性化させる．PLCβ はホスファチジルイノシトール 4,5–二リン酸 (PIP_2) の加水分解反応を触媒し，イノシトール 1,4,5–三リン酸 (IP_3) とジアシルグリセロール (DG) を生成する．IP_3 は小胞体内腔から細胞質への Ca^{2+} の放出を引き起こす．この Ca^{2+} と DG は，ともにプロテインキナーゼ C(PKC) に結合し，活性化させる．PKC が標的タンパク質をリン酸化させることで，さまざまな細胞応答が起こる．

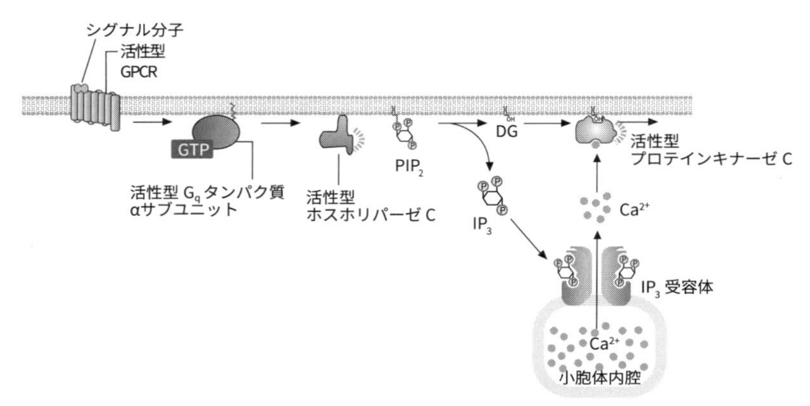

G_q を介した細胞内情報伝達

（板部洋之，荒田洋一郎(2025)詳解生化学 第 2 版，図 25–12，京都廣川書店）

Check Point

G タンパク質共役型受容体の主なサブタイプと作用

Gs 共役型受容体：アデニル酸シクラーゼを活性化，cAMP ↑
Gi 共役型受容体：アデニル酸シクラーゼを抑制，cAMP ↓
Gq 共役型受容体：ホスホリパーゼ C を活性化，IP_3 および DG ↑

問題 3

次の記述の空欄に最も適切な語句を入れなさい．

上皮成長因子（EGF：epidermal growth factor）受容体は［　①　］内蔵型受容体である．［　①　］内蔵型受容体は 1 回膜貫通型タンパク質であり，細胞質に［　①　］ドメインをもつ．
リガンドが結合していない EGF 受容体は単量体になっている．受容体にリガンド（EGF）が結合すると，2 分子の受容体が細胞膜上で会合（二量体化）し，互いに相手の分子の細胞質内チロシン残基をリン酸化（［　②　］）する．
次に Grb2，Sos を介して低分子量 GTP 結合タンパク質である［　③　］が GDP 結合型（不活性型）から GTP 結合型へ活性化される．これにより，Raf，MEK，ERK とよばれるプロテインキナーゼが順次活性化される．これを［　④　］とよぶ．ERK は種々のタンパク質をリン酸化し，転写因子を活性化して，細胞分裂などに関わる遺伝子の発現を誘導する．

解答　①チロシンキナーゼ　②自己リン酸化　③ Ras
④ MAP キナーゼカスケード

解説

EGF 受容体は別名 ErbB1，HER1 ともよばれる．Grb2 はアダプタータンパク質，Sos は GDP-GTP 交換反応を促進するグアニンヌクレオチド交換因子（GEF）である．

ERK は MAP キナーゼ（MAPK：mitogen-activated protein kinase）ともよばれており，MEK は MAP キナーゼキナーゼ（MAPKK），Raf は MAP

キナーゼキナーゼキナーゼ(MAPKKK)ともよばれる．滝のように反応が連なっているので「カスケード」とよばれる．

EGF受容体シグナルは，MAPキナーゼ経路だけでなく，PI3キナーゼ経路やJAK/STAT経路も活性化し，細胞の増殖，分化，生存，癌化などを制御している．

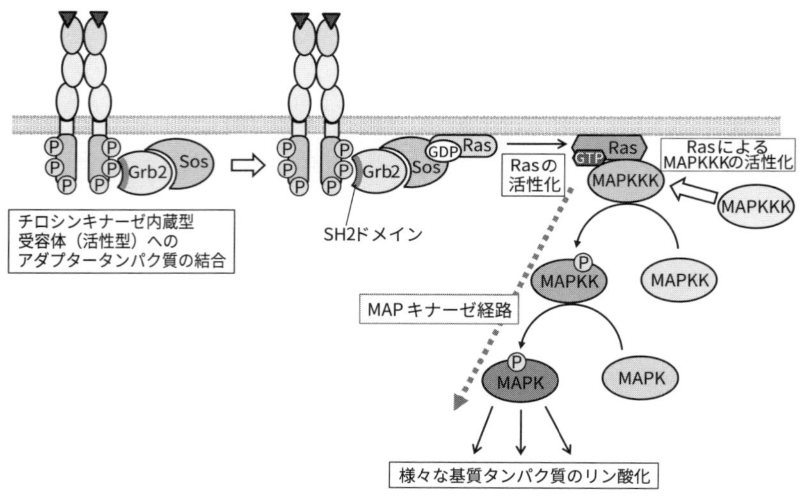

MAPキナーゼ経路の活性化

（板部洋之，荒田洋一郎(2025)詳解生化学 第2版，図25-16，京都廣川書店）

Column

EGF受容体を標的とした医薬品として，ゲフィチニブ(商品名イレッサ®)などの抗悪性腫瘍薬がある．非小細胞肺がんなどでは，高頻度にEGF受容体の変異や遺伝子増幅が認められている．ゲフィチニブはEGF受容体の自己リン酸化を阻害し，下流へのシグナル伝達を遮断することで腫瘍の増殖を抑制する．

問題 4

次の記述の空欄に最も適切な語句を入れなさい.

インスリン受容体は膜貫通タンパク質で,細胞質側にチロシンキナーゼドメインをもつ.インスリンが受容体に結合すると,受容体のチロシンキナーゼが活性化し,自身や[①]のチロシン残基をリン酸化する.
[①]がリン酸化されると,Grb2,Sos,Ras を介して MAP キナーゼカスケードが活性化され,関連する遺伝子の転写が活性化される.また,[①]のリン酸化により,[②]も活性化される.[②]はホスファチジルイノシトール 4,5-二リン酸(PIP_2)をリン酸化してホスファチジルイノシトール 3,4,5-三リン酸(PIP_3)を生成し,PIP_3 はプロテインキナーゼ PDK-1 を活性化し,PDK-1 は[③]を活性化する.
[③]の活性化は,筋肉や脂肪組織でグルコース輸送体[④]を含む細胞内小胞を細胞膜に移行させ,グルコースの取り込みを増加させる.[③]の活性化はグリコーゲン合成の促進と分解の抑制,糖新生の抑制にも働く.

解答 ①インスリン受容体基質(IRS-1:insulin-receptor substrate 1)
②ホスファチジルイノシトール 3-キナーゼ(PI3-K)
③プロテインキナーゼ B(PKB,別名 Akt)
④ GLUT4(glucose transporter 4)

解説

インスリンは血糖値を下げる唯一のホルモンであり，血糖値が上昇すると，膵臓のランゲルハンス島 β 細胞から分泌される．インスリンはペプチドホルモンで，主に骨格筋，肝臓，脂肪組織の細胞膜上のインスリン受容体に作用し，血中からのグルコースの取り込みを促進する．また，グリコーゲン合成を促進して，取り込んだグルコースをグリコーゲンとして貯蔵する働きをする．さらに，グリコーゲン分解および糖新生の抑制作用により，血中へのグルコースの供給を抑制する．脂肪組織では，トリアシルグリセロール合成の促進作用を示す．

インスリンは，1 本のポリペプチド鎖として合成された後，限定分解やジスルフィド結合の形成などの翻訳後修飾を受け，成熟型となる．成熟型のインスリンは，アミノ酸残基 21 個からなる A 鎖と，アミノ酸残基 30 個からなる B 鎖が，ジスルフィド結合で繋がった構造をしている．

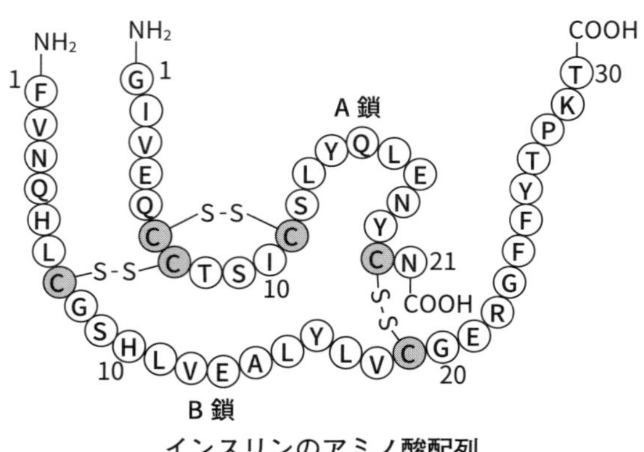

インスリンのアミノ酸配列

（板部洋之，荒田洋一郎（2025）詳解生化学 第 2 版，図 4-18，京都廣川書店）

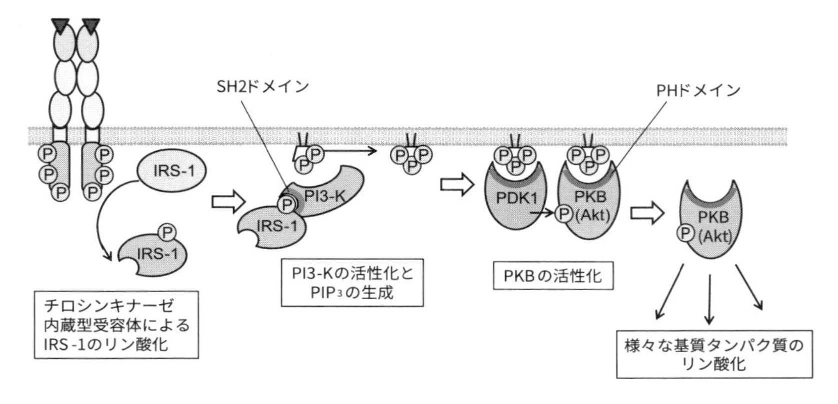

PI3-K と PKB の活性化

（板部洋之，荒田洋一郎(2025)詳解生化学 第2版，図 25-17，京都廣川書店）

問題5

次の記述の空欄に最も適切な語句を入れなさい.

インターロイキン-6 (IL-6)は, B細胞に作用して抗体産生を誘導するなど, 多彩な機能をもつサイトカインである. 細胞膜のIL-6受容体にIL-6が結合すると, [①]の二量体形成が促進される. 二量体になった[①]は, 細胞質の[②]と結合し, 活性化する. [②]はチロシンキナーゼであり, 転写因子[③]をリン酸化して活性化する. リン酸化された[③]は二量体を形成して核内に移行し, 標的遺伝子の転写に働く.

解答 ① gp130　②ヤヌスキナーゼ(JAK：Janus kinase)
③ STAT(signal transducer and activator of transcription)

解説

IL-6受容体は1回膜貫通タンパク質で, EGF受容体やインスリン受容体と異なり, 自身はチロシンキナーゼ活性をもたない. IL-6が受容体に結合すると, 下流にある細胞質型(非受容体型)チロシンキナーゼのJAKが活性化される. JAK-STAT系シグナル伝達は, IL-6以外にも多数のサイトカイン受容体に関連している.

問題 6

次の中から，核内受容体に結合するものをすべて選びなさい．

①インターフェロン-α，②糖質コルチコイド（グルココルチコイド），③グルカゴン，④エストロゲン，⑤レチノイン酸，⑥活性型ビタミン D_3，⑦アドレナリン，⑧甲状腺ホルモン

解答 ②，④，⑤，⑥，⑧

解説

ステロイドホルモンやレチノイン酸，活性型ビタミン D_3，甲状腺ホルモンなどは，脂溶性の低分子であり，細胞膜を透過できる．これらの物質は，核内受容体に結合する．核内受容体には，常に核内に存在するものと，細胞質に存在し，リガンドが結合すると核内へ移行するものがある（後者を特に細胞内受容体とよび，区別する場合もある）．

核内受容体にリガンドが結合すると，受容体の二量体化が起こる．二量体化した受容体は，DNA の特定の塩基配列部分に結合し，他の転写因子とともに働いて，下流の遺伝子の転写を開始させる．

インターフェロン-α はサイトカインのひとつで，細胞膜受容体に結合し，JAK-STAT 経路を活性化する．グルカゴンはペプチドで，細胞膜の Gs タンパク質共役型受容体に結合する．アドレナリンはカテコールアミン類で，細胞膜の G タンパク質共役型受容体に結合する．アドレナリン $\alpha1$ 受容体（Gq タンパク質共役型），$\alpha2$ 受容体（Gi タンパク質共役型），$\beta1$～$\beta3$ 受容体（Gs タンパク質共役型）がある．

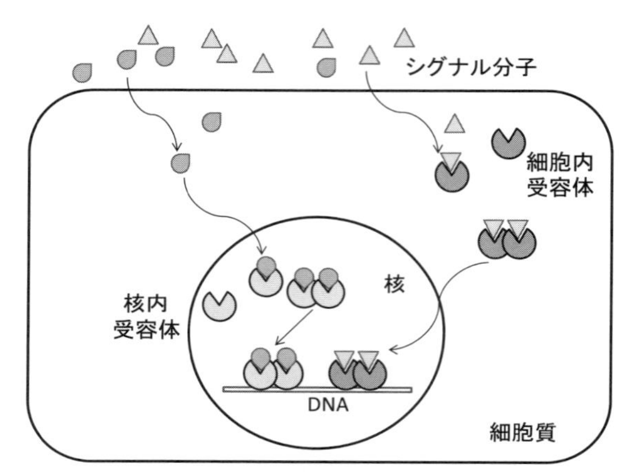

核内受容体と細胞内受容体の作用のしくみ

細胞膜を透過して細胞内に入ってくる生理活性分子に対し，核内受容体または細胞内受容体が情報の受け手となる．いずれも生理活性分子を結合した受容体は，二量体を形成し（ホモ二量体をつくるものと，ヘテロ二量体をつくるものとがある），核内で遺伝子の転写を調節するエンハンサー配列に結合する．（板部洋之，荒田洋一郎（2025）詳解生化学 第2版，図25-5，京都廣川書店）

3-3 タンパク質の成熟と分解

問題 1

次の記述の空欄に最も適切な語句を入れなさい．

タンパク質は［ ① ］で合成される．
細胞質基質，核，［ ② ］，ペルオキシソームで働くタンパク質は，細胞質の遊離［ ① ］で合成される．核内で働くタンパク質は，細胞質基質から核膜孔を通過して核内に入る．［ ② ］やペルオキシソームへは，膜を通過して輸送される．
細胞外へ分泌されるタンパク質，リソソームタンパク質，細胞膜のタンパク質は，［ ① ］での翻訳開始直後に，［ ① ］が小胞体膜に運ばれて結合し，そこで合成される．
これらのうち，細胞外へ分泌されるタンパク質は，合成の過程で小胞体内腔に入り，その後，［ ③ ］輸送によって小胞体→［ ④ ］→細胞外へと運ばれる．リソソームタンパク質は，同様に［ ③ ］輸送によって［ ④ ］を経由してリソソームに運ばれる．
細胞膜のタンパク質は，合成過程で小胞体膜に埋め込まれる．その後，［ ③ ］輸送によって小胞体→［ ④ ］を経由して，輸送［ ③ ］の膜が細胞膜に融合することで，細胞膜タンパク質となる．

解答 ①リボソーム ②ミトコンドリア ③小胞 ④ゴルジ体

解説

タンパク質はすべてリボソームで合成されるが，問題文中に記載のような経路で，それぞれが機能する場所へ運ばれる．タンパク質のアミノ酸配列中には，輸送先に応じた特徴的な配列が存在することがあり，シグナル配列とよばれる．シグナル配列には，核移行シグナルや，ミトコンドリア局在化シグナルなどがある．シグナル配列の働きで，それぞれのタンパク質が適切な細胞小器官へ運ばれる．その後，不要になったシグナル配列はシグナルペプチダーゼにより切断される(第1章1-2問題4参照).

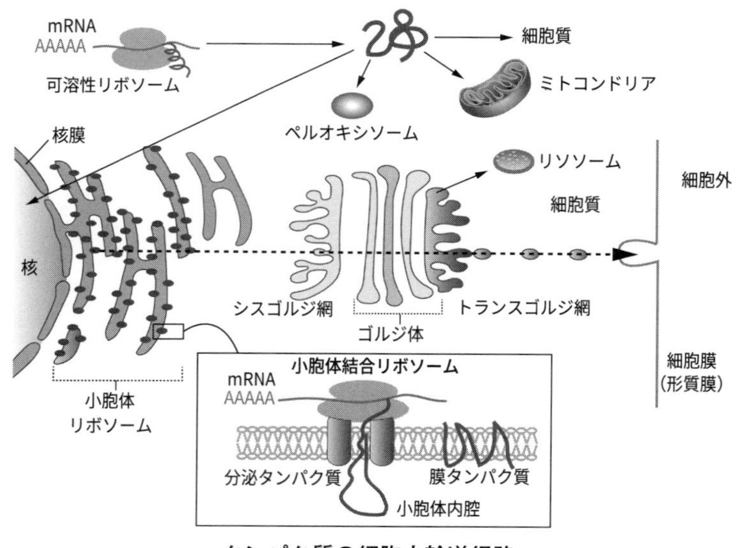

タンパク質の細胞内輸送経路

問題 2

次の記述の空欄に最も適切な語句を入れなさい.

タンパク質の[①](post-translational modification) は, タンパク質がリボソームで合成された後, すなわち翻訳の後に起こる, タンパク質の化学的な修飾である. [①]のうち, [②], [③]修飾, [④]修飾, [⑤]修飾, [⑥]修飾について, 以下に簡単に説明する.

- 血液凝固系のタンパク質や消化酵素には, 不活性な前駆体タンパク質として合成され, [②](ポリペプチド鎖の一部が分解されること)を受けることで活性型になるものが多い.
- 膜タンパク質や細胞外へ分泌されるタンパク質の多くは, 小胞体やゴルジ体で[③]修飾を受ける. 糖タンパク質の[③]には多様な構造があり, タンパク質の安定性や機能に重要な役割を果たしている. ヒトの糖タンパク質の[③]には, アスパラギン残基に結合する*N*-結合型[③]と, セリン残基やトレオニン残基に結合する*O*-結合型[③]がある.
- タンパク質のセリン残基, トレオニン残基, またはチロシン残基の[④]と脱[④]は, さまざまなタンパク質の活性制御に重要である.
- 血液凝固や骨形成に関わるタンパク質には, グルタミン酸残基が[⑤]修飾されて活性を示すものがある.
- コラーゲンのプロリン残基やリシン残基の[⑥]は, コラーゲン三重らせんの立体構造の形成・維持に重要である.

解答　①翻訳後修飾　②限定分解　③糖鎖　④リン酸化
⑤γ-カルボキシ化　⑥ヒドロキシ化

解説

タンパク質をリン酸化する酵素をプロテインキナーゼ，脱リン酸化する酵素をプロテインホスファターゼとよぶ．プロテインキナーゼは，セリン・トレオニンキナーゼとチロシンキナーゼに大別される．リン酸化により活性化され，脱リン酸化により不活性化されるタンパク質と，それとは逆に，リン酸化により不活性化され，脱リン酸化により活性化されるタンパク質がある．上皮成長因子(EGF)受容体やインスリン受容体のように，キナーゼ活性をもつ受容体もある(第3章3-2参照)．

グルタミン酸残基のγ-カルボキシ化反応には，ビタミンKが必須である．ビタミンKが欠乏すると，血液凝固系のタンパク質がγ-カルボキシ化修飾を受けず，血液が固まりにくくなり，出血傾向を示す．医薬品のワルファリンはビタミンKの再生を阻害して，γ-カルボキシ化を阻害し，血液凝固を阻害する．

コラーゲンのプロリン残基やリシン残基のヒドロキシ化には，ビタミンC(アスコルビン酸)が必要である．ビタミンC不足は，コラーゲン形成不全を引き起こし，血管壁がもろくなって壊血症につながる．

タンパク質の翻訳後修飾には，他にも脂質修飾(第3章3-3問題3参照)，アセチル化，メチル化(第3章3-3問題4参照)，ADPリボシル化，ユビキチン化(第3章3-3問題5参照)などがある．

問題 3

次の記述の空欄に最も適切な語句を入れなさい．

タンパク質の翻訳後修飾のひとつである脂質修飾には，タンパク質を機能の場である膜につなぎとめる役割がある．
タンパク質のアミノ末端(N 末端)のグリシン残基に，ミリスチン酸がアミド結合する修飾を，［①］という．
タンパク質のシステイン残基にパルミチン酸がチオエステル結合するのが，［②］である．
タンパク質のカルボキシ末端(C 末端)付近のシステイン残基にファルネシル基やゲラニルゲラニル基がチオエーテル結合する修飾は，それぞれ，［③］，［④］とよばれる．
また，［⑤］がタンパク質の C 末端に結合しているタンパク質もあり，［⑤］アンカータンパク質とよばれる．
これらの脂質修飾を受けたタンパク質は，脂質の炭化水素鎖の部分が細胞膜などの生体膜に突き刺さるようにして，つなぎとめられている．

解答　①*N*-ミリストイル化　②*S*-パルミトイル化
③*S*-ファルネシル化　④*S*-ゲラニルゲラニル化
⑤グリコシルホスファチジルイノシトール(GPI)

解説

生体膜は主にリン脂質からできているため，疎水性が高い．水溶性のタンパク質を膜につなぎとめるために，タンパク質に脂肪酸やイソプレニル基，グリコシルホスファチジルイノシトール(GPI)アンカーが結合しているものがある．ミリスチン酸(C14:0)とパルミチン酸(C16:0)は脂肪酸であり，炭化水素基部分は疎水的である(第2章2-6参照)．*N*-ミリストイル化や*S*-パルミトイル化(脂肪酸修飾)されたタンパク質は，脂肪酸の炭化水素基部分が膜に突き刺さるようにして，係留される．脂肪酸修飾のことをアシル化ともいう．ファルネシル基やゲラニルゲラニル基は，それぞれ炭素数15個と20個のイソプレニル基である．脂肪酸修飾と同様に，長い炭化水素基が膜に突き刺さるようにして，タンパク質を膜につなぎとめる．GPIは，グリセロリン脂質であるホスファチジルイノシトールに，オリゴ糖やリン酸基，エタノールアミンが結合した構造をもつ．ホスファチジルイノシトールの2本のアシル基の部分が膜に突き刺さることで，タンパク質を膜につなぎとめる．

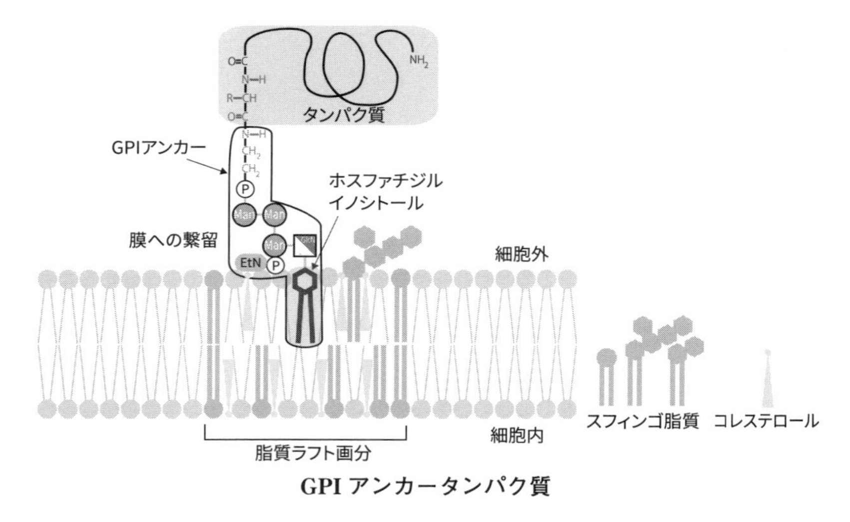

GPIアンカータンパク質

(板部洋之，荒田洋一郎(2025)詳解生化学 第2版，図17-10，京都廣川書店)

問題 4

次の記述の空欄に最も適切な語句を入れなさい．

タンパク質の翻訳後修飾のひとつに，アセチル化がある．アセチル化では，タンパク質のリシン残基の側鎖のアミノ基がアセチル化される．この反応は［①］により触媒され，基質には［②］が利用される．また，アセチル化は可逆性で，脱アセチル化は［③］により触媒される．
ヒストンは核に存在する塩基性タンパク質で，DNA と結合してヌクレオソームを形成している．ヒストンは，ヒストン［①］(HAT) とヒストン［③］(HDAC) により，アセチル化と脱アセチル化の制御を受けている．ヒストンのリシン残基がアセチル化されると，側鎖の正電荷が減少するため，負電荷を多くもつ DNA との結合が弱まり，クロマチンが緩む．逆にヒストンが脱アセチル化されると，クロマチンは凝集する．クロマチンが緩むと遺伝子の転写や複製が活性化し，クロマチンが凝集すると遺伝子は不活性化される．
遺伝子発現の制御には，ヒストンのメチル化も大きく関与している．メチル化は，タンパク質のリシン残基やアルギニン残基の側鎖に起こる．［④］が触媒し，メチル基の供与体として［⑤］が利用される．メチル化も可逆的な修飾で，［⑥］が脱メチル化を触媒する．
ヒストンは他に，リン酸化修飾やユビキチン化などの翻訳後修飾によっても制御を受けている．

解答 ①アセチルトランスフェラーゼ　②アセチル CoA
③デアセチラーゼ　④メチルトランスフェラーゼ
⑤*S*-アデノシルメチオニン　⑥デメチラーゼ

解説

ヒストンはさまざまな翻訳後修飾を受けることで，遺伝子の発現(転写)の調節に関与している．

ヒストンとクロマチンについては，第 2 章 2-4 を参照．

問題5

次の記述の空欄に最も適切な語句を入れなさい.

分泌タンパク質や膜タンパク質は,小胞体膜に結合したリボソームで合成される.さまざまな要因で,異常な高次構造(折りたたみ不全)になったタンパク質などが小胞体内に蓄積してしまうことがある.このような状態を[①]といい,細胞にとって大きなダメージとなる.[①]を回避するため,新たなタンパク質の翻訳を抑制したり,小胞体シャペロンの転写を誘導したり,折りたたみ不全タンパク質の分解を活性化したりするなど,[①]応答とよばれる反応が起こる.
折りたたみ不全タンパク質の分解には,[②]-[③]系が関わっている.[②]-[③]系で分解されるタンパク質には,[②]という小さなタンパク質の目印が複数個連結される(ポリ[②]化).ポリ[②]化されたタンパク質は,[③]とよばれる巨大なタンパク質複合体により認識され,分解される.
細胞周期調節タンパク質であるサイクリンは,寿命が厳密に制御されている.このようなタンパク質が寿命を迎えたときにも,[②]-[③]系による分解が関与している.

解答 ①小胞体ストレス ②ユビキチン ③プロテアソーム

解説

小胞体ストレス応答は,折りたたみ不全タンパク質(unfolded protein)に対する応答であることから,UPR(unfolded protein response)ともよばれる.折りたたみ不全タンパク質の蓄積は,アルツハイマー病やプリオン病などの疾患においてもみられる．

細胞内でのタンパク質分解には，他に，リソソーム内のプロテアーゼによる分解がある．また，細胞がアミノ酸飢餓などの状態になると，オートファジーとよばれる細胞の自食作用が観察される．オートファジーでは，細胞内のオルガネラ（細胞小器官）などを自分で分解し，新たなタンパク質を合成するためのアミノ酸源とする．オートファジーが正常に起こらないと，さまざまな病態を引き起こすと考えられている．

演習問題

次の各問の文章の正誤を答えなさい.

(3-1　多様なタンパク質)

問 1　ミオシン，キネシン，ダイニンはモータータンパク質である.

問 2　ヘモグロビンは，ポルフィリン環と 2 価の鉄イオンが複合体を形成した分子である.

問 3　酸素分圧とミオグロビンの酸素飽和度の関係を示すグラフは，シグモイド(S 字)曲線になる.

問 4　血漿リポタンパク質は，血中でトリアシルグリセロールやコレステロールエステルなどの脂質を運搬する.

問 5　トランスフェリンは，鉄イオンを貯蔵するタンパク質である.

問 6　免疫グロブリン G (IgG) は糖タンパク質である.

(3-2　受容体)

問 1　ある細胞が分泌したシグナル分子が遠隔臓器の細胞に作用する場合，パラクリン型という.

問 2　ある細胞が分泌したシグナル分子が近傍の細胞に作用する場合，オートクリン型という.

問 3　ある細胞が分泌したシグナル分子が自身の細胞に作用する場合，エンドクリン型という.

問 4　隣接する細胞と細胞が直接接触してシグナルを伝達する場合，接触型という.

問 5　タンパク質ホルモンは水溶性，ステロイドホルモンは脂溶性である.

問 6　水溶性のシグナル分子は細胞膜受容体に結合する.

問 7　脂溶性のシグナル分子は細胞膜を透過し，細胞質または核内の受容体に結合する.

問 8　受容体に特異的に結合するシグナル分子をリガンドという.

問 9 細胞膜受容体には，イオンチャネル内蔵型，G タンパク質共役型，酵素関連型がある．

問 10 G タンパク質共役型受容体にリガンドが結合していないとき，G タンパク質の α サブユニット(Gα)は GTP に結合している．

問 11 GTP とは，グアノシン三リン酸，GDP とは，グアノシン二リン酸である．

問 12 G タンパク質共役型受容体にリガンドが結合すると，Gα に結合している GTP が GDP に置換する．

問 13 GTP 結合型 Gα は G$\beta\gamma$ と解離し，それぞれがさまざまなエフェクタータンパク質を活性化(または不活性化)することで細胞内に情報が伝わる．

問 14 Gα は GTPase 活性をもち，ゆっくりと GTP が分解されて GDP となり，Gα と G$\beta\gamma$ が再結合して元の状態に戻る．

問 15 アデニル酸シクラーゼは，ATP から cAMP を生成する反応を触媒する酵素である．

問 16 ホスホリパーゼ Cβ(PLCβ)はイノシトール 1,4,5-三リン酸(IP_3)を分解し，ホスファチジルイノシトール 4,5-二リン酸(PIP_2)とジアシルグリセロール (DAG) を生じる．

問 17 イノシトール 1,4,5-三リン酸(IP_3)は小胞体 Ca^{2+} チャネルに作用して細胞質遊離 Ca^{2+} 濃度を上昇させる．

問 18 ジアシルグリセロール(DG)はプロテインキナーゼ C を活性化する．

問 19 インターロイキン-6(IL-6)などのサイトカインの受容体は，キナーゼ活性をもつ．

問 20 イオンチャネル内蔵型受容体(リガンド依存性イオンチャネル)では，細胞外からのリガンドの結合によりチャネルが開き，特定のイオンの膜透過を可能にする．

問 21 ニコチン性アセチルコリン受容体にニコチンやアセチルコリンが結合すると，チャネルが開き，Na^+，K^+，Ca^{2+} などの陽イオン透過性が亢進する.

(3-3 タンパク質の成熟と分解)

問 1 タンパク質はリソソームで合成される.

問 2 細胞外へ分泌されるタンパク質は，細胞膜で合成される.

問 3 *N*-結合型糖鎖は，タンパク質のアスパラギン酸残基に結合している.

問 4 ヒトのタンパク質で，リン酸化修飾を受けるアミノ酸残基は，システイン，トレオニン，チロシンである.

問 5 タンパク質をリン酸化する酵素をプロテインホスファターゼ，脱リン酸化する酵素をプロテインキナーゼとよぶ.

問 6 ビタミン K は，血液凝固や骨形成に関わるタンパク質の γ-カルボキシ化修飾に必要である.

問 7 コラーゲンでは，ヒスチジン残基の側鎖がヒドロキシ化されている.

問 8 ビタミン C はコラーゲンの翻訳を促進する.

問 9 タンパク質の *N*-ミリストイル化修飾では，タンパク質の N 末端(アミノ末端)のグリシン残基にミリスチン酸が結合している.

問 10 タンパク質の *S*-パルミトイル化修飾では，タンパク質のセリン残基にパルミチン酸が結合している.

問 11 ヒストンがアセチル化されると，クロマチンが凝集し，遺伝子の転写や複製が活性化する.

問 12 ポリユビキチン化は，タンパク質の翻訳後修飾のひとつで，プロテアソームで分解するための標識になっている.

第4章

酵素と酵素反応

4-1　酵素の特性

問題 1

次の記述の空欄に最も適切な語句を入れなさい.

酵素(enzyme)は，生体で起こる化学反応に［①］として機能する分子である．生体で起こるすべての化学反応に酵素が関与するといっても過言ではない.
酵素は非常に効率よい［①］である．酸(プロトン，H^+)は，タンパク質の［②］結合の加水分解の［①］として働くが，その際に高い温度や長い反応時間が必要である．タンパク質の分解を酵素で行うと，体温(37℃)で速やかに進行する.
酸は［②］のアミノ酸の種類に関係なく作用するし，［②］結合だけでなくさまざまなエステル結合にも作用しうる．一方，タンパク質分解酵素の場合は，［③］のアミノ酸を厳密に認識して，その酵素に特徴的な［②］結合を加水分解する．また，タンパク質分解酵素はエステル結合の加水分解には関与しない．酵素のこの性質を「［③］特異性が高い」という.
多くの酵素は［③］分子の［④］異性体を厳密に認識し，そのうちのひとつを［③］とする．哺乳動物のタンパク質分解酵素は，［⑤］-アミノ酸からなる［②］を［③］にするが，［⑥］-アミノ酸からなる［②］は［③］にできない．グラム陽性菌の細胞壁は厚い［②］グリカンからなるが，その［②］

には ⑥ -アミノ酸が存在している．哺乳動物のタンパク質分解酵素は， ② グリカンに作用しないので， ⑥ -アミノ酸の存在は，細菌の哺乳動物への感染や生存に寄与する．

解答　①触媒　②ペプチド　③基質　④立体(光学)　⑤L　⑥D

問題 2

次の記述の空欄に最も適切な語句を入れなさい.

タンパク質分解酵素の[①]は,[②]性アミノ酸の[③],アルギニンを特異的に認識し,その[④]末端側のペプチド結合を加水分解する.[①]と同様に[⑤]から分泌された後に活性化されるタンパク質分解酵素の[⑥]は,基質ペプチドの芳香族アミノ酸の[④]末端側のペプチド結合を加水分解する.

解答 ①トリプシン　②塩基　③リシン　④カルボキシ　⑤膵臓
⑥キモトリプシン

Check Point

酵素　enzyme

生体で起こる化学反応に触媒として機能する分子である．そのほとんどがタンパク質でできている．

酵素反応も他の触媒と同様に，<u>反応の活性化エネルギーを低下させることにより，反応速度を上昇させる</u>．

しかし，酵素の存在により，<u>反応の平衡は変化しない</u>．

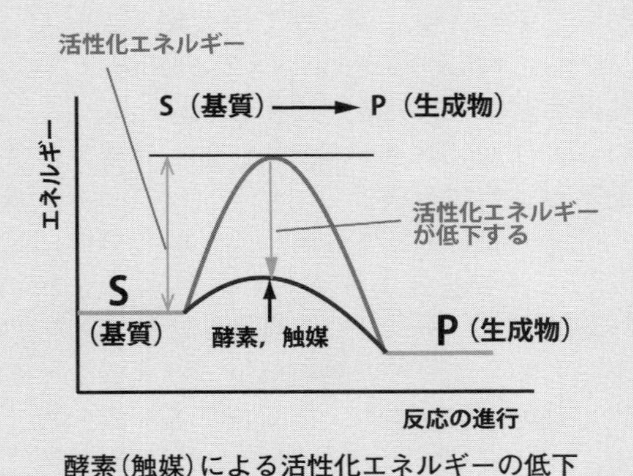

酵素（触媒）による活性化エネルギーの低下

問題3

次の記述の空欄に最も適切な語句を入れなさい.

酵素において化学反応を行う部分を触媒部位(活性部位)とよぶ. 触媒部位は[①]的に特徴的な構造をもっている. 酵素のほとんどはタンパク質でできているが, タンパク質は二次構造, 三次構造といった特徴的な[①]構造をもつ. 触媒部位の[①]構造の形成も, タンパク質が[①]構造をつくれるという性質を反映している.
[②]と触媒部位の関係は,「鍵」と「鍵穴」の関係に例えられる. すなわち, 酵素の触媒部位には特定の[②]のみが結合でき, [①]構造が異なる他の物質は触媒部位に結合できない. このことが, 酵素が[②]特異性が高い理由となっている.
酵素の触媒部位に, 特定のアミノ酸が存在して反応に関与する場合がある. タンパク質分解酵素の[③]や, 神経伝達物質の[④]の分解に関わる[④]エステラーゼは, アミノ酸の[⑤]を触媒部位にもつ. 胃で働く消化酵素の[⑥]は触媒部位にアスパラギン酸残基をもつ. アポトーシスに関与する[⑦]は触媒部位にシステイン残基をもつ.
ジイソプロピルフルオロリン酸は, [⑤]残基の化学修飾試薬で, 酵素を不可逆的に阻害する. ジイソプロピルフルオロリン酸は小さい分子のため, [③]や[④]エステラーゼなどの触媒部位に入り, 活性を阻害する. しかし, 血清タンパク質の[⑧]は高分子で, [③]の触媒部位には結合し活性を阻害するが, [④]エステラーゼの触媒部位には入ることができず, 活性を阻害しない. すなわち, 阻害剤にも「鍵」と「鍵穴」の関係がある.

解答　①立体　②基質　③トリプシン　④アセチルコリン
⑤セリン　⑥ペプシン　⑦カスパーゼ　⑧アンチトリプシン

問題 4

次の酵素の基質，生成物を答えなさい.

1. 乳酸デヒドロゲナーゼ
2. ピルビン酸デヒドロゲナーゼ

解答 1：基質：乳酸，NAD^+，生成物：ピルビン酸，$NADH + H^+$
（可逆性の反応なので基質と生成物が逆でも可）
2：基質：ピルビン酸，CoA，NAD^+，
生成物：アセチル CoA，CO_2，$NADH + H^+$

解説

乳酸デヒドロゲナーゼとピルビン酸デヒドロゲナーゼはいずれも脱水素酵素で酸化・還元酵素に分類される.

乳酸デヒドロゲナーゼは，乳酸を酸化してピルビン酸に変換する酵素である. 可逆性の酵素なので，基質と生成物が逆になる場合もある. 一方，ピルビン酸デヒドロゲナーゼは，ピルビン酸を酸化的に脱炭酸して，アセチル CoA に変換する酵素で，不可逆な酵素である.

2 つの酵素は似た物質を基質としているが（ピルビン酸，NAD(H)），触媒部分の構造は異なっており，CoA はピルビン酸デヒドロゲナーゼの触媒部位には入れるが，乳酸デヒドロゲナーゼの触媒部位には入れない. 酵素は基質特異性が高く，基質と酵素（の触媒部位）の関係は「鍵」と「鍵穴」に例えられる.

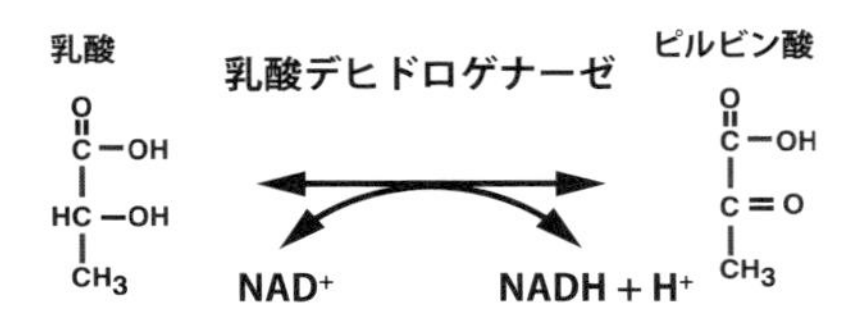
乳酸
乳酸デヒドロゲナーゼ
ピルビン酸
NAD+
NADH + H+
CH3
HC —OH
C —OH
C = O

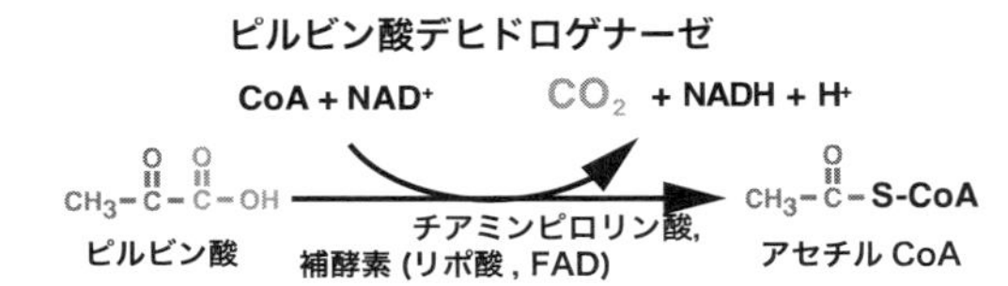
ピルビン酸デヒドロゲナーゼ
CoA + NAD+
CO2
+ NADH + H+
チアミンピロリン酸,
補酵素 (リポ酸 , FAD)
ピルビン酸
アセチル CoA
S-CoA

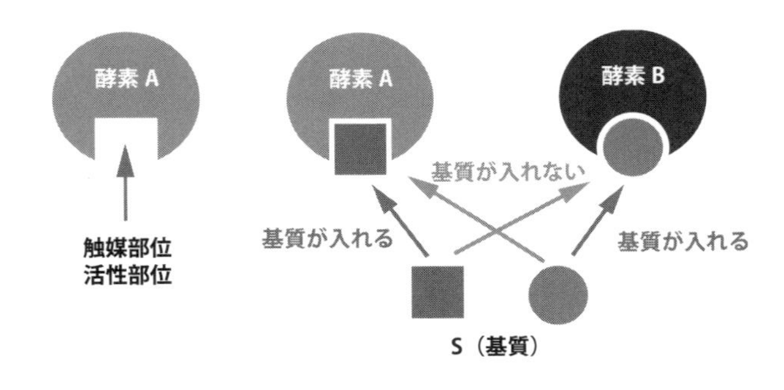
酵素 A
酵素 A
酵素 B
基質が入れない
触媒部位
活性部位
基質が入れる
基質が入れる
S（基質）

問題5

次の記述の空欄に最も適切な語句を入れなさい.

化学反応は[①]が高くなると反応[②]が上昇する.分子の運動が増えることにより,分子同士の衝突が増え,反応の確率が上昇するからである.酵素反応も,一般の化学反応と同様に,[①]に依存しており,一般に[①]が上昇すると反応[②]が上昇する.しかし,酵素はタンパク質でできているので,[①]が高くなると,徐々に高次構造を保てなくなり[③]する.酵素が[③]により活性を失うことを[④]という.[①]の上昇により,活性の増加と[④]が起こるため,酵素には活性を保つために[⑤]な[①]が存在する.これを[⑤][①]という.多くの酵素の[⑤][①]は37℃付近にあり,50〜70℃になると[④]する.
火山や温泉で生育する微生物の中には,高温でも[④]しない酵素をもつものがある.これらは[⑥]性酵素とよばれる.耐熱性酵素のなかで,DNAポリメラーゼは,遺伝子工学において,遺伝子を増幅する[⑦]に利用されている.
注:[⑤][①]は2つの語がつながった語である.

解答 ①温度 ②速度 ③変性 ④失活 ⑤最適 ⑥耐熱
⑦ PCR(Polymerase Chain Reaction)

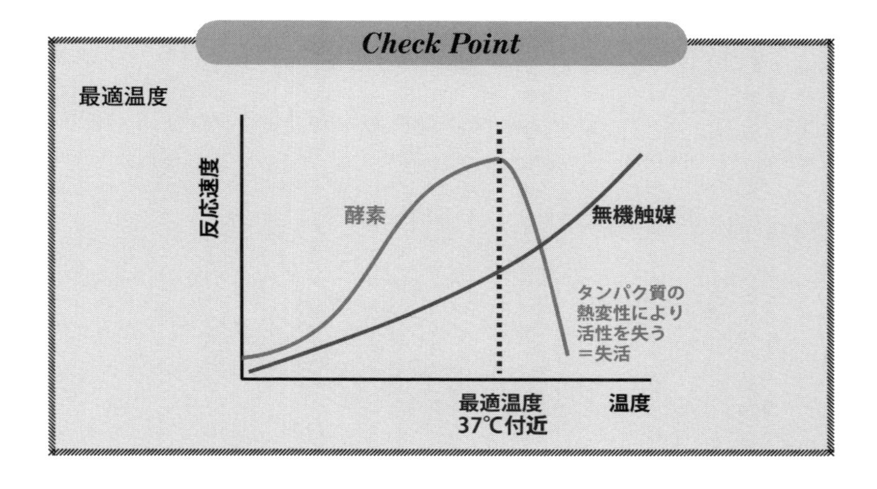
Check Point
最適温度
反応速度
酵素
無機触媒
タンパク質の
熱変性により
活性を失う
＝失活
最適温度
37℃付近
温度

問題 6

次の記述の空欄に最も適切な語句を入れなさい.

酵素反応は，反応系の[①]に強く依存する．酵素はタンパク質でできており，その表面に負電荷をもつ[②]性アミノ酸残基や正電荷をもつ[③]性アミノ酸残基が存在する．これらのアミノ酸残基の電荷は，反応系の[①]により変化し，酵素自体の高次構造が変化する．これにより，酵素の活性が変化するため，酵素特有の[④][①]が存在することになる．
多くの酵素の[④][①]は中性付近にある．これは細胞内や体液の[①]とほぼ等しく，これらの環境下で効率よく働くようになっているからである．しかし，酵素によっては特徴的な[①]が[④]であるものがある．消化酵素の[⑤]の[④][①]はおよそ2で，これは[⑥]内の[①]に等しい．また，細胞内オルガネラの[⑦]内のカテプシンの[④][①]はおよそ5で，これは[⑦]内の[①]に等しい．これらの酵素が存在する部位で効率よく働くようになっている．
注：[④][①]は2つの語がつながった語である．

解答 ①pH　②酸　③塩基　④最適　⑤ペプシン　⑥胃
⑦リソソーム

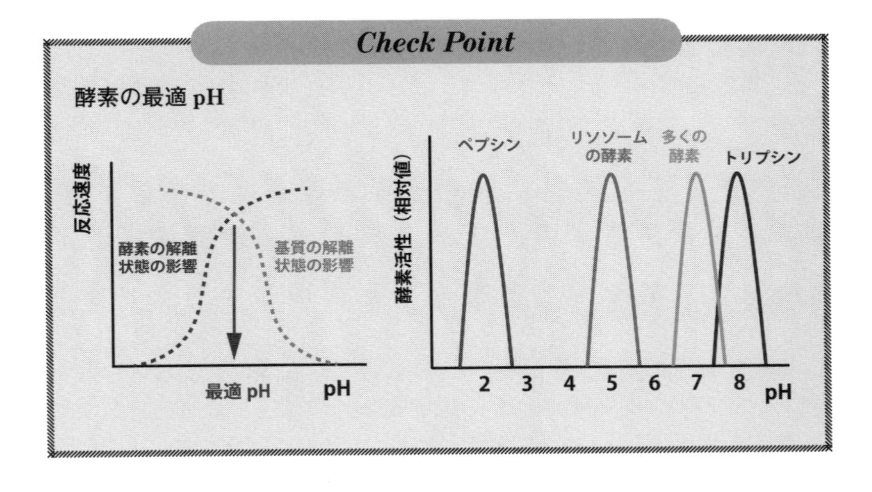
Check Point
酵素の最適 pH
反応速度
酵素の解離
状態の影響
基質の解離
状態の影響
最適 pH
pH
酵素活性（相対値）
ペプシン
リソソーム
の酵素
多くの
酵素
トリプシン
2
3
4
5
6
7
8
pH

問題 7

次の 1. ～10. の酵素を酵素の大分類 A～F に従い分類しなさい.

1. 電子伝達系複合体 I
2. ホスホフルクトキナーゼ
3. プロテインキナーゼ C(PKC)
4. プロテインホスファターゼ
5. アルドラーゼ
6. ホスホグルコムターゼ
7. アシル CoA 合成酵素
8. 乳酸デヒドロゲナーゼ
9. トリプシン
10. グルセルアルデヒド-3-リン酸デヒドロゲナーゼ

A：酸化還元酵素(オキシドレダクターゼ),
B：転移酵素(トランスフェラーゼ),
C：加水分解酵素(ヒドロラーゼ), D：リアーゼ(シンターゼ),
E：異性化酵素(イソメラーゼ), F：リガーゼ(シンテターゼ)

解答 1. A 2. B 3. B 4. C 5. D 6. E 7. F 8. A 9. C 10. A

解説

1. 電子伝達系の酵素(複合体 I ～ IV)はいずれも酸化還元反応を触媒し, NADH あるいは $FADH_2$ の電子を徐々に伝達し最終的に酸素に渡す. 複合体 I は NADH の電子をユビキノン(CoQ)に渡す. この過程で，NADH を酸化して(最終的に)CoQ を還元する．

2. キナーゼはリン酸基転移酵素を示す．ホスホフルクトキナーゼは解糖系酵素で，ATP の γ 位のリン酸基をフルクトース-6-リン酸に転移する．
3. プロテインキナーゼは，ATP の γ 位のリン酸基をタンパク質に転移し，リン酸化に関わる．
4. プロテインホスファターゼは，リン酸化されたタンパク質のリン酸エステル結合を加水分解する酵素で，加水分解酵素に分類される．
5. アルドラーゼは解糖系の酵素で，フルクトース-1, 6-ビスリン酸をグリセルアルデヒド-3-リン酸とジヒドロキシアセトンリン酸に変換する．この酵素はリアーゼ(除去付加酵素)に分類される．
6. ホスホグルコムターゼは，グルコース-1-リン酸とグルコース-6-リン酸を相互に変換する酵素で，転移酵素(トランスフェラーゼ)に分類される．
7. アシル CoA 合成酵素は，脂肪酸と CoA を結合させ，アシル CoA を合成する．その際に ATP の加水分解エネルギーを利用する．この酵素はリガーゼ(シンテターゼ，合成酵素)に分類される．
8. 乳酸デヒドロゲナーゼは，乳酸を酸化してピルビン酸に，ピルビン酸を還元して乳酸にする．酸化還元酵素である．
9. トリプシンはペプチド結合を加水分解する．
10. グルセルアルデヒド-3-リン酸デヒドロゲナーゼは解糖系酵素で酸化還元酵素である．

生体内のほとんどすべての化学反応は，酵素によって担われている．国際生化学連合(現在の国際生化学分子生物学連合)の酵素委員会によって分類され，EC 番号があてられている．EC 番号は酵素の特性である反応特異性と基質特異性の違いにより区分されている．酵素番号(EC 番号)は，1958 年の設立当初から最近まで，EC1～6 の 6 種類に大分類されていたが，2019 年に見直しが行われ，EC7(Translocase，輸送酵素)が新設された.

酵素の分類—酵素の反応機構によって分類されている

酵素の大分類（クラス）	酵素反応機構	酵素のサブクラス
1. 酸化還元酵素（オキシドレダクターゼ）	 AH2 + B ⇄ A + BH2　●：還元当量 H	デヒドロゲナーゼ オキシダーゼ ペルオキシダーゼ レダクターゼ オキシゲナーゼ　など
2. 転移酵素（トランスフェラーゼ）	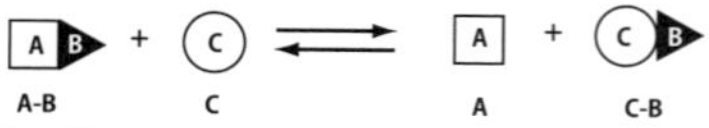 A-B + C ⇄ A + C-B	メチルトランスフェラーゼ アシルトランスフェラーゼ グリコシルトランスフェラーゼ ホスホトランスフェラーゼ アミノトランススフェラーゼ　など
3. 加水分解酵素（ヒドロラーゼ）	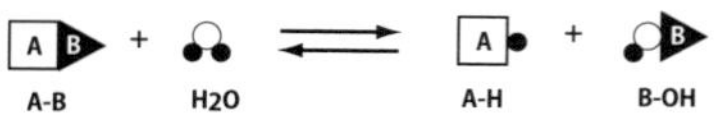 A-B + H2O ⇄ A-H + B-OH	エステラーゼ グリコシダーゼ ペプチダーゼ アミダーゼ　など
4. リアーゼ（シンターゼ）	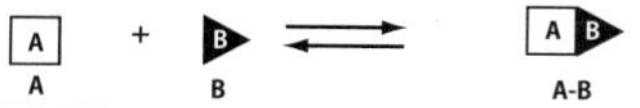 A + B ⇄ A-B	C-C リアーゼ C-O リアーゼ C-N リアーゼ C-S リアーゼ　など
5. 異性化酵素（イソメラーゼ）	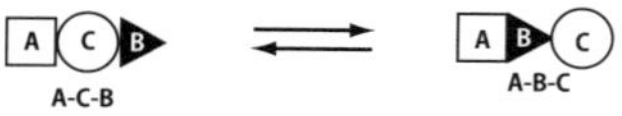 A-C-B ⇄ A-B-C	エピメラーゼ シス - トランス異性化酵素 分子内転位酵素；ムターゼ　など
6. リガーゼ（シンセターゼ）	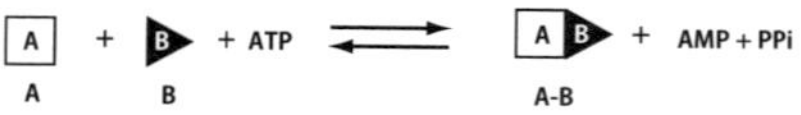 A + B + ATP ⇄ A-B + AMP + PPi	C-C リガーゼ C-O リガーゼ C-N リガーゼ C-S リガーゼ　など
7. 輸送酵素（トランスロカーゼ）	 A ⇄ A（生体膜）	輸送の基質や駆動力などにより分類 プロトン輸送トランスロカーゼ 金属陽イオン輸送トランスロカーゼ 無機陰イオン輸送トランスロカーゼ 糖，アミノ酸などの輸送トランスロカーゼ など

4-2　反応機構

問題 1

酵素反応に関する以下の文中の空欄に適切な語句を記入しなさい．

酵素が作用する反応物質を［①］とよび，酵素反応においては，これらの間に複合体が形成され，その後，生成物を生じる．この複合体形成は，反応の［②］を低下させる役割を果たしている．ある種の酵素反応においては，［③］とよばれる酵素タンパク質と結合する有機化合物の補助が必要となる．この場合，タンパク質部分を［④］酵素，補助化合物を含めたものを［⑤］酵素とよぶ．同一反応を触媒する酵素が，複数の遺伝子産物として存在する場合があり，それぞれの酵素を［⑥］とよぶ．

解答　①基質　②活性化エネルギー　③補酵素　④アポ　⑤ホロ　⑥アイソザイム

解説

酵素は基質と結合して複合体を形成し，活性化エネルギーを低下させることにより反応速度を増加させる触媒としての役割を果たす．アイソザイムは，異なる遺伝子産物であるため，アミノ酸組成が異なり，電気泳動などで区別することができる．

Column

アイソザイムと診断

乳酸デヒドロゲナーゼ(LDH)は，2種類のサブユニット(MとH)のランダムな組合せにより4量体を形成するため，体内には，5種類のアイソザイムが存在する．LDHは，健常者の血液中にはほとんど検出されないが，臓器が障害を受けると血液中に漏出するため，診断に利用できる．例えば，肝臓や骨格筋はMサブユニット(MはMuscleに由来する)を主として含むLDHを発現し，脳や心筋はHサブユニット(HはHeartに由来する)を主として含むLDHを発現しているため，血中のアイソザイムのパターンから，障害を受けている臓器を知ることができる．また，酵素活性の強さは，障害の程度を反映している．

		骨格筋	肝臓	脳	心筋
LDH1	(H_4) 	-	-	+++	+++
LDH2	(M_1H_3) 	-	-	++	++
LDH3	(M_2H_2) 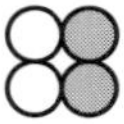	++	-	++	++
LDH4	(M_3H_1) 	++	-	+	+
LDH5	(M4) 	++	+++	-	-

問題 2

下図は，反応物Sが酵素Eを触媒として，生成物Pに変換される過程における自由エネルギー変化(ΔG)を模式的に表したものである.

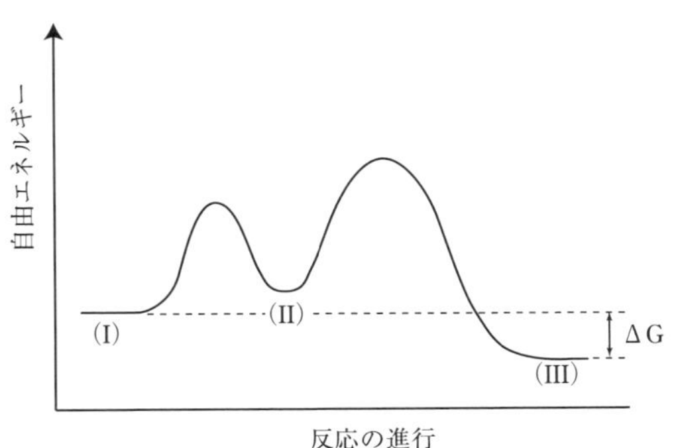

1. 状態(I)，(II)，(III)は，何を表すか.
2. 活性化エネルギー(ΔG*)を図中に記入せよ.
3. 酵素非存在下で同様な反応が起こるとき，ΔGはどのように変化するか.

解答　1. (I)E + S，(II)ES，(III)E + P　2. 解説(図)を参照
3. 変化しない

解説

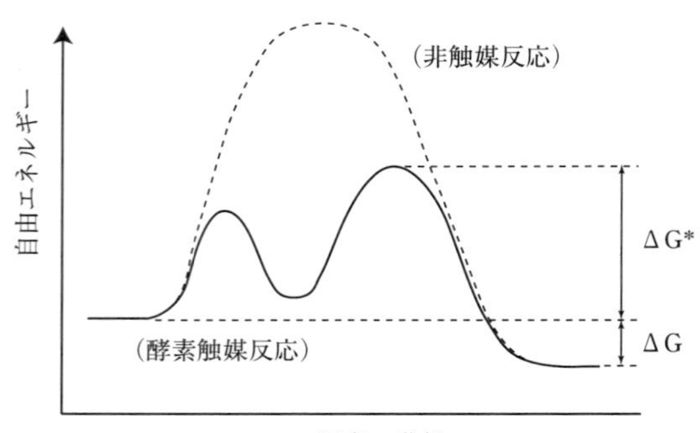

状態(I)：E＋S から，状態(III)：E＋P へと化学反応が進むためには，いくつかの自由エネルギーの山(障壁)を越えなければならず，複合体 ES の形成：状態(II)はその途中段階である．活性化エネルギーとは，反応物のもつ自由エネルギーと反応中間体のもつ自由エネルギーの最大値との差である．酵素触媒が反応物と一時的に結合することにより生じる複合体は，非触媒反応に比べて，より低い活性化エネルギーをもつ．すなわち，酵素は，反応の場を与え，活性化エネルギーを低下させることにより，反応速度を増加させる．

Column

反応速度と温度

反応が進むためには，活性化エネルギーの山(障壁)を乗り越えることが必要であり，その山を越える確率は，$\exp(-\Delta G^{*}/RT)$ である．したがって，温度が高いほど，反応速度が大きくなるが，酵素反応の場合，酵素分子はタンパク質であるため，高温では変性が起こることが多い．酵素触媒は，活性化エネルギーを低下させる．例えば，過酸化水素の分解(20℃)における活性化エネルギーは，非触媒下では，18 kcal/mol であるが，カタラーゼによる触媒下では，7 kcal/mol に低下し，反応速度は，10^{8} 以上に増加する．

問題 3

酵素には，基質との間に反応性の高い複合体を形成することにより，反応速度を促進するものが多い．以下の酵素で基質と複合体を形成するアミノ酸残基の種類は何か．

1. キモトリプシン
2. パパイン
3. スクシニル CoA シンテターゼ

解答　1. セリン　2. システイン　3. ヒスチジン

解説

セリン酵素は，特定のセリン残基のヒドロキシ基と基質との間に複合体を形成する．システイン酵素は，特定のシステイン残基のスルフヒドリル基と基質との間に複合体を形成する．ヒスチジン酵素は，特定のヒスチジン残基のイミダゾール基と基質との間に複合体を形成する．

Check Point

活性アミノ酸の種類と代表例

分類	活性アミノ酸	代表例
セリン酵素	セリン(ヒドロキシ基)	キモトリプシン，アセチルコリンエステラーゼ
システイン酵素	システイン(スルフヒドリル基)	パパイン，グリセルアルデヒドリン酸デヒドロゲナーゼ，カスパーゼ
ヒスチジン酵素	ヒスチジン(イミダゾール基)	スクシニル CoA シンテターゼ
リシン酵素	リシン(ε-アミノ基)	アルドラーゼ

問題 4

以下はタンパク質消化酵素キモトリプシンの酵素活性部位における相互作用を模式的に示したものである．矢印の位置が加水分解される部分である．次の問に答えなさい．

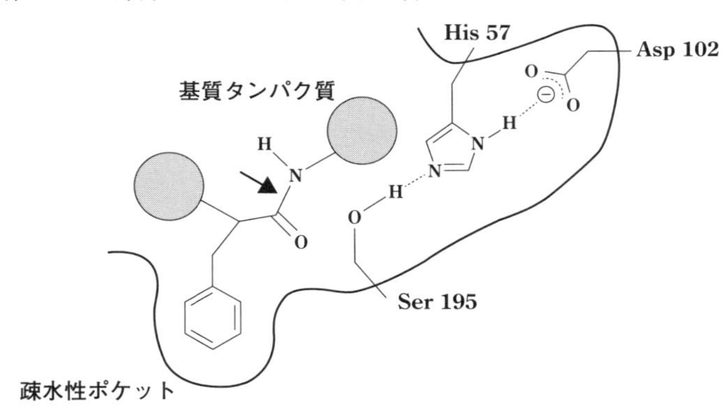

1. キモトリプシン(の前駆体)を産生する臓器を答えなさい．
2. キモトリプシンの触媒に必須のアミノ酸残基を答えなさい．
3. ヒスチジン 57 の役割を述べなさい．
4. アスパラギン酸 102 の役割を述べなさい．
5. 疎水性ポケットの役割を述べなさい．

解答　1. 膵臓　2. セリン　3. セリンのヒドロキシ基の求核性を高めている　4. ヒスチジンの塩基性を増大させる　5. 基質特異性を決定する

解説

キモトリプシンは芳香族アミノ酸や疎水性アミノ酸のカルボキシ末端側のペプチド結合を加水分解する．キモトリプシノーゲンとして膵臓でつくられ，小腸に分泌された後に，限定分解されて活性化される．セリン 195 が触媒に関与する．セリン 195 –ヒスチジン 57 –アスパラギン酸 102 の相互作用により，ヒスチジンのイミダゾール基の塩基性を増大し，さらにセリンのヒドロキシ基の求核性を高めている．疎水性のポケットは芳香族アミノ酸の芳香環や疎水性アミノ酸の疎水基が結合することにより酵素の基質特異性を高めている．

問題 5

生体において解糖や糖新生は，アルドラーゼにより触媒される可逆過程(アルドール反応および逆アルドール反応)を含む．Aの構造式として正しいのはどれか．1つ選べ．ただし，構造式はすべて鎖状構造を示している．

$$\mathrm{A} \underset{}{\overset{\text{アルドラーゼ}}{\rightleftharpoons}} \begin{array}{c} \mathrm{H_2C{-}OPO_3^{2-}} \\ \mathrm{C{=}O} \\ \mathrm{H_2C{-}OH} \end{array} + \begin{array}{c} \mathrm{CHO} \\ \mathrm{H{-}C{-}OH} \\ \mathrm{H_2C{-}OPO_3^{2-}} \end{array}$$

1

$$\begin{array}{c} \mathrm{CHO} \\ \mathrm{H{-}C{-}OH} \\ \mathrm{H{-}C{-}OPO_3^{2-}} \\ \mathrm{H{-}C{-}OH} \\ \mathrm{C{=}O} \\ \mathrm{H_2C{-}OPO_3^{2-}} \end{array}$$

2

$$\begin{array}{c} \mathrm{H_2C{-}OPO_3^{2-}} \\ \mathrm{H{-}C{-}OH} \\ \mathrm{C{=}O} \\ \mathrm{H{-}C{-}OH} \\ \mathrm{H{-}C{-}OH} \\ \mathrm{H_2C{-}OPO_3^{2-}} \end{array}$$

3

$$\begin{array}{c} \mathrm{H_2C{-}OPO_3^{2-}} \\ \mathrm{C{=}O} \\ \mathrm{HO{-}C{-}H} \\ \mathrm{H{-}C{-}OH} \\ \mathrm{H{-}C{-}OH} \\ \mathrm{H_2C{-}OPO_3^{2-}} \end{array}$$

4

$$\begin{array}{c} \mathrm{H_2C{-}OPO_3^{2-}} \\ \mathrm{C{=}O} \\ \mathrm{HO{-}C{-}H} \\ \mathrm{C{=}O} \\ \mathrm{H{-}C{-}OH} \\ \mathrm{H_2C{-}OPO_3^{2-}} \end{array}$$

5

$$\begin{array}{c} \mathrm{CHO} \\ \mathrm{H{-}C{-}OH} \\ \mathrm{H{-}C{-}OPO_3^{2-}} \\ \mathrm{H{-}C{-}OPO_3^{2-}} \\ \mathrm{HO{-}C{-}H} \\ \mathrm{H_2C{-}OH} \end{array}$$

解答　3

解説

アルドラーゼは，解糖系および糖新生に関与する酵素で，アルドール反応および逆アルドール反応を触媒するリアーゼの一種である．アルドール反応は，ケトンまたはアルデヒドから生じたエノラートイオン（ケトンまたはアルデヒドの α 位の炭素から水素が脱離した化合物）が求核付加反応することにより β-ヒドロキシカルボニル化合物が生成する反応である．

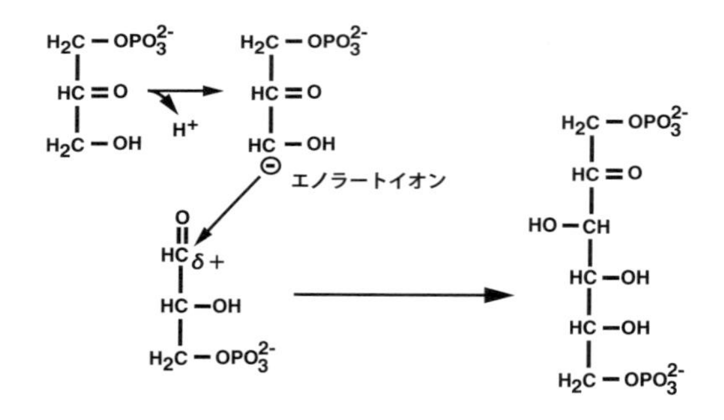

4-3　反応速度論

問題 1

ミカエリス・メンテン式に関する以下の文中の空欄に適切な数式を記入しなさい．

酵素Eと基質Sが結合することにより，酵素基質複合体ESを形成し，最終的に，酵素Eと生成物Pに変換される酵素反応は，3つの速度定数を用いて，

$$\mathrm{E} + \mathrm{S} \underset{k_{-1}}{\overset{k_1}{\rightleftarrows}} \mathrm{ES} \xrightarrow{k_2} \mathrm{E} + \mathrm{P}$$

と表される（反応速度vは初速度なので，2段目の反応の逆反応は無視される）．
また，全酵素濃度を［$\mathrm{E_T}$］とすると，遊離酵素濃度［E］は，

$$[\mathrm{E}] = [\mathrm{E_T}] - [\mathrm{ES}]$$ である．

ESの生成速度は，速度定数，［$\mathrm{E_T}$］，［ES］，［S］を用いて

$$\frac{d[\mathrm{ES}]}{dt} = \boxed{\quad ① \quad}$$

ESの消失速度は，速度定数，ESを用いて，

$$-\frac{d[\mathrm{ES}]}{dt} = \boxed{\quad ② \quad}$$

と表される．
定常状態においては，

① = ② 式(1)

である.

ここで,

$$\frac{k_{-1}+k_2}{k_1}=K_m$$

とおく. K_m は, ミカエリス定数とよばれる.

一方, 酵素反応の初速度 v は, 速度定数, [ES] を用いて,

v = ③

と表され, 最大反応速度 V_{max} は, 速度定数, $[E_T]$ を用いて,

V_{max} = ④

と表される.

以上より, 式(1)を整理すると, ミカエリス・メンテンの式

v = ⑤

が得られる.

解答 ① $k_1([E_T]-[ES])[S]$ ② $k_2[ES]+k_{-1}[ES]$ ③ $k_2[ES]$ ④ $k_2[E_T]$ ⑤ $\dfrac{V_{max}[S]}{K_m+[S]}$

解説

酵素–基質複合体［ES］の生成速度と消失速度が等しいとき，この酵素反応系において，［ES］の濃度は一定となり，定常状態とよぶ．したがって，① ＝ ② であり，この式を変形すると，

$$\frac{[S]([E_T]-[ES])}{[ES]}=\frac{k_{-1}+k_2}{k_1}=K_m \qquad 式(2)$$

が得られ，
酵素反応速度は，反応速度定数 k_2 と［ES］を用いて，

$$v = k_2[ES]$$

と表される．
　基質濃度が非常に大きく，酵素反応系においてすべての酵素が ES 複合体として存在するとき，反応速度は，最大反応速度 V_{max} に達するので，

$$V_{max} = k_2[E_T]$$

である．
これらの関係を用いて，式(2)を整理すると，ミカエリス・メンテンの式が得られる．

Check Point

ミカエリス・メンテンの式

$$v = \frac{V_{max}[S]}{K_m + [S]}$$

v：酵素反応速度，V_{max}：最大反応速度，［S］：基質濃度
K_m：ミカエリス定数

問題 2

ミカエリス・メンテン型反応速度に従う酵素反応において，異なる基質濃度［S］における反応速度vを測定したところ以下に示すような結果が得られた．この酵素反応の(1)K_mと(2)V_{max}はいくらか．

［S］(mM)	1.25	5	20
v(mol·L^{-1}·sec^{-1})	2	5	8

解答　(1)5.0 mM　(2)10 mol·L^{-1}·sec^{-1}

解説

ミカエリス・メンテン式を変形し，反応速度の逆数$\frac{1}{v}$を，基質濃度の逆数$\frac{1}{S}$に対してプロットすることにより，直線が描かれるようにしたものがラインウィーバー・バークのプロットである．このプロットでは，縦軸との交点が，$\frac{1}{V_{max}}$を与え，横軸との交点が，$-\frac{1}{K_m}$を与えるため，V_{max}およびK_mを求めることができる．

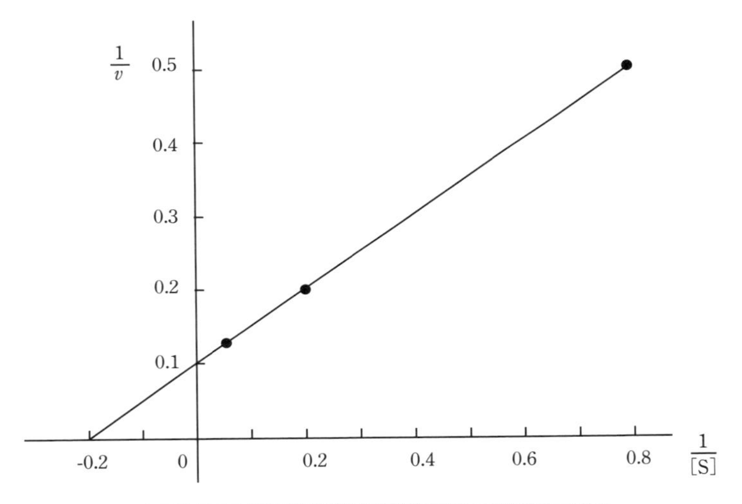

Check Point

ラインウィーバー・バークのプロット

$$\frac{1}{v}=\frac{K_m}{V_{max}}\cdot\frac{1}{S}+\frac{1}{V_{max}}$$

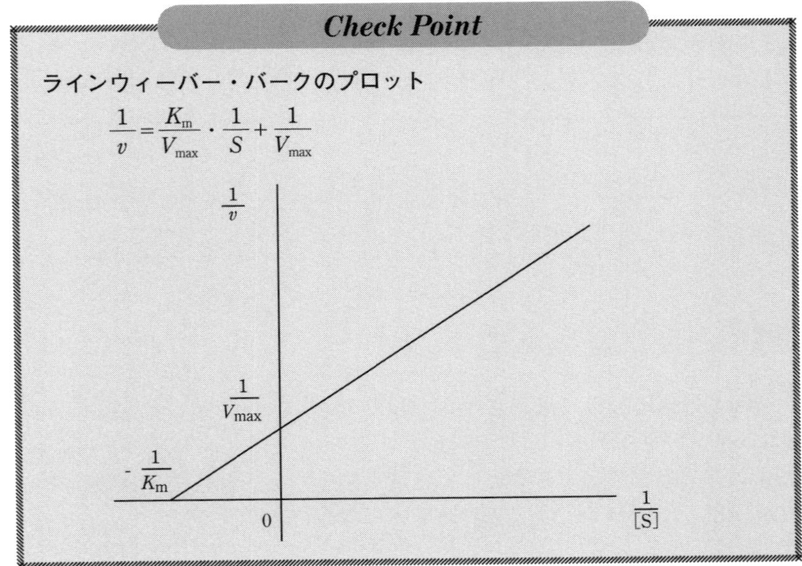

問題 3

下記は酵素の反応を示したものである．E は酵素(enzyme)，S は基質(substrate)，ES は酵素・基質複合体，P は生成物(product)を，k_1，k_2 はそれぞれ反応 1 と反応 2 の正反応の速度定数，k_{-1} は反応 1 の逆反応の速度定数を表す．次の問に答えなさい．

$$\mathrm{E} + \mathrm{S} \underset{k_{-1}}{\overset{k_1}{\rightleftharpoons}} \mathrm{ES} \xrightarrow{k_2} \mathrm{P} + \mathrm{E}$$

（反応 1：k_1，k_{-1}　反応 2：k_2）

1. 反応 1 と反応 2 で，律速段階はどちらか．
2. 反応 2 に逆方向の反応が規定されていないのはなぜか．
3. ミカエリス定数(K_m)を示しなさい．
4. ミカエリス定数(K_m)が酵素と基質の何を示すか答えなさい．

解答　1. 反応 2　2. 反応開始直後は生成物が存在しないので，反応 2 の逆反応は無視できる　3. $\dfrac{k_{-1}+k_2}{k_1}$　4. 親和性

解説

反応 1 と反応 2 は，反応 2 が律速段階である．反応 2 は化学反応が関与するので速度が反応 1 に比べ低い．

酵素の反応を測定する場合は初速度を測定する．反応開始直後は生成物が存在しないので，反応 2 の逆反応は無視できる．

ミカエリス定数(K_m)は$\dfrac{k_{-1}+k_2}{k_1}$で定義される．酵素・基質複合体の消失する反応の速度定数の和と酵素・基質複合体の生成する反応の速度定数の比である．酵素・基質複合体の消失に関する定数といえる．

反応2が律速段階なのでk_2の値はk_1，k_{-1}に比べ小さい値である．k_2を無視すると，ミカエリス定数(K_m)は$\dfrac{k_{-1}}{k_1}$となるので，酵素と基質の解離定数に近似する．酵素と基質の親和性を表す．

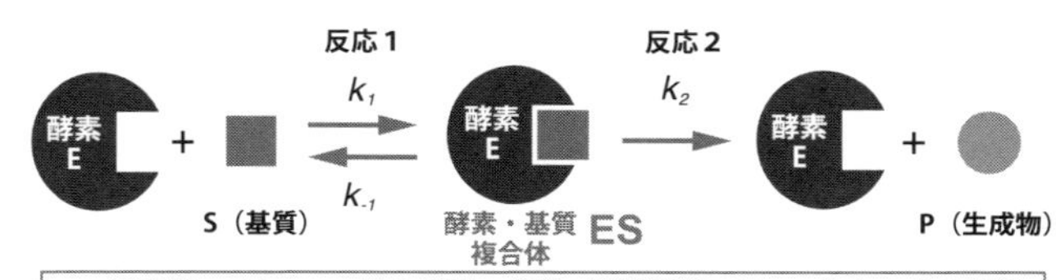

v：初速度、 Vmax：最大速度、［S］：基質濃度、Km：ミカエリス定数

$$v = \frac{V_{max}[S]}{K_m + [S]} \qquad K_m = \frac{k_{-1} + k_2}{k_1}$$

ミカエリス・メンテン(Michaelis-Menten)の式

問題 4

次の 1. ～5. の記述のうち，誤っているものを 1 つ選べ.

1. ミカエリス定数は，酵素と基質の親和性(アフィニティー)を表す指標である.
2. ミカエリス定数が小さいほど，酵素–基質の親和性が高い.
3. ミカエリス定数が大きいほど，基質濃度(横軸)–反応速度(縦軸)の関係を示したグラフの立ち上がりがなだらかになる.
4. ミカエリス定数が大きいほど，酵素の最大速度が大きくなる.
5. ミカエリス定数が大きいほど，ラインウィーバー・バークのプロットの x 切片が原点に近くなる.

解答　4

解説

1. 正
2. 正
3. 正　次のページ左上のグラフを参照.
4. 誤　ミカエリス定数 (Km) と最大反応速度 (Vmax) は無関係である.
5. 正　ラインウィーバー・バークのプロットでは，x 切片が − 1/Km であるため，Km が大きいほど x 切片が原点に近くなる.（次のページ右上のグラフを参照）

最大速度が等しく、ミカエリス定数が異なる２つの酵素の比較

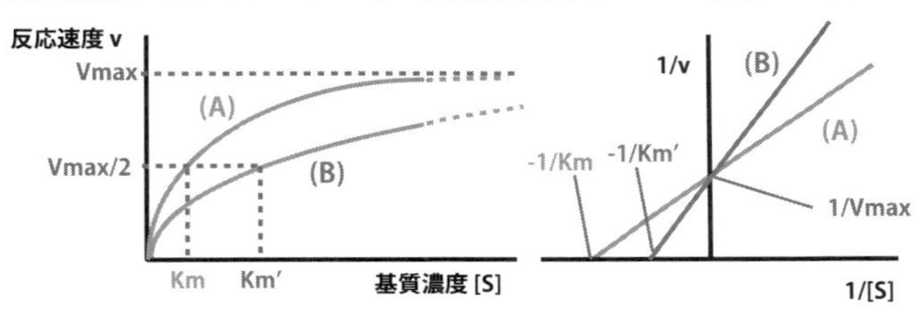

酵素（A）：Kmは小さい
　　　　　基質[S]との親和性高い
酵素（B）：Kmは大きい
　　　　　基質[S]との親和性低い

ミカエリス定数が等しく、最大速度が異なる２つの酵素の比較

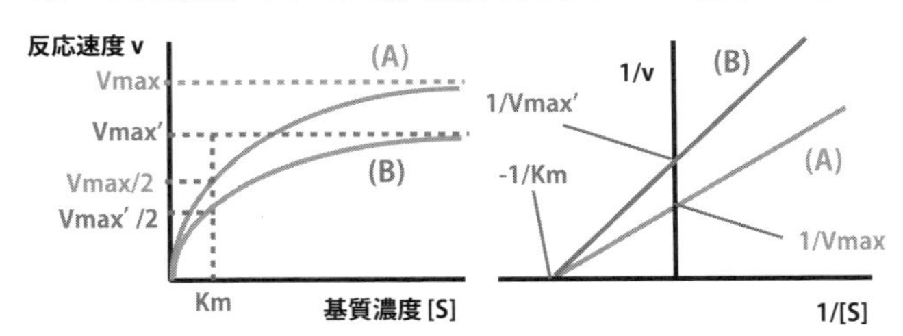

酵素（A）：Vmaxは大きい
　　　　　酵素活性が高い（酵素量が多い）
酵素（B）　Vmaxは小さい
　　　　　酵素活性が低い（酵素量が少ない）

酵素の性質とミカエリス定数と最大速度

問題 5

阻害剤が存在するときの 1. ～ 4. の阻害様式は，それぞれ，ラインウィーバー・バークのプロットではどのように表されるか．
下図①～④より選びなさい．

1. 混合型阻害　2. 競合(拮抗)阻害　3. 不競合(不拮抗)阻害
4. 非競合(非拮抗)阻害

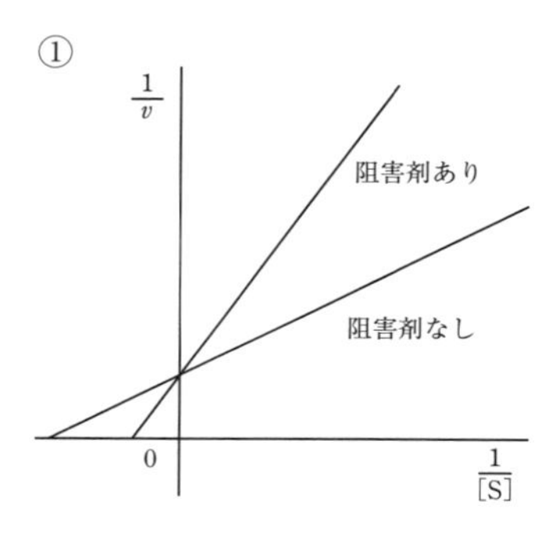

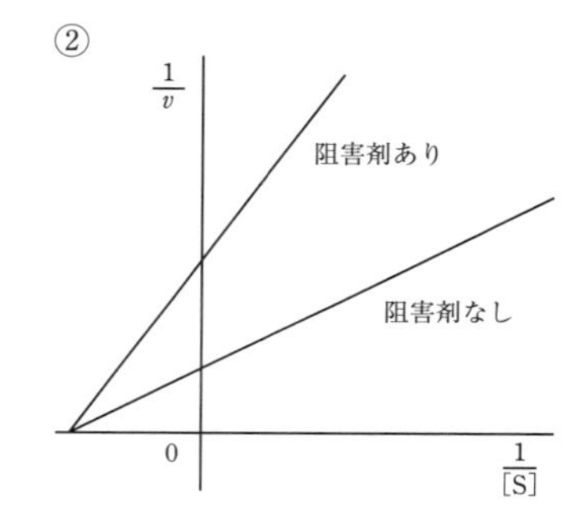

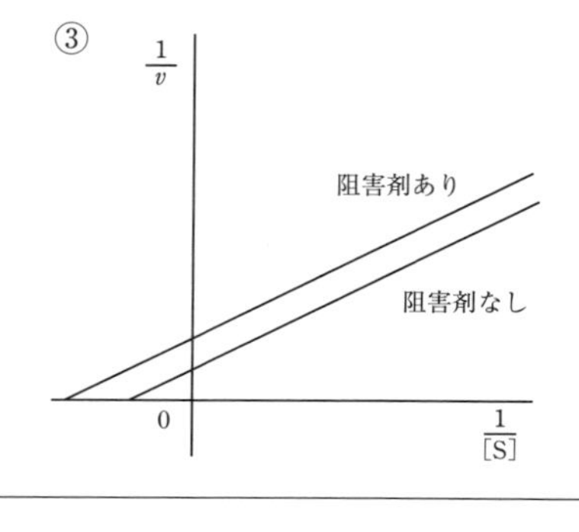

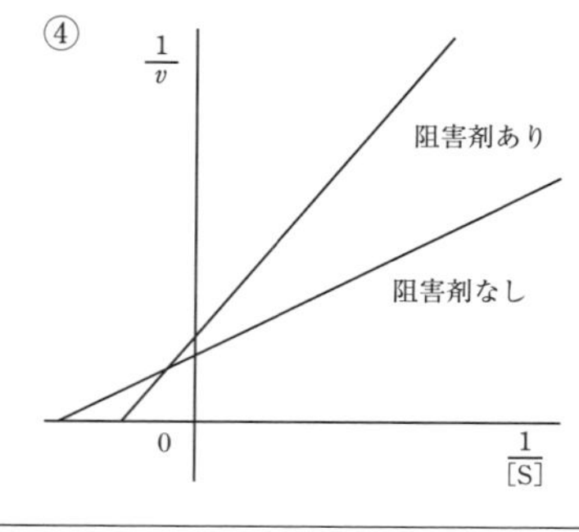

解答　1. ④　2. ①　3. ③　4. ②

解説

阻害剤には，4 種類の酵素阻害様式がある．競合阻害（拮抗阻害）は，酵素の基質結合部位に阻害剤が基質と競合して結合するもの，非競合（非拮抗）阻害は，基質結合部位とは異なる部位に阻害剤が結合するもの，不競合（不拮抗）阻害は，酵素−基質複合体に阻害剤が結合するもの，混合型阻害は，阻害剤が基質結合部位と酵素−基質複合体の両者に異なる親和性で結合するものをいう．これらの酵素阻害様式は，ラインウィーバー・バークのプロットを行うことにより区別できる．

Check Point

酵素阻害様式とラインウィーバー・バークのプロット

阻害様式	ラインウィーバー・バークのプロット	K_m	V_{max}
競合（拮抗）阻害	2 本の直線が縦軸上で交わる	大きくなる	変わらない
非競合（非拮抗）阻害	2 本の直線が横軸上で交わる	変わらない	小さくなる
不競合（不拮抗）阻害	2 本の直線が平行になる	小さくなる	小さくなる
混合型阻害	2 本の直線が第 2 象限内で交わる	大きくなる	小さくなる

問題 6

ある酵素反応において，阻害剤の阻害定数を求めるために，2種類の基質濃度Sにおいて阻害剤濃度［I］を変化させたときの反応速度vを測定したところ，下表のような結果が得られた.

1. ［I］に対して$1/v$をプロット(ディクソンプロット)しなさい．この阻害剤の阻害様式は何か.
2. 阻害定数K_IおよびV_{max}はいくらか.

S = 25 μM

［I］（μM）	0.05	0.1	0.15
$1/v$（$\mu M \cdot sec^{-1}$）	0.5	0.7	0.9

S = 50 μM

［I］（μM）	0.05	0.1	0.15
$1/v$（$\mu M \cdot sec^{-1}$）	0.3	0.4	0.5

解答　1. 競合阻害(拮抗阻害)

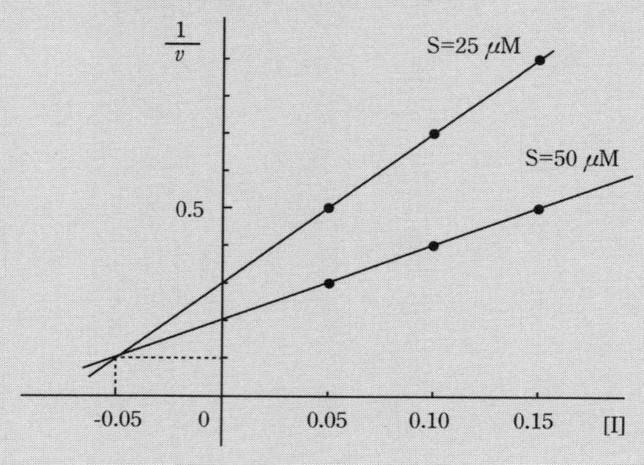

2. K_I：0.05 M，V_{max}：10 μM/s

解説

ディクソンプロットは，酵素阻害剤の阻害定数を求めるのに用いられる．この問題のように，競合阻害の場合は，異なる基質濃度における直線が，第2象限で交差し，その交点の x 座標は，$-K_I$ であり，y 座標は，$\frac{1}{V_{max}}$ となる．

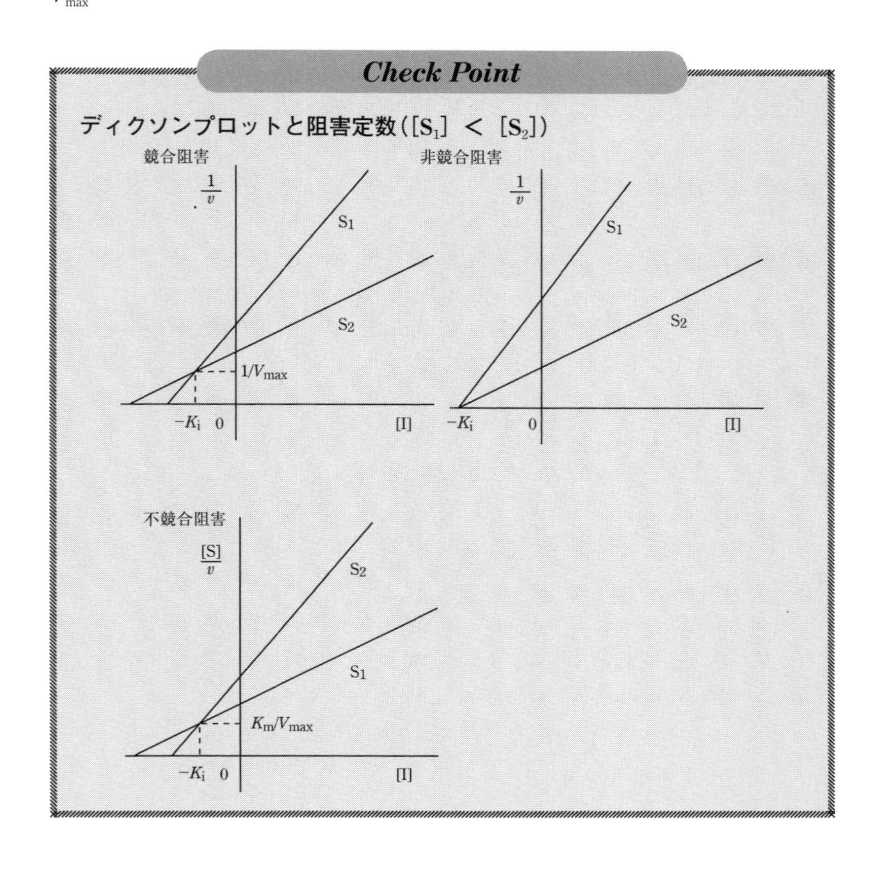

問題 7

酵素に関する記述について誤っているものを１つ選べ.

1. 酵素の阻害剤は医薬品になりうる.
2. 競合阻害剤は酵素の活性部位(触媒部位)に結合する.
3. 競合阻害剤と基質は構造が似ていることが多い.
4. 阻害剤の K_i は，酵素・阻害剤複合体の解離定数である.
5. 一般に，阻害剤の K_i は大きい方が，酵素の阻害効率が高い.

解答　5

解説

K_i が小さい方が酵素に対する親和性が高いので，阻害効率が高い.

問題 8

次の 1. ～5. の記述のうち，誤っているものを 1 つ選べ.

1. 非競合阻害剤は酵素の活性部位(触媒部位)以外の部位に結合する.
2. 非競合阻害剤が存在すると，酵素反応の最大速度が低下する.
3. 非競合阻害剤が存在すると，みかけのミカエリス定数 K_m が小さくなる.
4. 非競合阻害剤が存在すると，ラインウィーバー・バーク式によるグラフにおいて，測定点を結ぶ直線の傾きが大きくなる.
5. 非競合阻害剤が存在すると，ラインウィーバー・バーク式によるグラフにおいて，直線の y 切片の値は大きくなる.

解答　3

解説

3. 非競合阻害剤が存在してもみかけのミカエリス定数は変化しない.

解説

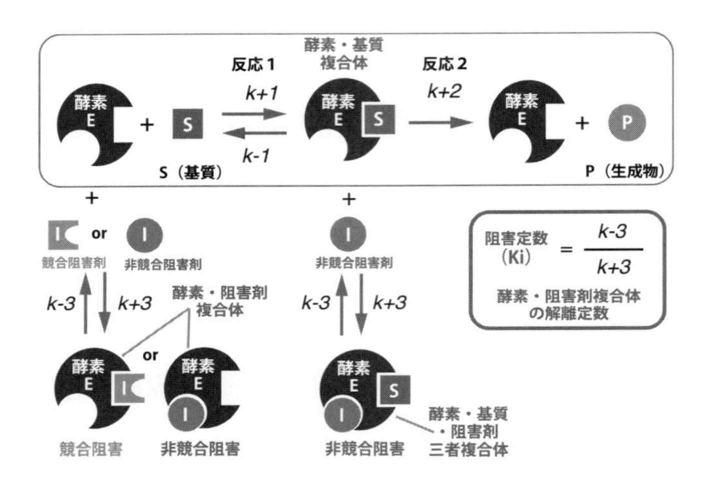

ミカエリス・メンテン（Michaelis-Menten）の式　　　ラインウイーバー・バーク（Lineweaver-Burk）の式

● 阻害剤が無い場合

$$v = \frac{Vmax\,[S]}{Km + [S]} \rightarrow \frac{1}{v} = \frac{Km}{Vmax}\cdot\frac{1}{[S]} + \frac{1}{Vmax}$$

● 競合型阻害剤が存在するとき

$$v = \frac{Vmax\,[S]}{Km\left(1+\frac{[I]}{Ki}\right) + [S]} \rightarrow \frac{1}{v} = \frac{Km}{Vmax}\left(1+\frac{[I]}{Ki}\right)\cdot\frac{1}{[S]} + \frac{1}{Vmax}$$

Kmに（1＋[I]/Ki）がかかっている
---みかけのKmは大きくなる

● 非競合阻害が存在するとき

$$v = \frac{Vmax\,[S]}{\left(Km + [S]\right)\left(1+\frac{[I]}{Ki}\right)} \rightarrow \frac{1}{v} = \frac{Km}{Vmax}\left(1+\frac{[I]}{Ki}\right)\cdot\frac{1}{[S]} + \frac{1}{Vmax}\left(1+\frac{[I]}{Ki}\right)$$

Vmaxに（1＋[I]/Ki）の逆数がかかっている
---みかけのVmaxは小さくなる

酵素反応の阻害—競合型阻害剤と非競合阻害

酵素反応の阻害

(1) 競合型阻害剤(拮抗型阻害剤) competitive inhibitor

競合阻害剤(inhibitor：I)は，酵素の触媒部位に結合する．基質(S)と競合することで，酵素への基質結合を阻害し，酵素反応を阻害する．

・酵素・基質・阻害剤の三者複合体はできない．
・競合阻害剤は，構造が基質と類似する場合が多い．
・競合阻害剤の存在で，最大速度(V_{max})は変化しない．
・みかけのミカエリス定数($K_{m'}$)は大きくなる．

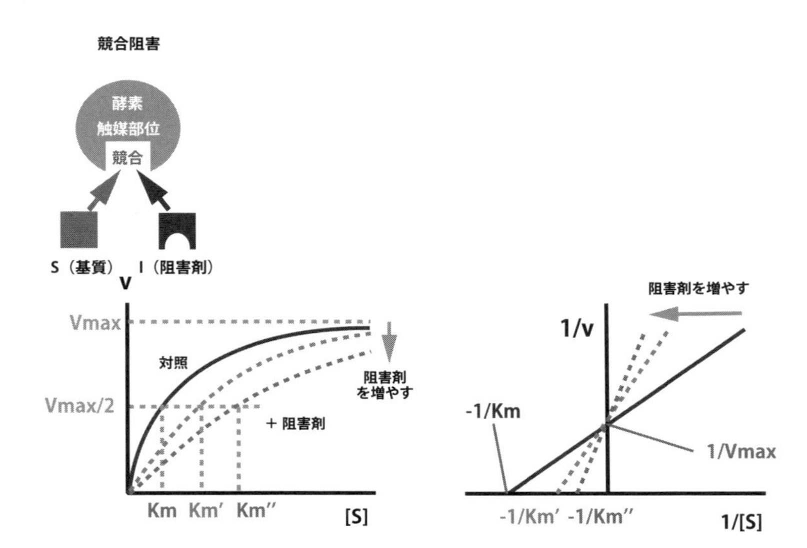

(2) 非競合型阻害剤（非拮抗型阻害剤）non-competitive inhibitor

非競合阻害剤（inhibitor：I）は，酵素の触媒部位以外の部位に結合する．基質（S）と競合しないので，ミカエリス定数は変化しない．

・酵素・基質・阻害剤の三者複合体ができる．
・非競合阻害剤の存在で，みかけの最大速度（$V_{max'}$）が低下する．
・ミカエリス定数（K_m）は変化しない．

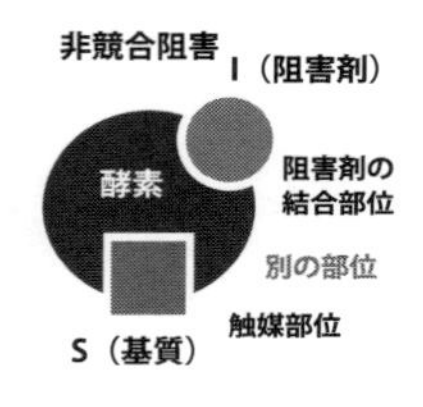

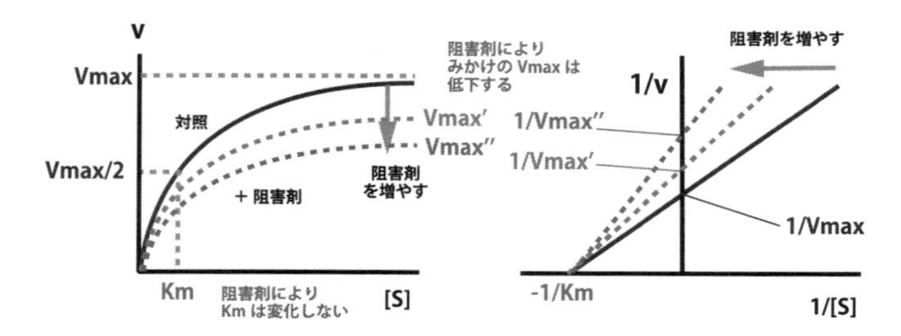

4-4　酵素活性の調節

問題 1

酵素活性の調節に関する記述で誤っているものはどれか.

1. 最終生成物の結合による律速酵素の阻害
2. 酵素タンパク質の合成による酵素活性の上昇
3. 酵素タンパク質の分解による酵素活性の低下
4. 酵素に結合するタンパク質による酵素活性の上昇
5. 酵素タンパク質のリン酸化による活性上昇
6. プロトロンビンの翻訳修飾による血液凝固の促進
7. 酵素タンパク質の分解・減少による酵素活性の上昇

解答　7

解説

1. 正：代謝系の律速酵素の多くはアロステリック酵素である. 最終生成物が酵素アロステリック部位に結合して活性を負に調節する. 負のフィードバック阻害とよばれ, 最終生成物ができすぎないように調節している.
2. 正：酵素タンパク質の量が増えると酵素活性が上昇する. 多くの場合, 酵素の mRNA が増加する転写レベルで調節されている.

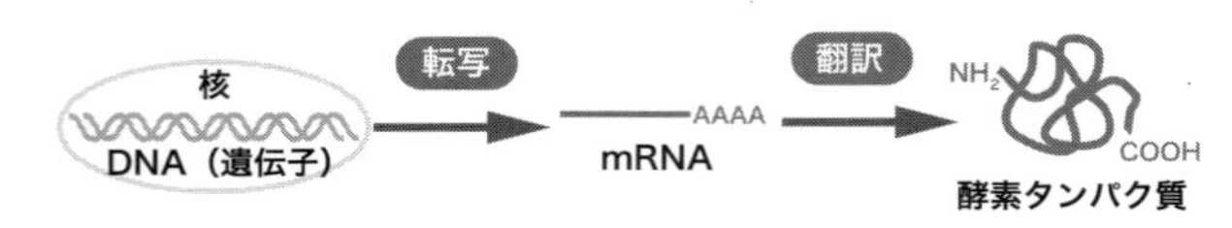

3. 正：酵素タンパク質が分解されると酵素活性は低下する．酵素タンパク質のユビキチン化とプロテアソームでの分解が関与する場合が多い．
4. 正：酵素に結合する制御タンパク質により酵素活性が上昇する場合がある．シグナル伝達系に関与するアデニル酸シクラーゼは，受容体からの刺激に応答して活性化したGTP結合型Gタンパク質のαサブユニットにより活性化される．
5. 正：酵素タンパク質のリン酸化により活性が上昇する酵素が多く存在する．シグナル伝達系に関与するMAPキナーゼは上流のプロテインキナーゼによりリン酸化され活性化される．一方，グリコーゲンシンターゼのようにリン酸化により活性が低下する場合もある．

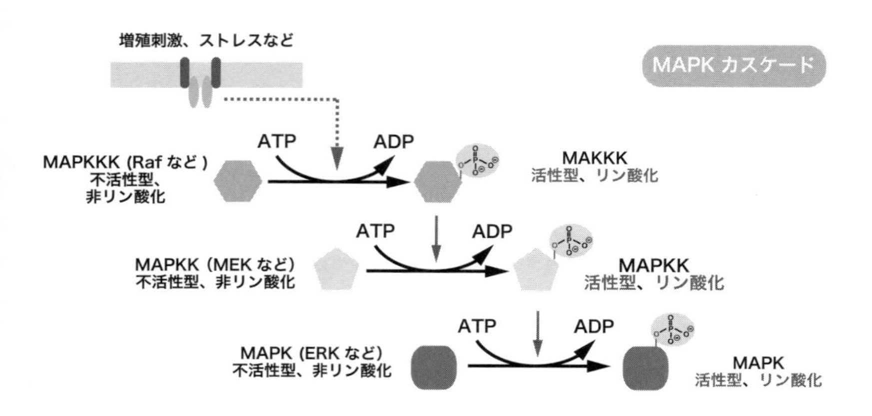

6. 正：プロトロンビンの翻訳後修飾のグルタミン酸残基のγ-カルボキシ化は，（プロ）トロンビンの機能に重要である．血液凝固にはビタミンK依存性のγ-カルボキシ化が必要である．ワルファリンによりγ-カルボキシ化を阻害すると，血液凝固が阻害される．

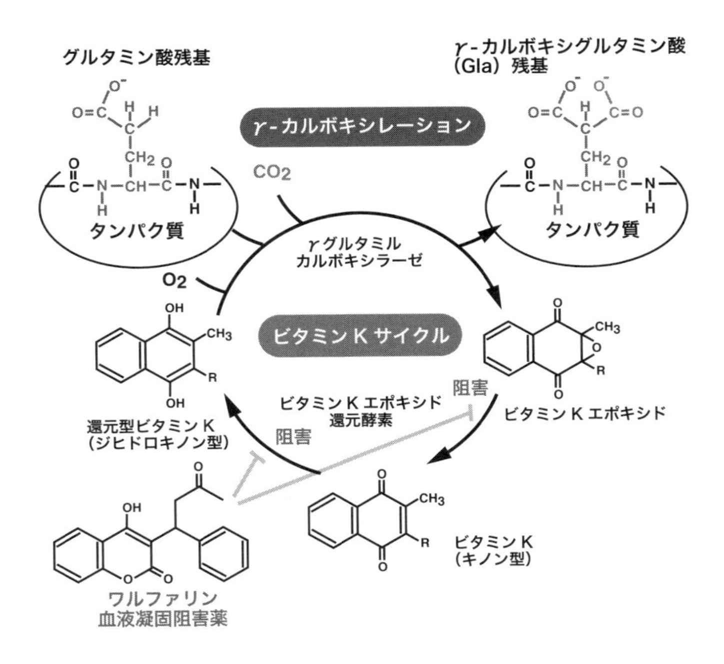

7. 誤：酵素タンパク質が減少すると酵素活性は減少する．

問題 2

アロステリック酵素に関する次の記述のうち誤っているものはどれか，1つ選べ．

1. アロステリックの「アロ」は「異なる」，「ステリック」は「立体の」を表し，アロステリック酵素は，異なる立体構造をとることができる．
2. アロステリック酵素は複数のサブユニットから構成され，サブユニット間で相互作用をする．
3. アロステリック酵素では，基質は酵素に複数個結合する．
4. アロステリック酵素では，基質濃度の小さな変化でも，活性が急に変化する濃度領域がある．
5. アロステリック酵素では，反応速度と基質濃度の関係を表すグラフが原点を通る双曲線になる．
6. さまざまな代謝系の律速酵素はアロステリック酵素であることが多い．

解答　5

解説

5. 誤：アロステリック酵素では，反応速度と基質濃度の関係を表すグラフがシグモイド(S 字)曲線になる．ミカエリス・メンテン型の酵素の反応速度と基質濃度の関係を表すグラフは原点を通る双曲線になる．

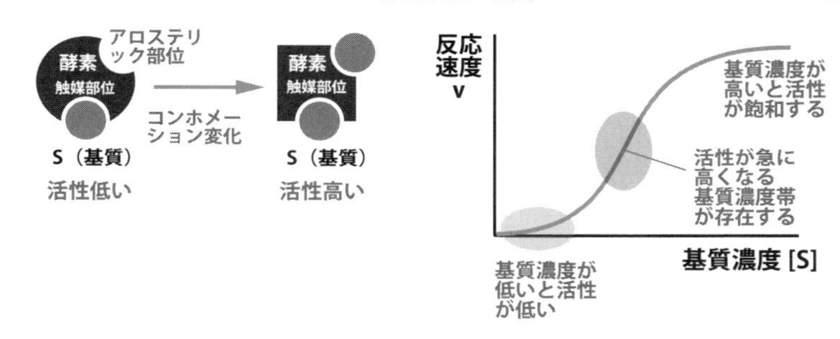

酵素のアロステリック制御

酵素にはミカエリス-メンテンの式に従わないものもある．

アロステリック酵素は，基質が酵素に複数個，結合する．基質濃度が低いとき，活性が低い立体構造(コンホメーション)をとる．基質濃度が上昇して，基質がアロステリック部位に結合すると，酵素の立体構造が変化して，活性が高い形になる(アロ＝異なる，ステリック＝立体の，アロステリックとは異なる立体構造をもつという意味である)．

アロステリック型の酵素の多くは，基質濃度と酵素反応速度の関係をプロットすると，シグモイド(S字)曲線になる．この場合，基質濃度が低いときは酵素活性が低い．また，基質濃度の小さな変化でも，活性が急に変化する濃度領域があり，律速酵素の活性調整に寄与する．

問題 3

酵素活性の調節に関する以下の文中の空欄に適切な語句を記入しなさい.

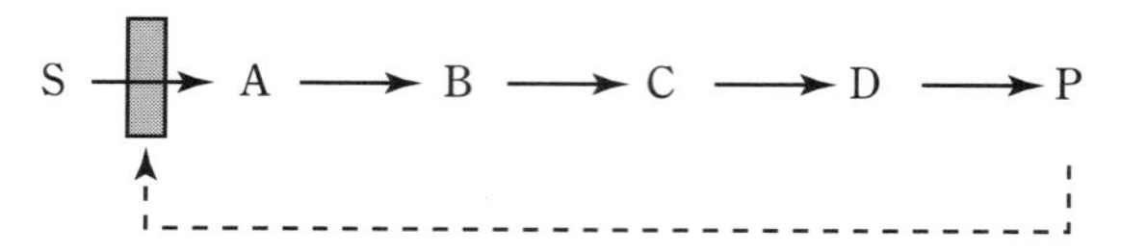

上図のような多段階酵素反応において，最終生成物 P が，最初の反応段階を触媒する酵素を阻害することにより，酵素活性の調節を行うものを［　①　］阻害という．P は，基質との結合部位とは別の部位に結合するため，このような活性調節を受ける酵素は，［　②　］酵素とよばれる．［　②　］酵素は，活性調節を行う分子により 2 種に分類され，基質以外の調節分子により活性調節が行われるものを［　③　］酵素，基質自身が調節分子として働くものを［　④　］酵素とよぶ.

解答　①フィードバック　②アロステリック
③ヘテロトロピック　④ホモトロピック

解説

連鎖反応において，最終生成物が初段階反応を阻害するフィードバックは，最終生成物の定常状態濃度によって全体の反応速度が決定される巧妙な活性調節機構である．アロステリックという言葉は，「他の場所」あるいは「他の構造」を意味する．アロステリック酵素には，触媒部位の他に，酵素活性を調節するモデュレーター(エフェクター)が結合する部位をもち，基質と酵素との結合にみられるように，モデュレーターと酵素との結合も特異的である.

Check Point

アロステリック酵素の種類

ヘテロトロピック酵素	基質以外のモデュレーターが酵素反応を調節する
ホモトロピック酵素	基質自身がモデュレーターとして酵素反応を調節する

問題 4

酵素活性を基質濃度［S］に対してプロットしたとき，
1. 正の協同性をもつアロステリック酵素
2. 負の協同性をもつアロステリック酵素
の描く曲線は下図 1〜3 のどれか．なお，このアロステリック酵素はホモトロピック型とする．

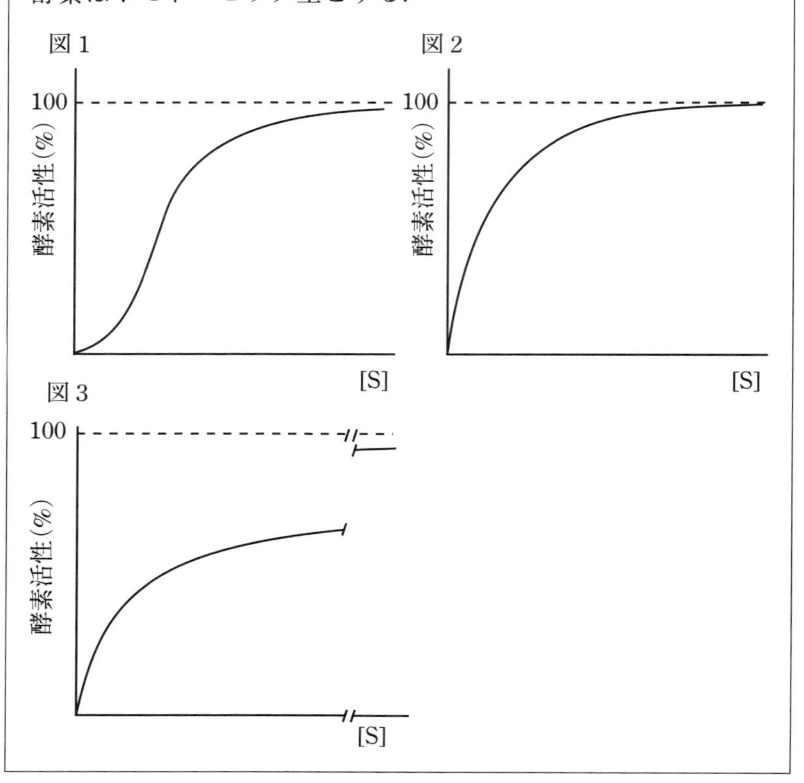

解答　1. 図1　　2. 図3

解説

ホモトロピック型アロステリック酵素の場合，酵素活性(反応速度)と基質濃度との関係がS字形を示すことがあり(シグモイド曲線)，基質の酵素への結合が，それ以後の基質の酵素への結合を促進するため，正の協同性とよばれる(図1)．ホモトロピック型アロステリック酵素の中には，逆に，酵素への結合が，それ以後の基質の酵素への結合を抑制するものがあり，負の協同性とよばれる．図3に示されるように，基質濃度の増加に対する酵素活性の増加が非常にゆるやかになるのが特徴である．図2は，ミカエリス・メンテンの式に従う酵素反応であり，直角双曲線を描く．

Check Point

アロステリック酵素と協同性

正の協同性	基質の酵素への結合が，それ以後の基質の酵素への結合を強める
負の協同性	基質の酵素への結合が，それ以後の基質の酵素への結合を弱める

問題 5

酵素ではないが，ヘモグロビンの酸素結合もアロステリックな調節を受けている．下記の記述に関して，<u>誤っているの</u>はどれか．1つ選べ．図は血液中の酸素分圧とヘモグロビンの酸素結合の関係を模式的に示したものである．

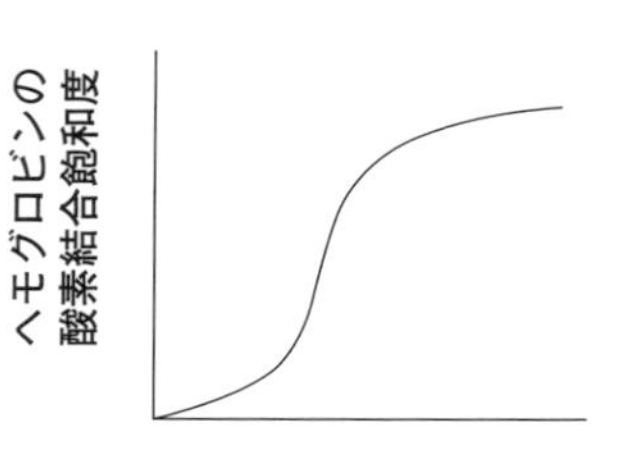

1. ヘモグロビンは，α サブユニット2つと β サブユニット2つで構成される四量体構造をとっており，各サブユニットが相互作用している．
2. α および β サブユニットそれぞれに，各1つのヘムが結合しており，それぞれのヘムの中心に鉄イオン Fe^{2+} が配位している．
3. ヘモグロビンの鉄イオンに酸素分子が結合するが，血液中の酸素分圧とヘモグロビンの酸素結合の関係を模式的に示すと，図のようにシグモイド(S字)曲線を描く．
4. ヘモグロビンの酸素結合の酸素分圧による調節は，肺の毛細血管で酸素を結合し，末梢組織の毛細血管で酸素を放出するという，ヘモグロビンの酸素運搬の機能を関連している．
5. 二酸化炭素や解糖系代謝物類似体の存在で，図のシグモイド(S字)曲線は左に移動する．

解答　5

解説

1. 正：ヘモグロビンは，$\alpha2\beta2$ の四量体構造をとっており，各サブユニットが相互作用している．サブユニットが相互作用することで，酸素結合がアロステリックに調節されている．一方，同じく酸素を結合するヘムタンパク質のミオグロビンは単量体として働き，サブユニット間の相互作用がないので，ミカエリス・メンテン型の酸素結合をしている．
2. 正：α，β サブユニットそれぞれに，各1つのヘムが結合しており，それぞれのヘムの中心に鉄イオン Fe^{2+} が配位している．シトクロムなど酸化還元に関与するポルフィリン環に配位した鉄イオンは，Fe^{2+} と Fe^{3+} の変換によって酸化還元に関与する．
3. 正：ヘモグロビンの鉄イオンに酸素分子が結合するが，血液中の酸素分圧とヘモグロビンの酸素結合の関係を模式的に示すと，図のようにS字形曲線を描く．酸素結合がアロステリックに調節されている．
4. 正：ヘモグロビンの酸素結合の酸素分圧による調節は，酸素分圧が高い肺の毛細血管で酸素を結合し，酸素分圧が低い末梢組織の毛細血管で酸素を放出するという，ヘモグロビンの酸素運搬の機能と関連している．
5. 誤：二酸化炭素や解糖系代謝物の類似体2,3-ビスホスホグリセリン酸(BPG)の存在で，図のS字形曲線は右に移動する．二酸化炭素やBPGの存在により，酸素分圧が低いときの酸素結合能力が低下する．解糖系を活発に行っている組織，二酸化炭素を発生する組織の近傍の毛細血管で酸素をより放出しやすくなる．このことは運動中の筋肉など，酸素を消費している組織に優先的に酸素を供給することに貢献している．

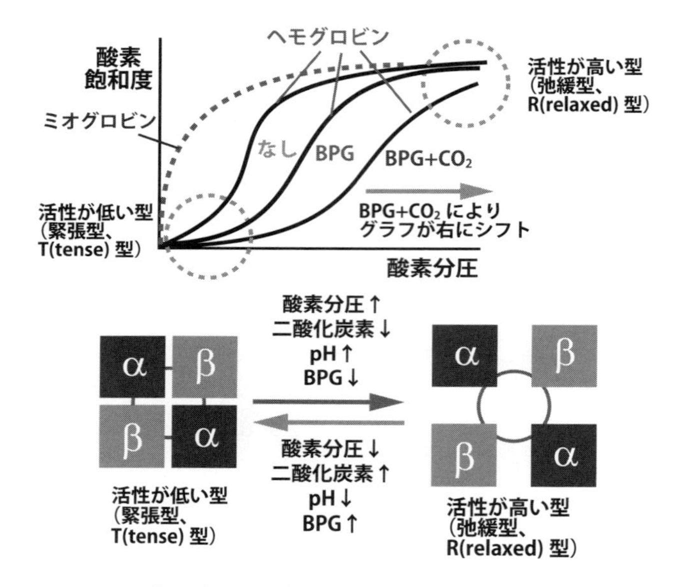

ヘモグロビンの酸素結合のアロステリックな調節

ヘモグロビンの酸素結合はアロステリックな調節を受けている．酸素分圧が上がると，T型からR型に変化し，酸素結合能力が高まる．また，酸素分圧が低下するとT型になり，酸素結合能力が低下する．

これらは，酸素分圧が高い肺の毛細血管で酸素を結合し，酸素分圧が低い末梢組織にて酸素を放出するヘモグロビンの酸素運搬機能を説明する．また，解糖系中間体アナログや二酸化炭素の存在下で，グラフが右にシフトすることは，解糖系や酸素消費が活発な組織の毛細血管で，ヘモグロビンがT型に変化し，これらの組織で効率よく酸素を放出することを示している．

放出された酸素は，筋肉でミオグロビンに補足される．ミオグロビンは，単量体で存在して，酸素結合はミカエリス・メンテン型である．

問題 6

酵素活性の共有結合性調節に関する以下の文中の空欄に適切な語句を記入しなさい．

グリコーゲンホスホリラーゼは，活性型のホスホリラーゼ a と不活性型のホスホリラーゼ b の２種の型が存在する．ホスホリラーゼ a は，４つのサブユニットからなり，それぞれのサブユニットのヒドロキシ基が［　①　］化されたセリン残基をもつ．この共有結合性修飾基は，［　②　］により加水分解されて除去され，不活性型のホスホリラーゼ b に変換される．

解答　①リン酸　②ホスホリラーゼホスファターゼ

解説

アロステリック酵素が非共有結合的にモデュレーター分子による活性調節を受けるのに対し，別の酵素が触媒するリン酸化など共有結合性の構造修飾により，活性調節が行われるものがある．

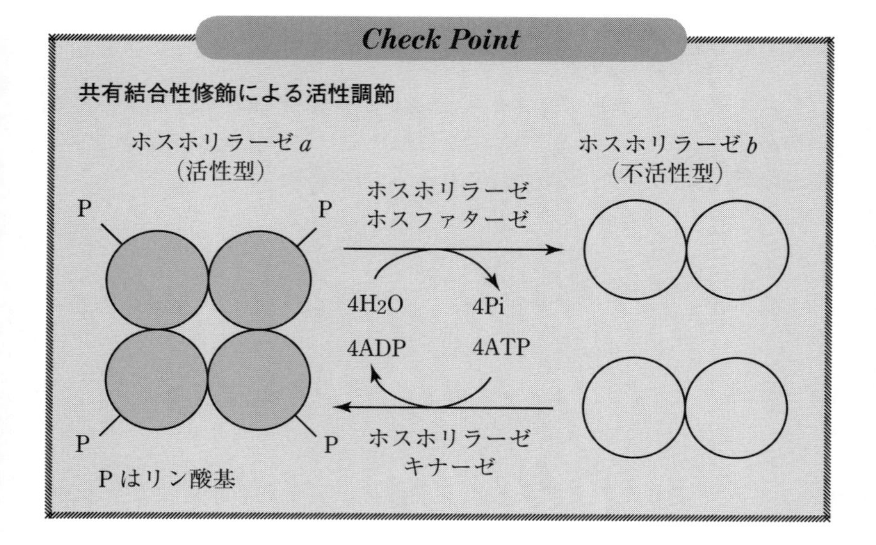
Check Point
共有結合性修飾による活性調節
ホスホリラーゼ a
(活性型)
ホスホリラーゼ b
(不活性型)
ホスホリラーゼ
ホスファターゼ
P
P
P
P
4H2O
4Pi
4ADP
4ATP
ホスホリラーゼ
キナーゼ
P はリン酸基

4-5　補酵素

問題 1

次の 1. ～5. の記述のうち，誤っているものを 1 つ選べ.

1. 酵素には酵素タンパク質だけでは進行せず，補因子の関与が必要なものがある.
2. 補酵素は, 酵素反応に必要な低分子量の有機化合物である.
3. 酵素のタンパク質部分をホロ酵素とよぶ.
4. 酵素には触媒部位に金属イオンをもつものがある.
5. 補因子（補酵素）のなかで，酵素に固く結合するものを補欠分子族という.

解答　3

解説

3. 誤：酵素のタンパク質部分をアポ酵素とよぶ.

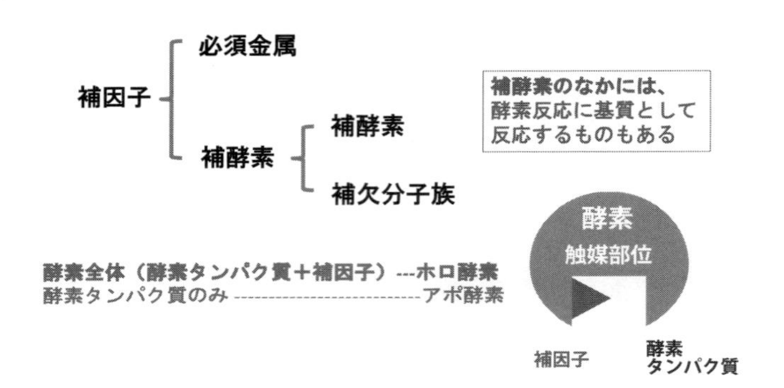

補酵素(coenzyme)—酵素反応に必要な補因子のひとつ

酵素の反応の中には酵素タンパク質だけでは進行せず，補因子の関与が必要なものがある．

補酵素は，酵素反応に必要な低分子量の有機化合物である．

問題 2

次の 1. ～7. の記述のうち，誤っているものを 1 つ選べ.

1. チアミンはビタミン B_1 誘導体である.
2. ビタミン B_1 の活性型はチアミンピロリン酸である.
3. ビタミン B_1 は，生体内で補酵素 NAD^+ や $NADP^+$ となって，酸化還元反応の補酵素として機能する.
4. チアミンピロリン酸は α-ケト酸の酸化的脱炭酸反応に関与する.
5. チアミンピロリン酸はピルビン酸デヒドロゲナーゼの反応に関与する.
6. ビタミン B_1 の欠乏は脚気(かっけ)を引き起こす.
7. 脚気は分岐鎖アミノ酸の代謝物が蓄積して，末梢神経が変性する病気である.

解答　3

解説

3. 誤：ナイアシンは，生体内で補酵素 NAD^+ や $NADP^+$ となって，酸化還元反応の補酵素として機能する.

チアミンピロリン酸は，チアミン(ビタミン B_1)にピロリン酸が結合したチアミンの活性型である.

ピルビン酸デヒドロゲナーゼ(解糖系とクエン酸回路をつなぐ)，2-オキソグルタル酸デヒドロゲナーゼ(クエン酸回路の酵素)，分岐鎖アミノ酸由来の α-ケト酸デヒドロゲナーゼ(アミノ酸代謝)のような α-ケト酸の酸化的脱炭酸反応 の重要な補酵素である.

チアミン(ビタミン B_1)が欠乏すると脚気(かっけ)になる.

チアミンピロリン酸 (TPP)

α-ケト酸の酸化的脱炭酸反応
(α-ケト酸デヒドロゲナーゼ)

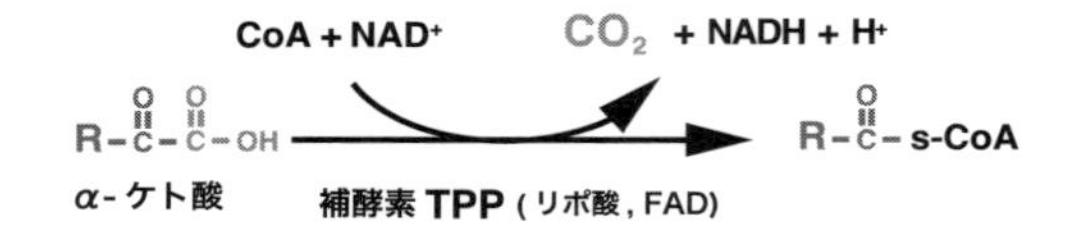

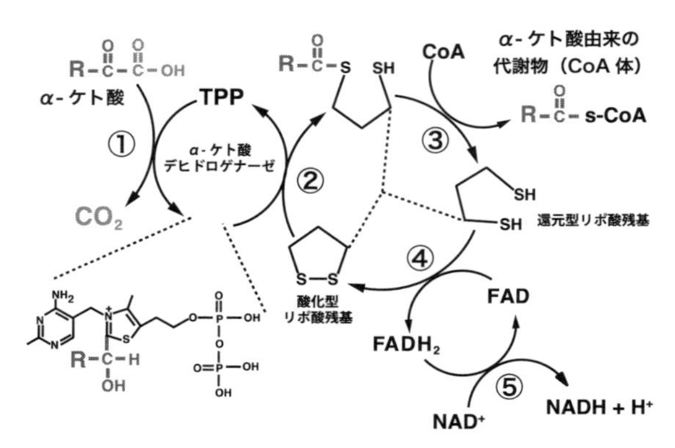

チアミンピロリン酸—α-ケト酸の酸化的脱炭酸反応の補酵素

問題 3

次の 1. ～7. の記述のうち，誤っているものを 1 つ選べ.

1. ビタミン B_6 は，補酵素ピリドキサールリン酸となり，主としてアミノ酸代謝に関与している.
2. ピリドキサールリン酸は，アミノ基転移酵素の補酵素として働く.
3. ピリドキサールリン酸は，ピリドキサール部分にアミノ基が転移されピリドキサミン部分となる.
4. ピリドキサミンリン酸は，グルタミン酸にアミノ基を転移する.
5. ピリドキサールリン酸はアミノ酸の脱炭酸反応にも関与している.
6. ピリドキサールリン酸は生理活性アミンの生合成に関与する.
7. 興奮性神経伝達物質のグルタミン酸を抑止性神経伝達物質の γ-アミノ酪酸(GABA)へ転換する反応は，ピリドキサールリン酸依存性の脱炭酸反応である.

解答　4

解説

4. 誤：ピリドキサミンリン酸は，α-ケトグルタル酸にアミノ基を転移し，グルタミン酸を生成する.

ピリドキシン　ピリドキサールリン酸　ピリドキサミンリン酸

（OH 型）　（CHO 型）　（NH_2 型）

ビタミン B_6 関連物質の構造

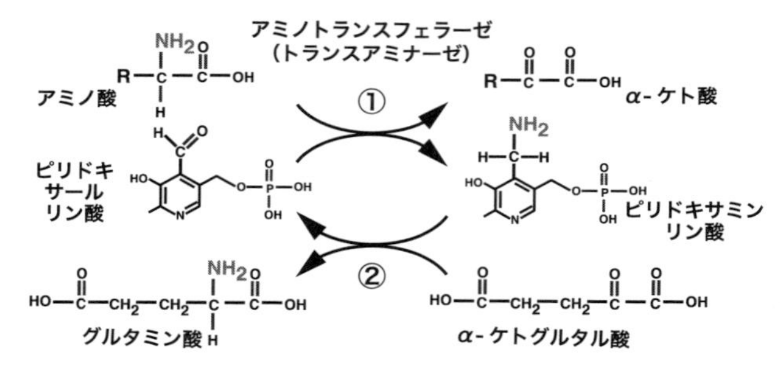

ピリドキサールリン酸依存性のアミノトランスフェラーゼ反応
アルデヒド型とアミン型の変換によりアミノ基の転移を行う

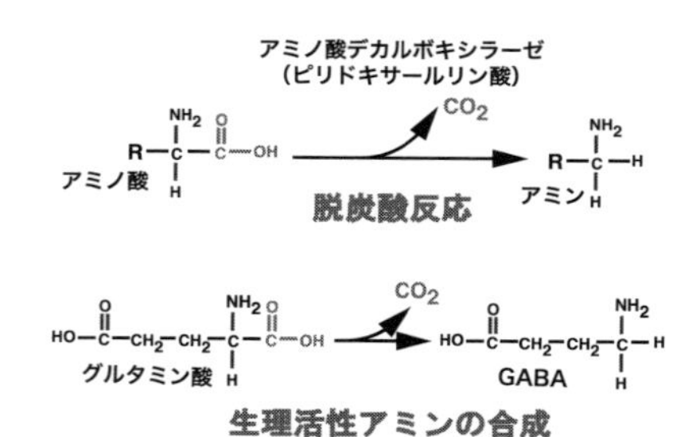

ピリドキサールリン酸依存性の脱炭酸反応
生理活性アミンを産生する

問題 4

次の 1. ～6. の記述のうち，誤っているものを 1 つ選べ．

1. NAD^+，$NADP^+$は，それぞれ nicotinamide adenine dinucleotide, nicotinamide adenine dinucleotide phosphate の略称であり，ニコチンアミド部分が酸化還元反応に関与する．
2. NAD^+，$NADP^+$はアデニンヌクレオチド部分を含む．
3. NAD^+，$NADP^+$ は酸化型，NADH，NADPH は還元型である．
4. NAD^+，$NADP^+$は 340 nm の紫外部吸収をもつ．
5. $NAD^+ \rightleftarrows NADH$，あるいは $NADP^+ \rightleftarrows NADPH$ の変化をモニターすることで，NAD^+，$NADP^+$を利用する酵素の活性を測定することができる．
6. NADH と NADPH はいずれも還元型の補酵素であるが，生体内で利用のされ方に違いがある．

解答　4

解説

4. 誤：NADH，NADPH は 340 nm の紫外部吸収をもつ．
5. 正：340 nm の吸収を測定することで，$NAD^+ \rightleftarrows NADH$，または $NADP^+ \rightleftarrows NADPH$ の変化をモニターすることができる．
5. 正：NADH は電子伝達系に入りエネルギー代謝に，NADPH は脂肪酸やコレステロールなどの生合成に利用される．

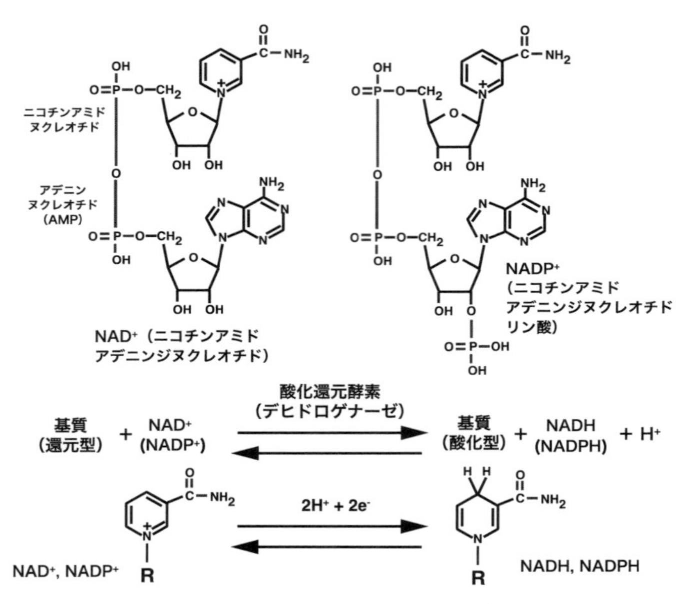

NAD$^+$，NADP$^+$が関与する酸化還元反応

ニコチンアミド部分が酸化還元に関わる

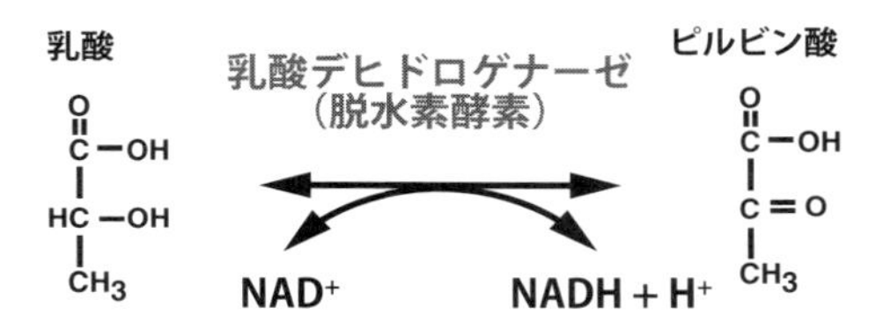

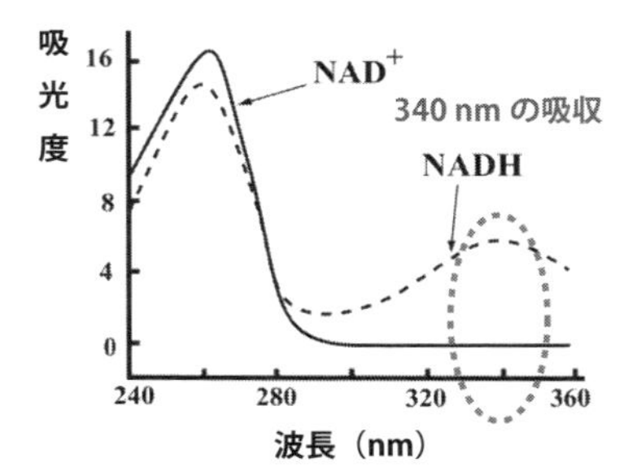

乳酸デヒドロゲナーゼの活性測定

NADH には 340 nm の吸収が存在する．

①乳酸の酸化反応（乳酸→ピルビン酸）が進むと，NADH が増えるので 340 nm の吸収が増加する．逆にピルビン酸の還元反応（ピルビン酸→乳酸）が進むと，340 nm の吸収が減少する．

② 340 nm の吸収の変化を測定することで酵素反応の進みを調べることができる．

問題 5

次の 1. ~5. の記述のうち，誤っているものを 1 つ選べ.

1. ビタミン B_2（リボフラビン）は，生体内で補酵素 FAD や FMN となって，酸化還元反応の補酵素として機能する.
2. FAD は flavin adenine dinucleotide の略称であり，フラビン部分が酸化還元反応に関与する.
3. FMN は flavin mononucleotide の略称であり，フラビン部分が酸化還元反応に関与する.
4. FAD は 1 つ，FMN は 2 つのヌクレオチド構造を含む.
5. FAD，FMN は酵素に比較的固く結合しており，補欠分子族とよばれることがある.

解答　4

解説

4. 誤：FAD は 2 つ，FMN は 1 つのヌクレオチド構造を含む.

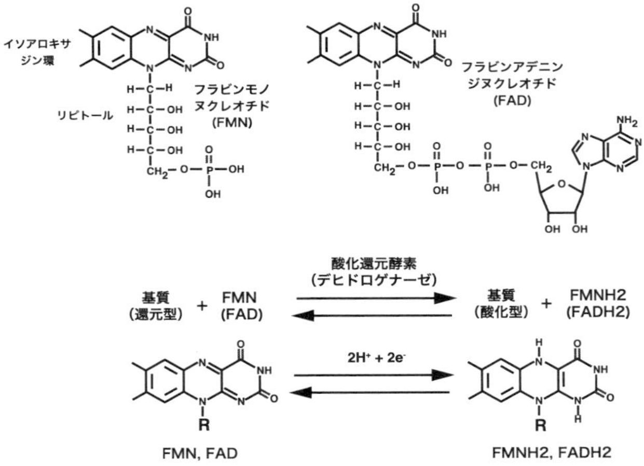

イソアロキサジン環
リビトール
フラビンモノヌクレオチド (FMN)
フラビンアデニンジヌクレオチド (FAD)

酸化還元酵素（デヒドロゲナーゼ）
基質（還元型） + FMN (FAD) ⇄ 基質（酸化型） + FMNH2 (FADH2)

$2H^+ + 2e^-$
FMN, FAD ⇄ FMNH2, FADH2

FMN と FAD

FAD，FMN は酸化-還元反応に関わる酵素の補酵素として働く．
フラビン部分が酸化還元に関わる

問題 6

次の 1. ~7. の記述のうち，誤っているものを 3 つ選べ.

1. ユビキノンはコエンザイム A ともいう.
2. ユビキノンはミトコンドリア内膜に存在する電子伝達系に関与する.
3. パントテン酸は生体内でコエンザイム Q となり，糖質や脂質の代謝において重要な働きをする.
4. コエンザイム A はチオール基をもち，チオエステル結合を介してアセチル基，アシル基(脂肪酸)の活性化，転移を行う.
5. ビオチンは炭酸固定に関与する補酵素である.
6. 生の卵白を大量に摂取するとビオチンの過剰症が起こることがある.
7. ビオチンとアビジンの強い結合を利用して，標的分子にビオチンを結合して目印とし，これをアビジンで検出する方法がある.

解答 1，3，6

1. 誤：ユビキノン(ubiquinone)はコエンザイム Q(coenzyme Q, CoQ)ともいう.
3. 誤：パントテン酸は生体内でコエンザイム A(CoA)となり糖質や脂質の代謝で重要な働きをする.
6. 誤：生の卵白を大量に摂取すると卵白のアビジンがビオチンに固く結合するので，ビオチンの腸管吸収が抑えられビオチンの欠乏になることがある.

解説

2H⁺ + 2e⁻

ユビキノン
コエンザイム Q10
(CoQ10)

ユビキノール
還元型コエンザイム Q10

ユビキノン(coenzyme Q)

ユビキノン(CoQ)はイソプレノイドの一種で，酸化-還元反応に関わる．高等動物の CoQ は側鎖部分の繰り返しが 10 なので CoQ10 とよばれる．途中まではコレステロールと共通の経路で生合成される．ミトコンドリア内膜で電子伝達系に関与し，呼吸鎖複合体 I と III の電子の仲介に関与する．

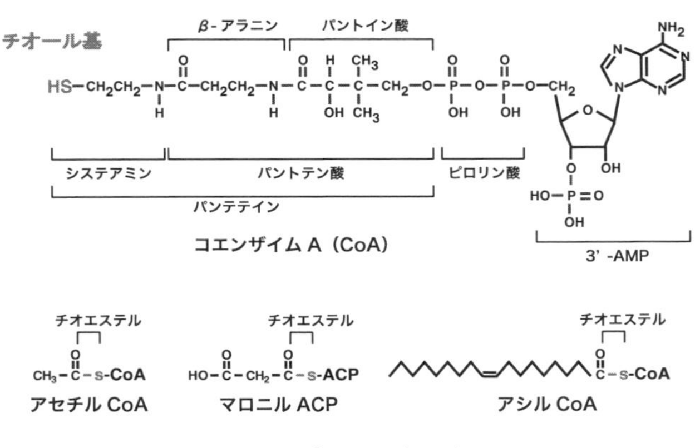

コエンザイム A(CoA)
アセチル基，アシル基などの活性化，転移を担う補酵素

アセチル CoA，アシル CoA は，酢酸，脂肪酸の活性化体である．

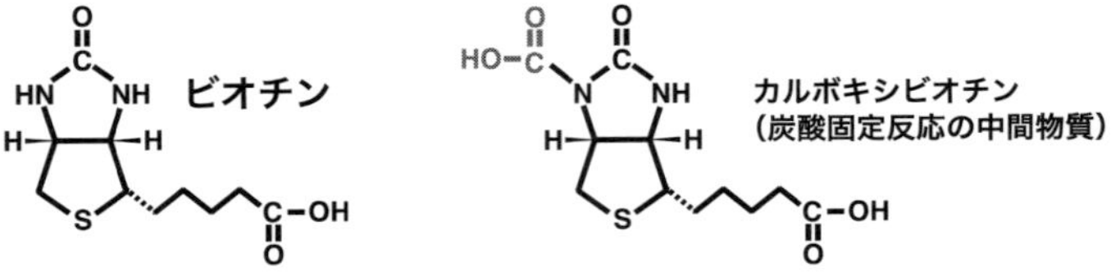

ビオチン―炭酸固定反応に関わる補酵素

カルボキシラーゼ(carboxylase)の補酵素として働き，炭酸固定に関与する．糖代謝に関与するピルビン酸カルボキシラーゼ，脂肪酸生合成に関与するアセチル CoA カルボキシラーゼなどがある．

アビジンは卵白に含まれる糖タンパク質で，ビオチンを非常に強く結合する．生の卵白を過剰に摂取すると，まれにビオチンの吸収阻害から欠乏状態になる場合がある．この強い結合を応用して，標的分子にビオチンを結合して目印とし，これをアビジンで検出する方法がある．

問題 7

次の 1. ～9. の記述のうち，誤っているものを１つ選べ.

1. テトラヒドロ葉酸は１炭素基(C1 単位：ホルミル基，メチレン基，メチル基)の供与体として機能し，アミノ酸や核酸の代謝に関与する.
2. 葉酸拮抗薬のメトトレキサートは，テトラヒドロ葉酸の量を低下させ核酸の生合成の阻害を介して抗リウマチ薬や抗がん剤に利用される.
3. サルファ剤は細菌の葉酸合成を競争的に阻害する.
4. サルファ剤は細菌にのみ選択的に作用する.
5. ビタミン B_{12} はコバルトを含みコバラミンともよばれる.
6. ビタミン B_{12} は悪性貧血に効果をもつ栄養素(外因子)として同定された.
7. ビタミン B_{12} は新鮮な緑黄色野菜に多く含まれる.
8. 貧血の治療にはビタミン B_{12}(外因子)の摂取だけでは不十分で，ビタミン B_{12} の吸収を助ける内因子の存在が必要である.
9. 胃の切除により悪性貧血を引き起こすことがあるが，これはビタミン B_{12} の吸収に重要な内因子の分泌が胃の切除により減少するからである.

解答　7

解説

7. 誤：ビタミン B_{12} は腸内細菌でつくられ，肉や肝臓など動物性食品に多く含まれる．新鮮な緑黄色野菜(植物)には含まれない．

サルファ剤はスルホンアミド部位をもつ合成抗菌剤で，細菌の葉酸合成を競争的に阻害する．哺乳動物は葉酸を合成せず，食事により摂取するので，サルファ剤は細菌にのみ選択的に作用する．

悪性貧血の治療に必要な因子として，ビタミン B_{12} が発見された．ビタミン B_{12} 以外に，胃から分泌され，ビタミン B_{12} の腸管吸収に必須の内因子が必要である．

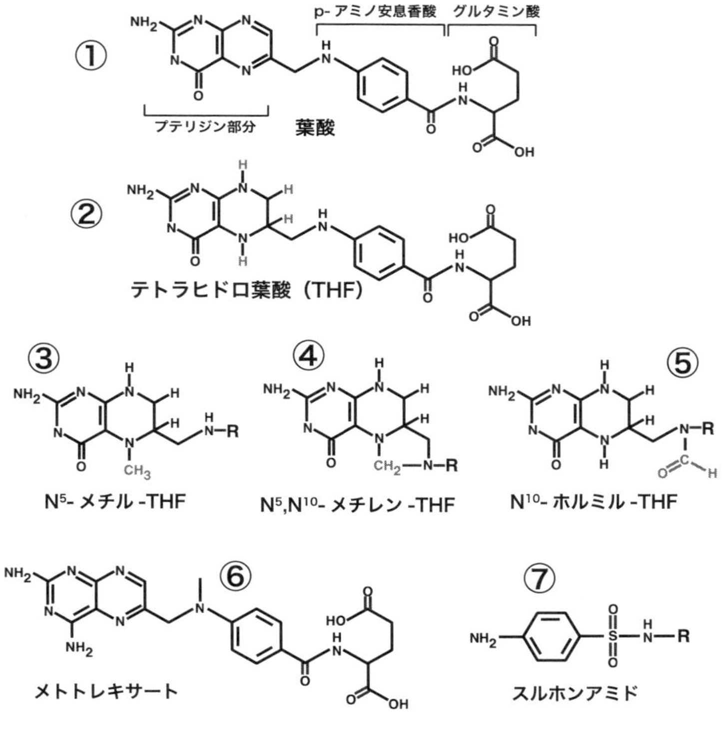

①
p-アミノ安息香酸　グルタミン酸
プテリジン部分　葉酸

②
テトラヒドロ葉酸（THF）

③
N⁵-メチル-THF

④
N⁵,N¹⁰-メチレン-THF

⑤
N¹⁰-ホルミル-THF

⑥
メトトレキサート

⑦
スルホンアミド

葉酸

テトラヒドロ葉酸(THF)―活性型1炭素基(C1単位)ホルミル基，メチレン基，メチル基などの輸送に関わる．

③～⑤はC1単位を含むTHFで，C1単位の供与に関わる．これらはアミノ酸と核酸の代謝に関わる補酵素である．

⑥のメトトレキサートは葉酸拮抗薬でテトラヒドロ葉酸の量を低下させ，核酸の生合成を阻害する．細胞の増殖を阻害するので抗リウマチ薬

や抗がん剤に利用される．

⑦は，葉酸の生合成を阻害する薬剤で，抗菌薬（サルファ剤）として用いられる．動物は葉酸を生合成せず食事から摂取するのでサルファ剤は動物には作用しない．微生物に選択毒性がある．

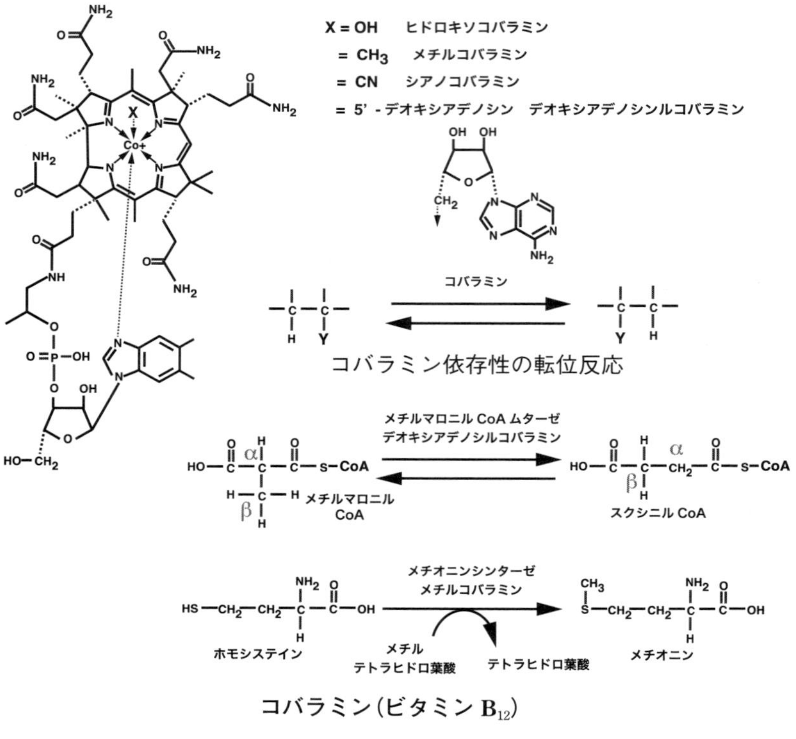

X = OH　ヒドロキソコバラミン
= CH_3　メチルコバラミン
= CN　シアノコバラミン
= 5' - デオキシアデノシン　デオキシアデノシンルコバラミン

コバラミン

コバラミン依存性の転位反応

メチルマロニル CoA ムターゼ
デオキシアデノシルコバラミン

メチルマロニル CoA　スクシニル CoA

メチオニンシンターゼ
メチルコバラミン

ホモシステイン　メチル テトラヒドロ葉酸　テトラヒドロ葉酸　メチオニン

コバラミン（ビタミン B_{12}）

ビタミン B_{12} は悪性貧血に効果をもつ栄養素（外因子）として同定された．分子内にコバルトイオンを含む．

外因子の吸収に関与する体内の因子として，内因子が発見された．

テトラヒドロ葉酸（THF）と協調して核酸，アミノ酸の合成に関与する．

問題 8

ビタミンの一種パントテン酸の生理活性型である 4′-ホスホパンテテインを構造中に含み，アシル基転移などの生体内反応に関与する補酵素はどれか.

1. FAD　2. CoA　3. NAD^+　4. ビタミン B_{12}　5. ビオチン

解答　2.

解説

4′-ホスホパンテテインは，CoA の構成成分であり，またアシルキャリアータンパク質(ACP)の脂肪酸合成酵素(動物)のセリン残基のヒドロキシ基に共有結合している．CoA および ACP の末端部分の SH 基がアシル基の転移に関与する.

(構造式は第 4 章 4-5 問題 6 解説参照)

問題 9

以下の補酵素のうち，電子および水素転移反応に関与するものはどれか.

1. ピリドキサールリン酸　2. CoA　3. NAD^+
4. テトラヒドロ葉酸　5. チアミンピロリン酸

解答　3

解説

ピリジン誘導体であるNAD(ニコチンアミドアデニンジヌクレオチド)の酸化型はNAD^+であり，還元型はNADHである．一方，NADP(ニコチンアミドアデニンジヌクレオチドリン酸)の酸化型は$NADP^+$であり，還元型はNADPHである．NAD^+および$NADP^+$は数多くの酸化還元酵素の補酵素として機能している．例えば，NADの酸化型であるNAD^+は，アルコールデヒドロゲナーゼに結合し，以下に示すように，基質であるエタノールより電子と水素原子を受け取る.

$$NAD^+ + CH_3CH_2OH \rightleftarrows NADH + CH_3CHO + H^+$$

Check Point

ビタミンと補酵素型

ビタミン	補酵素型	欠乏症
ビタミン B_1	チアミンピロリン酸(TPP)	脚気
ビタミン B_2	FMN，FAD	
ビタミン B_6	ピリドキサールリン酸	
ナイアシン	NAD^+，$NADP^+$	ペラグラ
パントテン酸	CoA	
ビオチン	ビオシチン	皮膚炎
葉酸	テトラヒドロ葉酸	悪性貧血
ビタミン B_{12}	コバラミン	悪性貧血

演習問題

次の各問の文章の正誤を答えなさい.

(4-1　酵素の特性)

問 1　酵素は触媒の一種である.

問 2　酵素のほとんどはタンパク質からできている.

問 3　DNA が触媒作用を示す場合もあり，リボザイムとよばれる.

問 4　タンパク質が酵素として働けるのは，タンパク質の高次構造により形がつくられるからである.

問 5　酵素は，室温や中性の pH で反応が進み，温和な条件で働くことができる触媒である.

問 6　酵素反応には，最適 pH や最適温度が存在する.

問 7　トリプシン，キモトリプシンの最適 pH は弱アルカリ性で，胃の内容物が膵液で中和されたものの pH である.

問 8　化学反応は温度が高い方が反応が進む.

問 9　酵素はタンパク質なので，温度が高くなると，徐々に高次(三次)構造を保てなくなり活性が低下する.

問 10　例外的に 90℃ を超える温度でも働く酵素もある.

問 11　PCR(polymerase chain reaction)は耐熱性の DNA ポリメラーゼを用いて，遺伝子 DNA を増幅する方法である.

(4-2　反応機構)

問 1　酵素は反応の活性化エネルギーを高めることによって反応速度を増大させる.

問 2　酵素の存在により，反応の平衡が生成物形成に有利な方向に移動する.

問 3　トリプシンやキモトリプシンの活性に酵素のセリン残基が重要である.

問 4 トリプシンは，タンパク質の塩基性アミノ酸のリシン(Lys，K)またはアルギニン(Arg，R)残基のアミノ末端側のペプチド結合を特異的に加水分解する．

(4-3 反応速度論)

問 1 酵素活性(酵素反応の大小)は，速度で表される．

問 2 酵素活性は，一定時間での酵素存在下の反応量で表す．

問 3 化学反応には「反応前の物質の衝突」が必要なので，反応速度は「反応前の物質」の濃度を変数とした関数で表される．

問 4 酵素反応は，酵素基質複合体を経て起こるが，まれに例外もある．

問 5 ミカエリス・メンテンの反応速度式に従う酵素の場合，基質濃度と酵素反応速度の関係をプロットすると，放物線のグラフが描かれる．

問 6 ミカエリス・メンテンの反応速度式に従う酵素の場合，酵素濃度に比べ基質濃度が低いときは，反応速度は基質濃度に依存する．

問 7 ミカエリス・メンテンの反応速度式に従う酵素の場合，酵素濃度に比べ基質濃度が高いときは，反応速度は基質濃度に依存しない．

問 8 酵素の最大速度は，酵素が基質により飽和したときの反応速度である．

問 9 ラインウィーバー・バークの式のグラフは，基質濃度の逆数と反応速度の関係をプロットする．

問 10 ラインウィーバー・バークの式のグラフの横軸では，原点に近いほど基質濃度が高くなる．

問 11 ラインウィーバー・バークの式のグラフでは，測定点を結ぶ直線と横軸との交点が最大速度になる．

問 12 ラインウィーバー・バークの式のグラフでは，測定点を結ぶ直線と縦軸との交点が最大速度になる．

問 13　低 K_m，低 V_{max} の酵素は，基質濃度が低くても働けるが活性が低い．

問 14　高 K_m，高 V_{max} の酵素は，基質濃度が低いときは働けないが，基質が高くなると高い活性が得られる．

問 15　競合阻害剤は酵素の活性部位(触媒部位)に結合する．

問 16　競合阻害剤と基質は構造が似ていることが多い．

問 17　競合阻害剤の K_i は，酵素・阻害剤複合体の解離定数である．

問 18　一般に，競合阻害剤の K_i は大きい方が，酵素の阻害効率が高い．

問 19　競合阻害剤が存在すると，酵素反応の最大速度が低下する．

問 20　競合阻害剤の濃度が大きくなると，みかけの K_m は大きくなる．

問 21　非競合阻害剤が存在すると，酵素反応の最大速度が低下する．

問 22　非競合阻害剤が存在すると，みかけのミカエリス定数 K_m が小さくなる．

問 23　非競合阻害剤の濃度が大きくなると，みかけの V_{max} は大きくなる．

問 24　非競合阻害剤の K_i が小さいほど，みかけの V_{max} は大きくなる．

(4-4　酵素活性の調節)

問 1　酵素反応がミカエリス・メンテンの式に従わないものもある．

問 2　アロステリック酵素では，反応速度と基質濃度の関係を表すグラフがシグモイド曲線になる．

問 3　アロステリック酵素では，基質は酵素に複数個，結合する．

問 4　ホスホフルクトキナーゼはアロステリックな酵素である．

問 5　ADP による大腸菌ホスホフルクトキナーゼの活性化は，解糖系全体の速度を上昇させる．

問 6　ADP 濃度が高いときは，相対的に ATP が少ないことを示しており，ADP による大腸菌ホスホフルクトキナーゼ活性の上昇は，エネルギー産生(ATP 産生)からみて，理にかなっている．

問 7　ヘモグロビンは四量体を形成し，それぞれのサブユニットがアロステリックな相互作用をする．

問 8 ヘモグロビンには立体構造が違う T(tense)型と R(relaxed)型があり，それぞれが相互に変換しうるが，T 型の方が R 型に比べて酸素の親和性が高い．

問 9 ヘモグロビンの T 型，R 型の相互変換に，酸素分圧，二酸化炭素分圧，2,3-ビスホスホグリセリン酸などが関与している．

問 10 ヘモグロビンの酸素飽和度と酸素分圧の関係をグラフに表すと，S 字形曲線になる．

問 11 ミオグロビンの酸素飽和度と酸素分圧の関係をグラフに表すと，S 字形の曲線になる．

問 12 ミオグロビンはヘモグロビンに比べ，酸素への親和性が高い．

問 13 乳酸デヒドロゲナーゼは筋肉型(M 型)と心臓型(H 型)のサブユニットがあり，四量体を形成する．臓器によりサブユニットの構成が異なる．

問 14 乳酸デヒドロゲナーゼは解糖系の酵素で細胞質に存在する．血中に漏れ出た乳酸デヒドロゲナーゼの型を決めることで，炎症など病気がどの臓器で起こっているかを調べることができる．

問 15 乳酸デヒドロゲナーゼのように，通常は血液にないが，病気などで細胞が壊れると血液に漏れ出る酵素を「逸脱酵素」という．

(4–5 補酵素)

問 1 4′-ホスホパントテテインはコエンザイム A(CoA)の構成成分である．

問 2 NAD^+ または $NADP^+$ は，補酵素としてアルコールデヒドロゲナーゼに結合し，アルコールを酸化し，アセトアルデヒドにする反応に関与する．

問 3 ユビキノン(CoQ)は，脱炭酸反応に関与する酵素に結合し，補酵素として機能する．

第5章

タンパク質の分析

5-1　タンパク質の分析

問題 1

次の記述の空欄に最も適切な語句を入れなさい．

タンパク質の量を測定する方法として「[①]吸収法」がある．タンパク質の[②]族アミノ酸([③]，[④]，[⑤]など)は，波長[⑥] nm の吸収をもっている．タンパク質の種類によって[②]族アミノ酸の含量が異なるので，厳密にはタンパク質の種類によって値が変わるが，非常に簡便な方法なので，およそのタンパク質量を見積もる方法として一般的である．1 mg/mL の濃度のタンパク質溶液の吸光度は，およそ 1.0 である．

[①]吸収でタンパク質の定量を行う際には，[⑦]製のキュベットを用いる．[⑧]製や[⑨]製のキュベットはそれ自身，[①]吸収があるので使用することができない．

解答　①紫外　②芳香　③④⑤チロシン，トリプトファン，フェニルアラニン(順不同)　⑥ 280　⑦石英　⑧⑨ガラス，プラスチック(順不同)

問題 2

次の記述の空欄に最も適切な語句を入れなさい.

［　①　］クロマトグラフィーは，タンパク質を［　②　］の違いにより分離するクロマトグラフィーである．［　①　］の担体は多孔性のポリマー樹脂，すなわち，セルロース，デキストラン，親水性ビニルポリマーなどが用いられる．
［　①　］クロマトグラフィーでは，タンパク質は多孔性のポリマー樹脂の孔(あな)に入りながらカラム中を流れる．図に示すように，［　②　］の大きいタンパク質は，小孔の奥まで入れないた

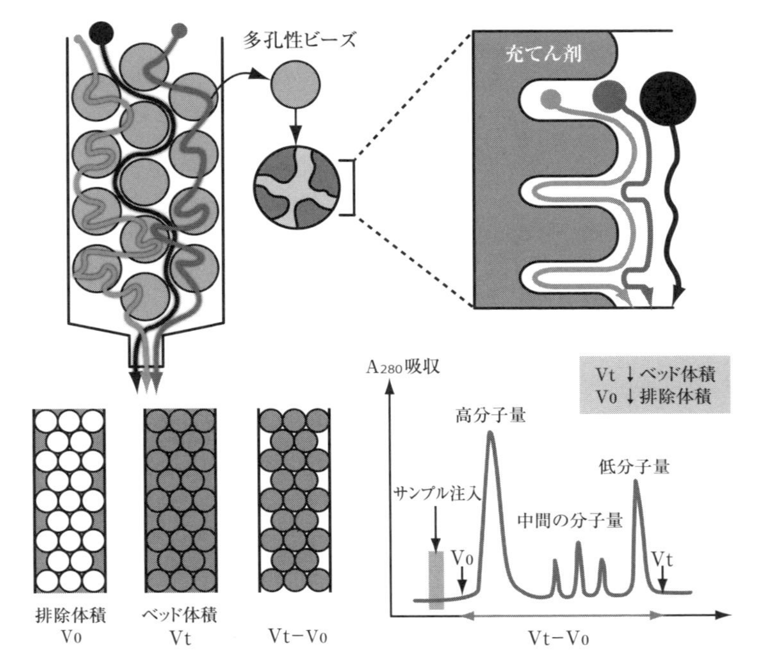

め，ポリマー樹脂との相互作用が少なく[③]溶出される．ポリマー樹脂の孔に全く入れないタンパク質は，緩衝液と同じ速度でカラムを通過するので，[④](V_0：排除体積)画分(カラムの容積からポリマー樹脂が占める体積を差し引いた容積)に溶出される．一方，[②]の[⑤]タンパク質は小孔の奥まで入るため，ポリマー樹脂との相互作用が大きくなり[⑥]溶出される．分子量の[⑦]タンパク質の方が[⑤]タンパク質よりも先に溶出される．
既知の[②]のタンパク質を[①]クロマトグラフィーにかけて，[②]と溶出容量の関係をプロットし検量線を作成すると，同じ条件で[①]クロマトグラフィーにかけた[②]が未知のタンパク質の[②]を測定することができる．

解答　①ゲルろ過　②分子量　③速く　④ボイド　⑤小さい　⑥遅れて　⑦大きい

解説

ゲルろ過クロマトグラフィー(gel filtration chromatography)は，サイズ排除クロマトグラフィーや分子ふるいクロマトグラフィーともよばれる．

問題3

次の記述の空欄に最も適切な語句を入れなさい．

イオン交換クロマトグラフィーは，タンパク質の電荷の違いを利用した分離の方法である．
イオン交換樹脂は，［①］または［②］に荷電している．ジエチルアミノエチル基(DEAE, $-CH_2CH_2-N^+H(C_2H_5)_2$)をもつ担体は，［①］に荷電しており，［③］イオンと結合する．よって［③］イオン交換樹脂である．逆に，［④］イオン交換クロマトグラフィーでは，クロマトグラフィーの担体は［②］に荷電している．
［③］イオン交換クロマトグラフィーでは，一般に［⑤］性タンパク質よりも［⑥］性タンパク質の方が吸着しやすい．一方，［④］イオン交換クロマトグラフィーでは，［⑥］性タンパク質よりも［⑤］性タンパク質の方が吸着しやすい．
タンパク質の電荷は，溶解する緩衝液のpHによって異なる．タンパク質の［⑦］よりも低いpHの緩衝液に溶解すると，タンパク質は［①］に荷電し，［④］イオン交換クロマトグラフィーに結合しやすくなる．一方，［⑦］よりも高いpHの緩衝液に溶解すると，タンパク質は［②］に荷電し，［③］イオン交換クロマトグラフィーに結合しやすくなる．

解答　①正　②負　③陰　④陽　⑤塩基　⑥酸　⑦等電点

解説

酸性タンパク質は，タンパク質に含まれるアミノ酸のうち，酸性アミノ酸の数の方が塩基性アミノ酸よりも多く，そのため，pH7.0 の水溶液中では，分子全体の正味の電荷が負になる．逆に，塩基性タンパク質は酸性アミノ酸よりも塩基性アミノ酸を多く含むので，pH7.0 の水溶液中では，分子全体の正味の電荷が正になる．イオン交換クロマトグラフィー(ion-exchange chromatography)を用いると，それぞれのタンパク質の電荷の違いを利用して分離することができる．固定相に吸着したタンパク質は，溶媒(移動相)の pH を変えたり，塩濃度を上げることなどにより溶出することができる．

問題 4

次の記述の空欄に最も適切な語句を入れなさい．

SDS-ポリアクリルアミドゲル電気泳動(SDS-PAGE)は，タンパク質の分子量の違いにより分離，分析する方法である．
タンパク質に[①]を添加すると，タンパク質が変性するとともに，多くの[②]電荷をもつようになる．したがって，SDS-タンパク質複合体を電場に置くと，すべてが[③]極方向へほぼ同じ速度で泳動(移動)する．SDS-PAGE の場合は，[④]ゲルの網目をくぐりながら泳動されるので，分子量が小さいタンパク質は大きいタンパク質より[⑤]泳動される．
タンパク質には[⑥]結合を介して複合体を形成しているものもある．通常は，タンパク質試料に[⑦]剤である[⑧]を加えて煮沸し，[⑥]結合を切断してから電気泳動する．これによって単量体の分子量を反映した泳動結果が得られる．
SDS-PAGE のゲルは泳動後，染色操作を行いタンパク質のバンドを可視化する．通常，[⑨]という色素が用いられる．また，感度が高い染色法として，銀染色，蛍光色素を用いた染色などがある．
既知の分子量のタンパク質を SDS-PAGE にかけて，分子量と泳動距離の関係をプロットし検量線を作成すると，同じ条件で SDS-PAGE にかけた分子量が未知のタンパク質の分子量を測定することができる．

解答 ①ドデシル硫酸ナトリウム(SDS) ②負 ③陽 ④ポリアクリルアミド ⑤速く ⑥ジスルフィド ⑦還元 ⑧2-メルカプトエタノール ⑨クーマシーブリリアントブルー

解説

SDS-PAGEはタンパク質の研究で最も重要な分析方法のひとつである．

ドデシル硫酸ナトリウム(SDS)は陰イオン性界面活性剤で，タンパク質の疎水的相互作用を破壊し，変性させる．また，SDSはタンパク質の分子量あたりほぼ均一に結合し，負電荷を与える．

SDSはタンパク質の高次構造を壊し，変性させるが，ジスルフィド結合のような共有結合には影響を与えない．ジスルフィド結合を切断するには，2-メルカプトエタノールなどの還元剤を用いる．

SDS-PAGEでは，ゲルを染色しバンドの濃さを比較することで，分子量だけでなくタンパク質の量を比較することができる．

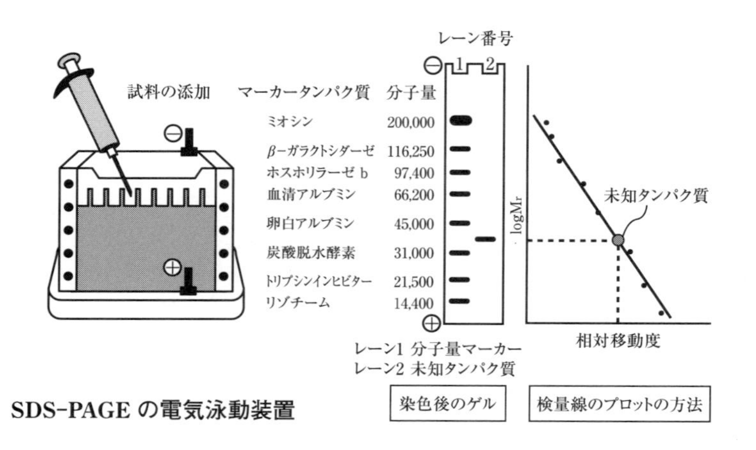

SDS-PAGEの電気泳動装置

染色後のゲル

検量線のプロットの方法

問題5

次の記述の空欄に最も適切な語句を入れなさい.

SDS-ポリアクリルアミドゲル電気泳動(SDS-PAGE)では，電気泳動後のゲルを染色してタンパク質を検出する．この方法では，試料中のすべてのタンパク質が検出される.
一方，SDS-PAGE と抗体によるタンパク質の検出を組み合わせた方法は，[①]とよばれる．[①]の場合，使用した抗体が特異的に結合する抗原タンパク質のみを検出することができる.
セミドライ式の装置を用いる場合の手順の概略は以下の通りである.

(1) SDS-PAGE を行う(ゲルの染色は行わない).
(2) 泳動後のゲル，メンブレン(膜)，ろ紙を緩衝液に浸す.
(3) ブロッティング装置の陽極側プレートから順に，ろ紙，メンブレン，ゲル，ろ紙，陰極側プレートの順に重ねる.
(4) 電流を流すと，ゲル内のタンパク質がメンブレンに吸着する．これを[②]とよぶ.
(5) メンブレン全体に非特異的に抗体が吸着するのを防ぐため，ブロッキングを行う.
(6) 検出したい抗原タンパク質に特異的に結合する抗体([③]抗体)を含む溶液にメンブレンを浸し，反応させる.
(7) 酵素標識された[④]抗体([③]抗体に特異的に結合する抗体)を含む溶液にメンブレンを浸し，反応させる.
(8) 酵素の基質を加え，発色させて，目的タンパク質を検出する.

メンブレンとしては，[⑤]膜や[⑥]膜が用いられる.

解答　①ウェスタンブロッティング　②転写(トランスファー)
③一次　④二次
⑤・⑥ニトロセルロース，PVDF(polyvinylidene difluoride)
(順不同可)

解説

ウェスタンブロッティングは，SDS-PAGE により分子量の違いで分離したタンパク質をメンブレン(膜)に転写(トランスファー)した後，メンブレンに抗体を結合させ，その抗体が特異的に認識する抗原タンパク質を検出する方法である.

ゲル内のタンパク質をメンブレンに転写するときは，下図のように陰極プレートと陽極プレートの間にろ紙，ゲル，メンブレンを挟み，電圧をかける(セミドライ式).

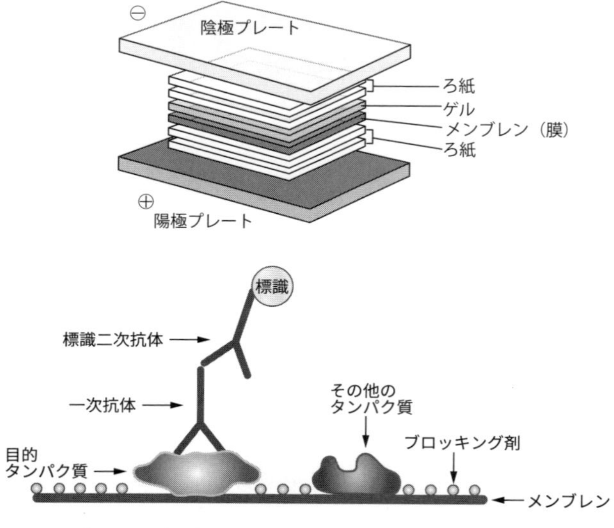

メンブレンに転写されたタンパク質に抗体が結合する様子

問題 6

次の記述の空欄に最も適切な語句を入れなさい．

エドマン法はタンパク質のアミノ酸配列を［①］末端から順に決定する方法である．
個々の反応はエドマン分解からなる．エドマン分解は，ペプチドの［①］末端の遊離［①］基に微アルカリ条件下で［②］を反応させて，*N*-フェニルチオカルバモイル体とする1段階目と，酸処理により*N*-フェニルチオカルバモイル体が環化する際に［③］結合を切断し，［④］誘導体となる2段階目とから構成される．
1サイクルのエドマン分解をペプチドに施すことにより，［①］末端側1残基のアミノ酸のみを分解分離することができる．生成した［④］誘導体をHPLCで分析し，標準アミノ酸の［④］誘導体と比較することでアミノ酸残基を決定することができる．この方法は，エドマン分解により生じた新しい［①］末端のアミノ酸にも繰り返し適用が可能であるため，自動アミノ酸配列分析装置［⑤］に利用されている．

解答　①アミノ　②フェニルイソチオシアネート(PITC)　③ペプチド　④フェニルチオヒダントイン(PTH)　⑤プロテインシークエンサー

エドマン分解

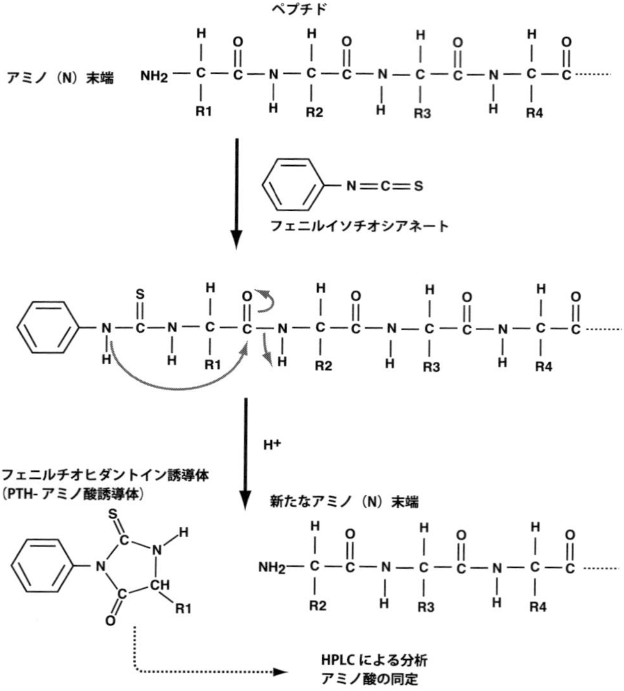

ペプチド

アミノ（N）末端

フェニルイソチオシアネート

H^+

フェニルチオヒダントイン誘導体
（PTH-アミノ酸誘導体）

新たなアミノ（N）末端

HPLCによる分析
アミノ酸の同定

演習問題

次の各問の文章の正誤を答えなさい.

(5-1　タンパク質の分析)

問 1　ゲルろ過クロマトグラフィーの担体には，多孔性のポリマー樹脂が用いられる.

問 2　ゲルろ過クロマトグラフィーでは，分子量の小さいタンパク質の方が大きいタンパク質よりも先に溶出される.

問 3　陰イオン交換クロマトグラフィーでは，クロマトグラフィーの担体は正に荷電している.

問 4　スルホン酸基やカルボキシ基をもつ担体は，陽イオン交換樹脂として用いられる.

問 5　陽イオン交換クロマトグラフィーでは，塩基性タンパク質よりも酸性タンパク質の方が吸着しやすい.

問 6　アフィニティークロマトグラフィーは，リガンド分子を結合した担体を用いて，リガンドに特異的に結合するタンパク質を精製する方法である.

問 7　プロテインA固定化セファロースを用いたアフィニティークロマトグラフィーにより，抗体(IgG)の精製を行うことができる.

問 8　プロテインAは黄色ブドウ球菌の菌体外タンパク質で，免疫グロブリンG(IgG)を特異的に結合する.

問 9　ドデシル硫酸ナトリウム(SDS)は，タンパク質のジスルフィド結合を還元して切断する.

問 10　ドデシル硫酸ナトリウム(SDS)は両親媒性で，界面活性剤として働き，タンパク質を変性させる.

問 11　SDS-ポリアクリルアミドゲル電気泳動(SDS-PAGE)では，分子量が小さいタンパク質ほど速く泳動(移動)する.

問 12　ウェスタンブロッティング法では，使用した抗体が特異的に結合するタンパク質だけが検出される.

問 13 等電点電気泳動は，タンパク質を等電点の違いにより分離することができる.

問 14 等電点電気泳動とウェスタンブロッティング法を組み合わせた方法を，二次元電気泳動法という.

問 15 サンガー法は，フェニルイソチオシアネート(PITC)を用いた反応の繰り返しにより，タンパク質のアミノ酸配列をN末端(アミノ末端)から順に同定する方法である.

第6章

生体分子の代謝

6-1　エネルギー代謝

問題 1

次の記述の空欄に最も適当な語句を入れなさい．

化学反応の前後の［　①　］の変化(ΔG)は，次式で表される．

$\Delta G_{反応} = G_{生成物} - G_{反応物}$

ΔGが［　②　］の値のとき，反応は自発的に起こる．ΔGが［　③　］の値のとき，反応は自発的には起こらず，反応を進行させるためには，外部から十分なエネルギーを与えなければならない．ΔGが0のとき，反応は［　④　］状態にある．

解答　①自由エネルギー　②負　③正　④平衡

解説

熱力学の法則は生命過程にも適用される．

自由エネルギーは，物質の熱力学的な性質を規定する関数(状態量)のひとつである．一般に系の変化は自由エネルギーの減少する方向にのみ進み，熱平衡状態は自由エネルギーが極小となるとき実現する．

問題 2

次の記述の空欄に最も適当な語句を入れなさい．[⑥]は(　)内の選択肢からひとつ選べ．

ATP は[①]の略記である．プリン塩基の一種の[②]と糖の[③]が，N-グリコシド結合により結合した[④]を基本構造として，[④]の 5'-ヒドロキシ基に[⑤]がエステル結合し，さらに[⑤]が 2 つ直列に結合したものである(合計 3 つのリン酸)．
[⑤]同士の結合はエネルギー的に不安定であり，[⑤]基の加水分解による切断反応や，他の分子に[⑤]が転移する反応は，より安定な化学結合の生成に伴ってエネルギーを放出する．すなわち，ATP の[⑤]の加水分解や転移反応は，正味の自由エネルギーの[⑥(増加，減少)]を伴うエネルギー放出反応となる．生物のさまざまな仕事は，このエネルギーを用いることから，ATP は生体の[⑦]とされている．

解答　①アデノシン 5'-三リン酸(Adenosine Triphosphate)
②アデニン　③リボース　④アデノシン　⑤リン酸　⑥減少
⑦エネルギー通貨

解説

ATP はアデノシン 5'-三リン酸の略記で，次図の構造をしている．

アデニンとリボースが結合したものは，ヌクレオシドのひとつであるアデノシンである．リボースの 5'-ヒドロキシ基に 3 つのリン酸が直列に結合したものが ATP である．3 つのリン酸はリボースに近いものか

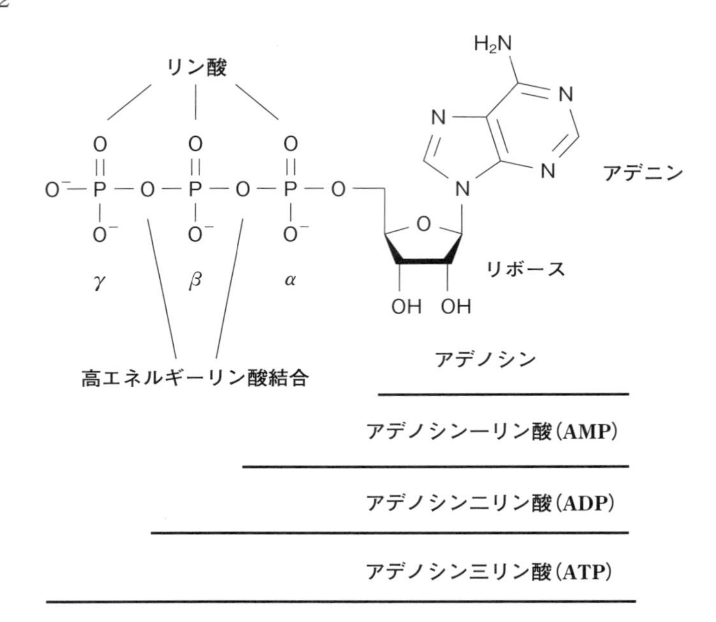

ら，α，β，γとよばれる．リン酸同士の結合はリン酸の負電荷の反発により，エネルギー的に不安定である．すなわち，高いエネルギーをもつ．リン酸同士の結合は，高エネルギーリン酸結合とよばれ，ATPのエネルギーは，この結合に保存されている．

ATPのγ位のリン酸が加水分解されるとADPとリン酸が生じ，およそ30 kJ/mol（7.2 kcal/mol）のエネルギーを放出する．生体はこのエネルギーにより，さまざまな仕事を行うことから，ATPは生体のエネルギー通貨ともよばれる．

ATPのβ位とα位のリン酸の間の結合も高エネルギーリン酸結合で，この部位の加水分解で，AMPとピロリン酸（PPi）が生じ，32 kJ/molのエネルギーを放出する．ピロリン酸も高エネルギーリン酸結合を有する．

一方，α 位のリン酸は，リボースとエステル結合しているが，この結合のエネルギーはそれほど高くなく，加水分解により放出するエネルギーは 14 kJ/mol である．

					$\Delta G_{加水分解}$ (kJ/mol)
ATP	⟶	**ADP**	＋	**Pi**	**−30**
ATP	⟶	**AMP**	＋	**PPi**	**−32**
AMP	⟶	アデノシン	＋	**Pi**	**−14**
PPi	⟶	**Pi**	＋	**Pi**	**−33**

（Pi はリン酸，PPi はピロリン酸を示す）

問題 3

次の高エネルギーリン酸化合物の名称を答え，その役割を説明しなさい．

(A)
```
    O
    ‖
    C — OH    O
    |         ‖
    C — O — P — OH
    ‖         |
  H2C         OH
```

(B)
```
    O         O
    ‖         ‖
    C — O — P — OH
    |         |
   HC — OH   OH
    |         O
    |         ‖
  H2C — O — P — OH
              |
              OH
```

(C)
```
     O    H            CH3         O
     ‖    |             |          ‖
HO — P — N — C — N — CH2 — C — OH
     |        ‖
     OH       NH
```

解答

名称　(A)ホスホエノールピルビン酸

(B)1,3-ビスホスホグリセリン酸　(C)クレアチンリン酸

役割　(A)と(B)は解糖系の中間体で，ATP の産生(基質レベルのリン酸化)に関与する．(C)は筋肉において，エネルギーの短期貯蔵に関与する．

解説

ATP などのヌクレオシド三リン酸は，高エネルギーリン酸結合をもち，その加水分解エネルギーを利用してさまざまな仕事をする(第 6 章 6-1 問題 2 を参照)．ヌクレオシド三リン酸以外にも，高エネルギーリン酸結合をもつ高エネルギー物質がある．

ホスホエノールピルビン酸，1,3-ビスホスホグリセリン酸は解糖系中間体で ATP よりも高いエネルギーのリン酸結合をもつ．そのため高エネルギーのリン酸基を ADP に転移して ATP を産生することができる．このような ATP の産生を“基質レベルのリン酸化”という．

	ΔG 加水分解 (kJ/mol)
ホスホエノールピルビン酸	**−62**
1,3-ビスホスホグリセリン酸	**−49**
クレアチンリン酸	**−43**
ピロリン酸（PPi）	**−33**

クレアチンリン酸は，クレアチンがリン酸化されたもので，骨格筋にとって重要なエネルギー貯蔵物質である．筋肉は運動のため ATP を多く消費するが，ATP は細胞内に貯蔵することができない．そこで ATP が存在するとき，クレアチンキナーゼによって ATP の γ 位のリン酸基がクレアチンに転移され，クレアチンリン酸が生成する．すなわち，クレアチンリン酸の形でエネルギーが貯蔵される．一方，運動によって ATP が利用され減少した場合，クレアチンキナーゼは，クレアチンリン酸のリン酸基を ADP に転移して，ATP を再生する．この反応は非常に速やかなので，クレアチンリン酸は瞬時に利用できるエネルギーの貯蔵型といえる．

基質レベルのリン酸化

高エネルギーリン酸化合物を基質とした ATP の産生

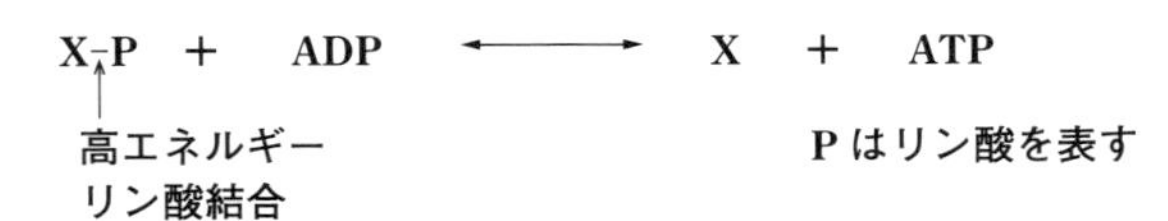

6-2 糖質の代謝

問題 1

図に示す解糖系の酵素反応(1)～(11)に関して以下の問に答えなさい．解答が複数ある場合は複数答えなさい．

CH2OH / H / O / H / OH H / H / OH / OH / H OH

(1)

CH2 − O − P(=O)(O⁻) − OH / H / O / H / OH H / H / OH / OH / H OH

(2)

HO − P(=O)(O⁻) − O − CH2 / O / CH2OH / H HO / OH / OH H

(3)

H2C − OH
C = O
H2C − O − P(=O)(O⁻) − OH

(4)

HO − P(=O)(O⁻) − O − CH2 / O / CH2 − O − P(=O)(O⁻) − OH / H HO / OH / OH H

(5)

C(=O) − H
HC − OH
H2C − O − P(=O)(O⁻) − OH

(6)

C(=O) − O − P(=O)(O⁻) − OH
HC − OH
H2C − O − P(=O)(O⁻) − OH

(7)

C(=O) − O⁻
HC − OH
H2C − O − P(=O)(O⁻) − OH

(8)

C(=O) − O⁻
HC − O − P(=O)(O⁻) − OH
H2C − OH

(9)

C(=O) − O⁻
C − O − P(=O)(O⁻) − OH
H2C (=)

(10)

C(=O) − O⁻
C = O
CH3

(11)

C(=O) − O⁻
HC − OH
CH3

1. ATP を消費する反応はどれか.
2. ATP を産生する反応はどれか.
3. 最も重要な律速段階の反応はどれか.
4. 解糖系の調節に最もよく関わる反応はどれか.
5. NADH を産生する反応はどれか.
6. 異性体の変換に関与する反応はどれか.
7. リアーゼ(シンターゼ)はどれか.
8. 酸化−還元に関わる酵素はどれか.

解答 1. (1) (3) 2. (7) (10) 3. (3) 4. (3) 5. (6)
6. (2) (5) 7. (4) 8. (6) (11)

解説

1. (1)ヘキソキナーゼ, (3)ホスホフルクトキナーゼ
2. (7)ホスホグリセリン酸キナーゼ, (10)ピルビン酸キナーゼ
3. (3)ホスホフルクトキナーゼ
4. (3)ホスホフルクトキナーゼ
5. (6)グリセルアルデヒド−3−リン酸デヒドロゲナーゼ
6. (2)グルコース−6−リン酸イソメラーゼ, (5)トリオースリン酸イソメラーゼ
7. (4)フルクトース 1,6−ビスリン酸アルドラーゼ
8. (6)グリセルアルデヒド−3−リン酸デヒドロゲナーゼ
(11)乳酸デヒドロゲナーゼ

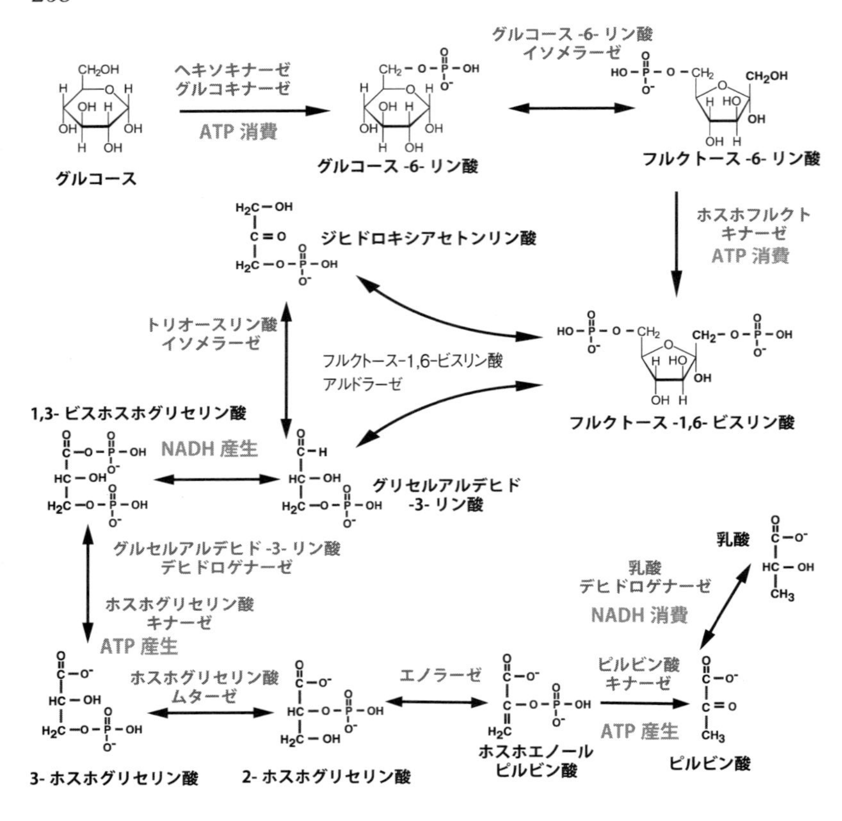
ヘキソキナーゼ
グルコキナーゼ
ATP 消費
グルコース
グルコース -6- リン酸
グルコース -6- リン酸
イソメラーゼ
フルクトース -6- リン酸
ホスホフルクト
キナーゼ
ATP 消費
ジヒドロキシアセトンリン酸
トリオースリン酸
イソメラーゼ
フルクトース-1,6-ビスリン酸
アルドラーゼ
フルクトース -1,6- ビスリン酸
1,3- ビスホスホグリセリン酸
NADH 産生
グリセルアルデヒド
-3- リン酸
グルセルアルデヒド -3- リン酸
デヒドロゲナーゼ
ホスホグリセリン酸
キナーゼ
ATP 産生
乳酸
乳酸
デヒドロゲナーゼ
NADH 消費
ホスホグリセリン酸
ムターゼ
エノラーゼ
ピルビン酸
キナーゼ
ATP 産生
3- ホスホグリセリン酸
2- ホスホグリセリン酸
ホスホエノール
ピルビン酸
ピルビン酸

問題 2

ピルビン酸デヒドロゲナーゼについて以下の問に答えなさい.

1. ピルビン酸デヒドロゲナーゼの細胞内の局在を選びなさい.
   (1)細胞質, (2)ミトコンドリア外膜,
   (3)ミトコンドリア内膜, (4)ミトコンドリアマトリックス,
   (5)小胞体
2. A, B に最も適切な語句を入れ, 次のピルビン酸デヒドロゲナーゼの反応式を完成させなさい.
   ピルビン酸 + CoA + NAD^+ → (A) + (気体 B) + NADH + H^+
3. ピルビン酸デヒドロゲナーゼの反応に必要な補酵素を次図(1)～(10)からすべて選びなさい(次頁も参照).
4. ピルビン酸デヒドロゲナーゼの反応に必要な補酵素の中で一番欠乏しやすい補酵素はどれか. 次図(1)～(10)から選びなさい.

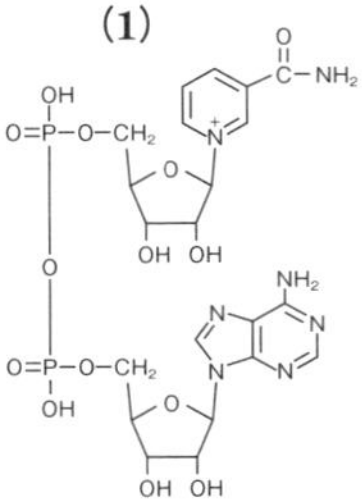

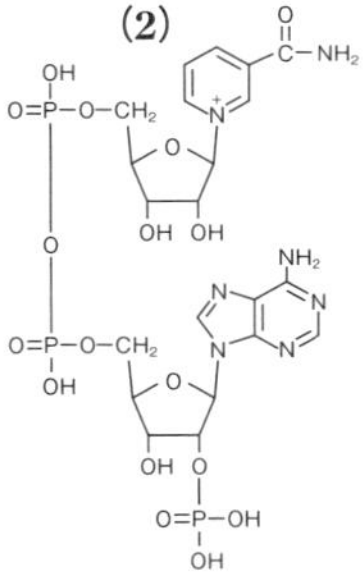

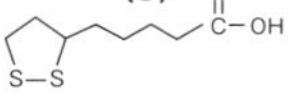

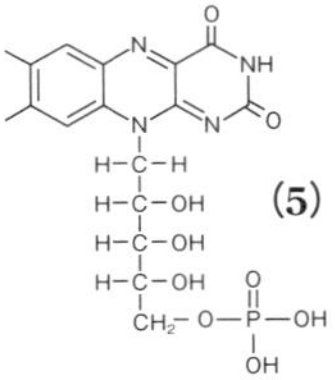

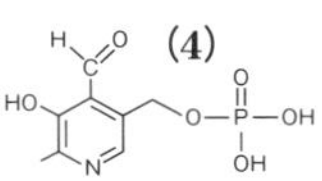

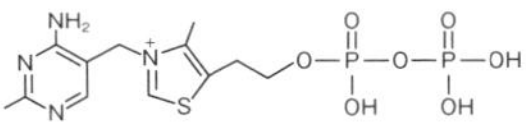

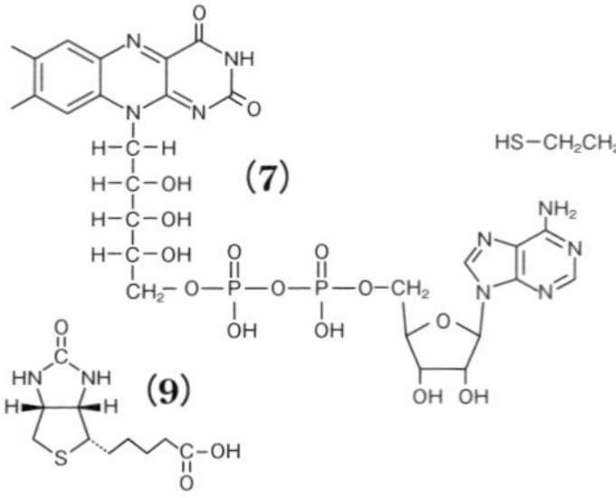

解答　1.（4）　2.（A）アセチル CoA,（B）CO_2（二酸化炭素）
3.（1）（3）（6）（7）（8）　4.（6）

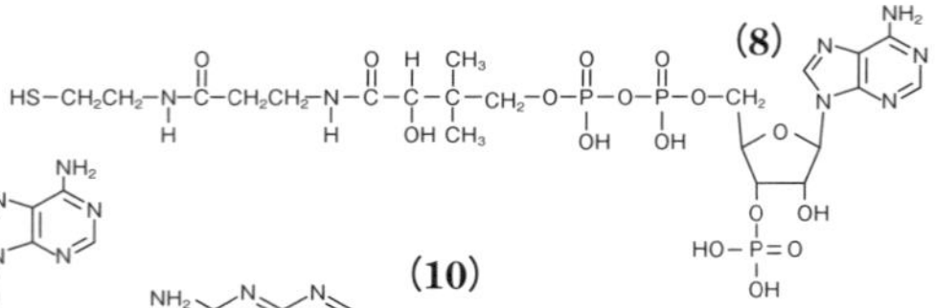

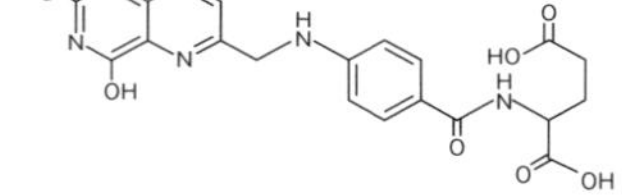

解説

ピルビン酸デヒドロゲナーゼは，ミトコンドリアマトリックスに存在し，解糖系で生じたピルビン酸をアセチル CoA に変換する．アセチル CoA はクエン酸回路に利用されるので，解糖系とクエン酸回路を橋渡しする酵素といえる．ピルビン酸デヒドロゲナーゼは複合酵素で，次図の①～⑤の連続した反応により，ピルビン酸を酸化的に脱炭酸し，アセチル CoA を生じる．反応に，チアミンピロリン酸（(6)TPP，活性型ビタミン B_1），リポ酸(3)，CoA（(8)コエンザイム A），FAD(7)，NAD^+(1)の５つの補酵素が必要である（各補酵素名の後の数字は問の構造式の番号を表す）．一番欠乏しやすいものはチアミンピロリン酸で，前駆体チアミン（ビタミン B_1）の欠乏は脚気（かっけ）を引き起こす．

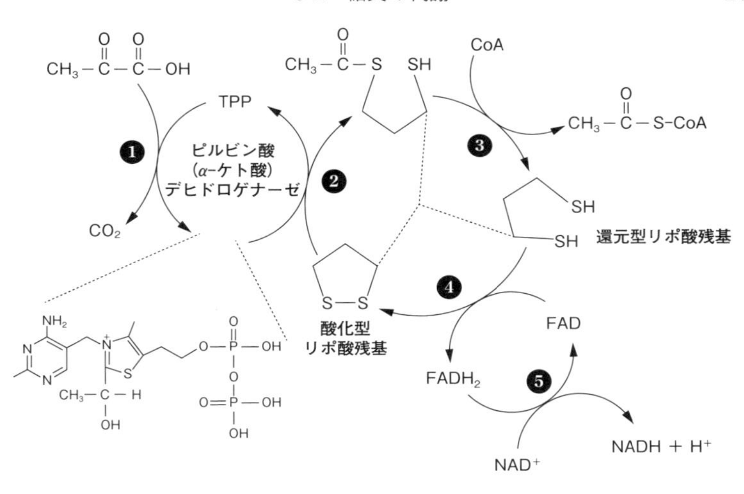

CH3－C－C－OH
TPP
CH3－C－S　SH
CoA
CH3－C－S-CoA
ピルビン酸
(α-ケト酸)
デヒドロゲナーゼ
CO2
SH
SH
還元型リポ酸残基
S－S
酸化型
リポ酸残基
FAD
FADH2
NAD+
NADH ＋ H+
NH2
OH

問題 3

クエン酸回路の酵素反応(1)～(8)に関して，以下の問に答えなさい．解答が複数ある場合は，複数選びなさい．該当するものがない場合は「×」と答えなさい．

1. ATP を消費する反応はどれか．
2. ATP とエネルギー的に等価な GTP を産生する反応はどれか．
3. 脱炭酸が起こる反応はどれか．
4. NADH を産生する反応はどれか．
5. $FADH_2$ を産生する反応はどれか．
6. ミトコンドリア内膜に存在するものはどれか．
7. 反応にビタミン B_1 誘導体が必要なものはどれか．

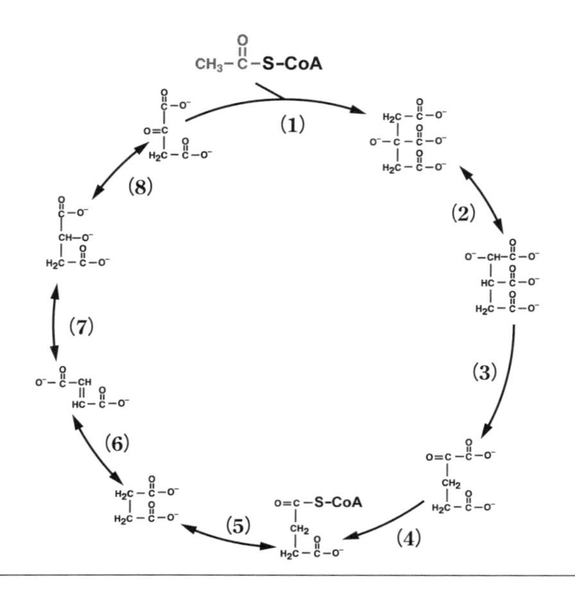

解答　1. ×　2. (5)　3. (3) (4)　4. (3) (4) (8)　5. (6)
6. (6)　7. (4)

解説

1. クエン酸回路に ATP を消費する反応はない.
2. スクシニル CoA シンテターゼ(コハク酸チオキナーゼ)の反応で GTP を産生する. 酵素名は逆の反応でつけられている.
3. イソクエン酸デヒドロゲナーゼ, 2-オキソグルタル酸デヒドロゲナーゼの反応で脱炭酸が起こる.
4. イソクエン酸デヒドロゲナーゼ, 2-オキソグルタル酸デヒドロゲナーゼ, リンゴ酸デヒドロゲナーゼの反応で NADH が産生される.
5. コハク酸デヒドロゲナーゼの反応で $FADH_2$ が産生される.
6. コハク酸デヒドロゲナーゼは電子伝達系の複合体 II に含まれ, ミトコンドリア内膜に存在する.
7. 2-オキソグルタル酸デヒドロゲナーゼの反応機構はピルビン酸デヒドロゲナーゼのそれに類似しており, 活性型ビタミン B_1 のチアミンピロリン酸が補酵素として必要である. その他, リポ酸, コエンザイム A, FAD, NAD^+ も必要である.

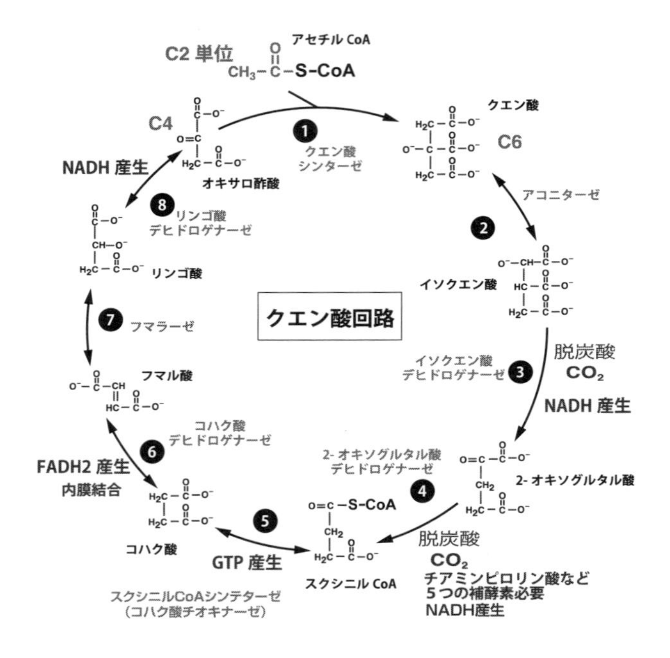
アセチル CoA
C2 単位
S-CoA
クエン酸
C6
C4
1
クエン酸
シンターゼ
NADH 産生
オキサロ酢酸
アコニターゼ
2
8 リンゴ酸
デヒドロゲナーゼ
リンゴ酸
イソクエン酸
クエン酸回路
7 フマラーゼ
脱炭酸
CO2
イソクエン酸
デヒドロゲナーゼ 3
NADH 産生
フマル酸
コハク酸
デヒドロゲナーゼ
6
FADH2 産生
内膜結合
2- オキソグルタル酸
デヒドロゲナーゼ
2- オキソグルタル酸
4
S-CoA
5
コハク酸
GTP 産生
脱炭酸
CO2
スクシニル CoA
チアミンピロリン酸など
5つの補酵素必要
NADH産生
スクシニルCoAシンテターゼ
(コハク酸チオキナーゼ)

問題 4

次の記述の空欄に最も適当な語句を入れなさい．

クエン酸回路はアセチル CoA のアセチル部分を［ ① ］する代謝経路で，その過程で［ ② ］型補酵素を産生する．［ ② ］型補酵素は，電子伝達系–酸化的リン酸化に利用され，［ ③ ］が産生される．
クエン酸回路は，エネルギー代謝だけでなく，糖，アミノ酸の代謝の接点としても重要である．クエン酸回路中間体の［ ④ ］はグルタミン酸，オキサロ酢酸は［ ⑤ ］に代謝され，アミノ酸合成に利用される．また，［ ⑥ ］，［ ⑦ ］は，［ ⑧ ］に利用され，グルコースを生成する．このようにクエン酸回路の中間体は，さまざまな同化反応に利用され，サイクルから出ていくことから，クエン酸回路を順調に回転させるには，［ ⑦ ］などクエン酸回路の中間体を供給する経路が必要である．動物ではピルビン酸カルボキシラーゼがこれに関与する．

解答　①酸化　②還元　③ ATP　④ 2–オキソグルタル酸
⑤アスパラギン酸　⑥リンゴ酸　⑦オキサロ酢酸　⑧糖新生
⑥と⑦は順不同

解説

クエン酸回路は，糖，脂肪酸，ケト原性アミノ酸由来のアセチル CoA を酸化する代謝経路で，好気的な条件下でエネルギー獲得に中心的な役割を果たす．最初の反応でクエン酸が生成することから，TCA (Tri Carbonic Acid) サイクル（回路）ともよばれる．クエン酸回路に関与する酵素のほとんどはミトコンドリアのマトリックスに存在するが，コハク酸デヒドロゲナーゼだけは，ミトコンドリア内膜に結合している．クエン酸回路は，糖，脂肪酸，ケト原性アミノ酸由来のアセチル CoA を基質とする．アセチル CoA のアセチル基が中間体のオキサロ酢酸と縮合してクエン酸を生じる．クエン酸はサイクルを 1 周する間に徐々に酸化されオキサロ酢酸に変換される．この間に 2 分子の二酸化炭素を生じるので，アセチル基由来の炭素骨格は完全に酸化されることになる．同時に補酵素を還元して，NADH を 3 分子，$FADH_2$ を 1 分子産生する．また，エネルギー的に ATP と等価な GTP を 1 分子産生する．

嫌気的な条件ではクエン酸回路は停止する．電子伝達系が停止し，その結果，酸化型の補酵素 NAD^+ や FAD が供給されないからである．好気的な条件でも解糖系と比べるとその速度は遅い．活発な運動をしている筋肉などでは，解糖系で生成するピルビン酸を，ピルビン酸デヒドロゲナーゼ，クエン酸回路と続く代謝経路で消費しきれないため，ピルビン酸から乳酸を生じる．

Check Point

糖代謝酵素の分布

○解糖系――サイトゾル（細胞質）――ミトコンドリア外
○ピルビン酸デヒドロゲナーゼ――ミトコンドリアマトリックス
○クエン酸回路――ミトコンドリアマトリックス
（コハク酸デヒドロゲナーゼ（内膜）を除く）
○電子伝達系――ミトコンドリア内膜
○酸化的リン酸化（F_0-F_1-ATP アーゼ）――ミトコンドリア内膜

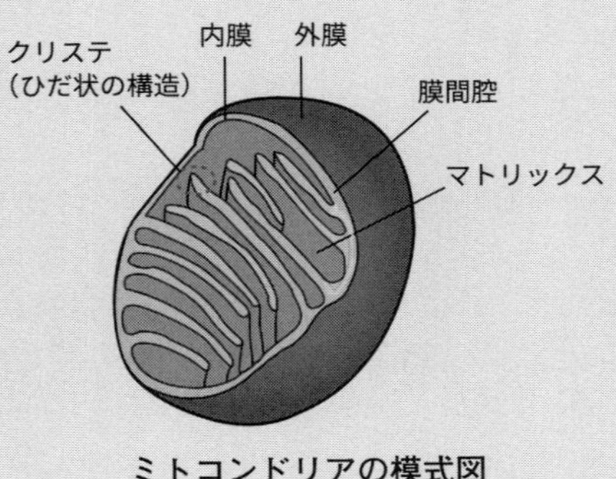

ミトコンドリアの模式図

問題 5

ミトコンドリアの構造と機能について以下の問に答えなさい.

1. ①〜④の名称を答えなさい.
2. 膜③のひだ状の構造の名称を答えなさい.
3. ピルビン酸デヒドロゲナーゼの局在を①〜④から選びなさい.
4. クエン酸回路の局在を①〜④から選びなさい.
5. 電子伝達系の局在を①〜④から選びなさい.
6. 膜①の透過性について述べなさい.
7. 膜③の透過性について述べなさい.
8. 膜③に多く存在するリン脂質を答えなさい.

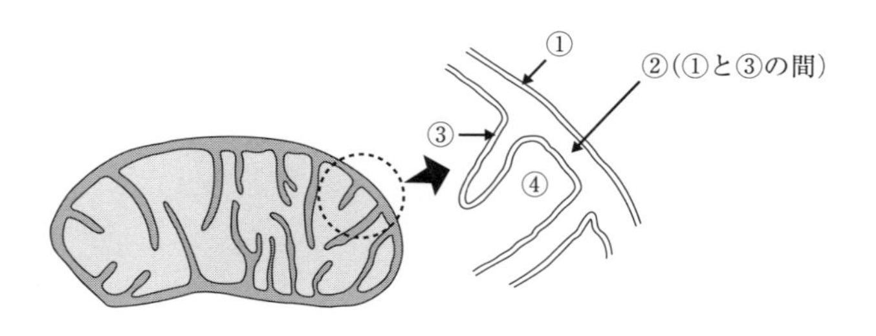

解答 1. ①外膜, ②膜間腔, ③内膜, ④マトリックス
2. クリステ　3. ④　4. ④と一部③　5. ③
6. 比較的大きな穴が開いており代謝物は自由に通過できる
7. 物質の透過に選択性があり, 輸送体の基質のみ通過できる
8. カルジオリピン

解説

ミトコンドリアは，外膜と内膜からなる二重の膜に包まれた細胞内小器官(オルガネラ)である．内膜に囲まれた部分をマトリックス，内膜と外膜に挟まれた部分を膜間腔(膜間スペース)とよぶ．内膜が内側(マトリックス側)に陥没したひだ状の構造をクリステという．この構造は内膜の表面積を大きくすることに貢献している．マトリックスにはピルビン酸デヒドロゲナーゼ，クエン酸回路のほとんどの酵素が局在している．内膜には電子伝達系の複合酵素の複合体I～IVやATP合成酵素(F_0-F_1-ATPアーゼ)が局在している．

外膜にはポリンというポア(穴)を形成するタンパク質が存在するので，比較的大きな穴が開いており，代謝物などは自由に通過できる．一方，内膜は物質の透過が選択的であり，輸送体(トランスポーター)が存在するもののみが直接通過できる．内膜にはカルジオリピンというリン脂質が局在しており，電子伝達系酵素と結合している．

問題 6

図は電子伝達系における電子(還元当量)の流れを示したものである．酵素 A ～ D と酸化-還元媒介物質の X, Y を答えなさい．

NADH ⟶ 酵素 A ⟶ X ⟶ 酵素 B ⟶ Y ⟶ 酵素 C ⟶ O_2

$FADH_2$ ⟶ 酵素 D ↗ (X)

解答　酵素 A：複合体 I　酵素 B：複合体 III　酵素 C：複合体 IV
酵素 D：複合体 II　X：ユビキノン(CoQ)　Y：シトクロム c

解説

電子伝達系は，クエン酸回路で生成した NADH や $FADH_2$ など還元型補酵素を酸化する経路である．電子(還元当量)を直接，酸素に渡すと大きなエネルギーを産生するので(燃焼)，複数の酸化還元を繰り返し，最終的に酸素に電子を伝達する．

電子伝達系の酵素はいずれもミトコンドリア内膜に存在する．NADH の電子は複合体 I →ユビキノン(コエンザイム Q)→複合体 III →シトクロム c →複合体 IV →酸素と伝達される．一方，$FADH_2$(コハク酸由来)の電子は，複合体 II →ユビキノン(コエンザイム Q)→複合体 III →シトクロム c →複合体 IV →酸素と伝達される．

複合体 I ～ IV は，さまざまな電子の授受に関与する因子を含む複合酵素で，個々の複合体の中でも，それぞれの因子が電子の授受をして電子伝達を行っている．

Check Point

電子伝達系に関連する補酵素，補因子

複合体Ⅰ　フラビンモノヌクレオチド(FMN，ビタミン B_2 誘導体)
　非ヘムタンパク質(FeS)

複合体Ⅱ　フラビンアデニンジヌクレオチド(FAD，ビタミン B_2 誘導体)
　非ヘムタンパク質(FeS)

複合体Ⅲ　シトクロム b，シトクロム c_1
　非ヘムタンパク質(FeS)

複合体Ⅳ　シトクロム aa_3
　銅結合タンパク質

NAD⁺

FAD

FMN

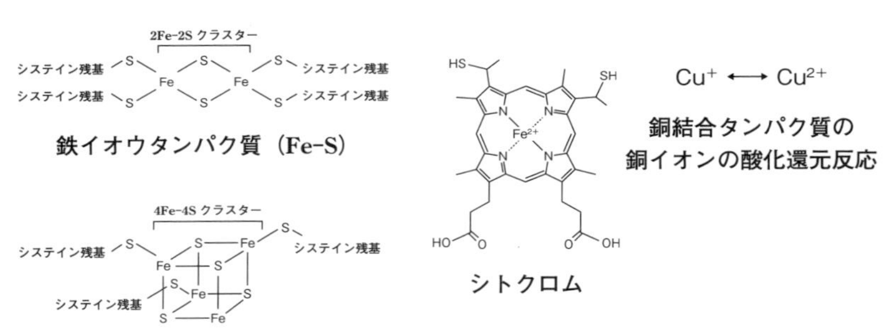

鉄イオウタンパク質，シトクロム類の鉄イオンの酸化還元反応

$2H^+ + 2e^-$

ユビキノン
コエンザイム Q10
（CoQ10）

ユビキノール
還元型コエンザイム Q10

ユビキノン（Coenzyme Q）

問題 7

次の記述の空欄に最も適当な語句を入れなさい.

酸化的リン酸化は, 電子伝達系の酸化還元のエネルギーを利用して[①]と無機リン酸から[②]を産生するシステムである. 関与する酵素は[③]で, [②]合成酵素, 複合体Ⅴともよばれる.
電子伝達系で, 複合体Ⅰ, 複合体Ⅲ, 複合体Ⅳが関与する酸化還元反応の際に, [④]がミトコンドリア[⑤]を介して[⑥]から膜間腔(スペース)へ輸送される. その結果, [④]の電気化学的なポテンシャルが生じる. [③]はこのポテンシャル, すなわち[④]の濃度勾配を利用して, [②]を合成する. [④]は[③]を通り, [⑥]へ戻るが, その際に[①]と無機リン酸から[②]を産生する. [③]は[②]の加水分解のエネルギーを利用して[④]を[⑥]から膜間腔(スペース)へ輸送する[④]ポンプとしての活性をもつが, 実際のミトコンドリアでは逆向きの反応で[②]の合成を行う酵素である.
電子伝達系と酸化的リン酸化は, それぞれ独立した反応系であるが, [④]の濃度勾配を介して連関している. この関係を電子伝達系と酸化的リン酸化は[⑦]しているという.

解答　①アデノシン二リン酸(ADP)　②アデノシン三リン酸(ATP)
③ F_0-F_1-ATP アーゼ　④プロトン(H^+)　⑤内膜
⑥マトリックス　⑦共役
(第 6 章 6-2 問題 9 の図も参照)

問題 8

ミトコンドリアにおける電子伝達系-酸化的リン酸化に関与する酵素とその阻害剤の組合せに関して，誤っているものはどれか．2 つ選べ．

1. 複合体 I ——ロテノン，アミタール
2. 複合体 III ——アンチマイシン A
3. 複合体 IV ——シアン化物イオン，一酸化炭素
4. F_0-F_1-ATP アーゼ(ATP 合成酵素) ——ジニトロフェノール，バリノマイシン
5. 脱共役剤 ——オリゴマイシン

解答　4，5

解説

1. 正：複合体 I ——ロテノン，アミタール
2. 正：複合体 III ——アンチマイシン A，BAL(2,3-ジメルカプトプロパノール)
3. 正：複合体 IV ——シアン化物イオン，一酸化炭素，アジ化物イオン，硫化水素
4. 誤：F_0-F_1-ATP アーゼ(ATP 合成酵素) ——オリゴマイシン
5. 誤：脱共役剤 ——ジニトロフェノール，バリノマイシン

問題 9

下図は電子伝達系と酸化的リン酸化の関係を模式的に示したものである．以下の問に答えなさい．

1. 複合体 I に電子を供与する補酵素(A)は何か．
2. 複合体 I に含まれる補酵素(A)から電子を受容する補酵素は何か．
3. 複合体 I と複合体 III の間で電子の授受に関わる(B)を(1)〜(4)から選びなさい．
4. 複合体 III と複合体 IV の間で電子の授受に関わる(C)は何か．
5. 電子伝達系の複合体 IV から電子を受容する(D)は何か．
6. 酸化的リン酸化に関与する酵素(E)（F)の各サブユニット名は何か．

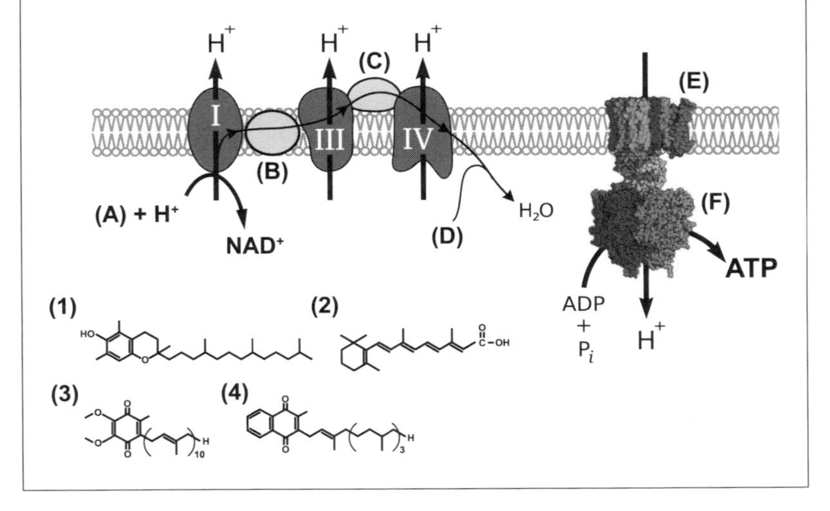

解答 1. NADH 2. FMN 3. (3) 4. シトクロム *c* 5. 酸素
6. (E)F_0, (F)F_1

解説

(1)は α-トコフェロール(ビタミン E)
(2)はレチノイン酸(all-trans)
(3)はユビキノン(コエンザイム Q10)
(4)はフィロキノン(ビタミン K_1)
を表す.

問題 10

下図は生体物質の代謝系の一部と膜を介した輸送経路を模式的に示したものである．次の記述のうち誤っているものはどれか．２つ選べ．

1. 膜(A)はミトコンドリア内膜，区画(B)はミトコンドリアマトリックス，区画(C)は細胞質を示す．
2. 還元型ニコチンアミドアデニンジヌクレオチド(NADH)は，膜(A)を直接通過できない．
3. 図は解糖系で産生された酸化型のニコチンアミドアデニンジヌクレオチドの区画(B)から区画(C)への輸送の概略を示す．
4. 酵素(D)と酵素(E)は，アイソザイムの関係である．
5. 酵素(D)と酵素(E)の反応に活性型ビタミン B_6 誘導体が必要である．

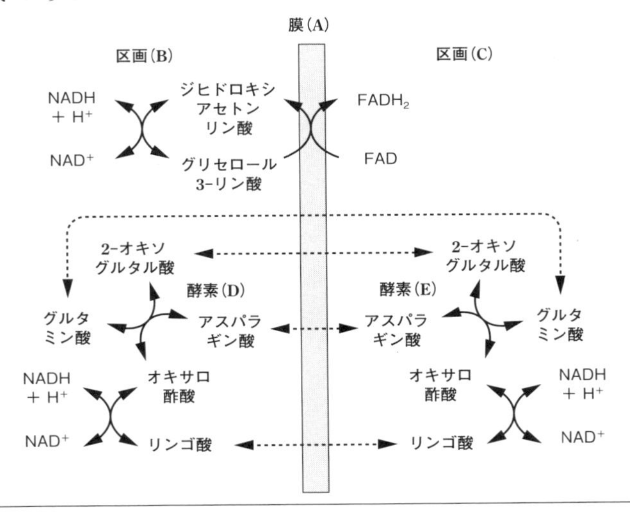

解答　1，3

解説

図はグリセロールリン酸シャトルとリンゴ酸-アスパラギン酸シャトルを示す．解糖系で生成したNADHをミトコンドリアマトリックスに輸送する経路である．

1. 誤：図の上部はグリセロールリン酸シャトル，下部はリンゴ酸-アスパラギン酸シャトルを表す．膜(A)はミトコンドリア内膜，区画(B)は細胞質，区画(C)はミトコンドリアマトリックスを示す．グリセロールリン酸シャトルは，細胞質のNADHを$FADH_2$の形でミトコンドリアマトリックスへ輸送する．内膜のグリセロール-3-リン酸デヒドロゲナーゼが不可逆酵素のため，細胞質からミトコンドリアマトリックスへの一方向にしか輸送できない．
2. 正：還元型のニコチンアミドアデニンジヌクレオチドは，膜(A)を直接通過できないので，シャトル機構で形を変えて輸送される．
3. 誤：図は解糖系で産生された還元型のニコチンアミドアデニンジヌクレオチドの区画(B)から区画(C)への輸送の概略を示す．
4. 正：アイソザイム(イソ酵素)は，同じ化学反応を触媒する異なる酵素分子のことである．酵素(D)と酵素(E)は，AST(アスパラギン酸アミノトランスフェラーゼ)で，それぞれ細胞質，ミトコンドリア型のアイソザイムである．
5. 正：ASTの反応(酵素(D)と酵素(E))に活性型ビタミンB_6誘導体(ピリドキサールリン酸)が必要である．

問題 11

以下の①〜④において ATP が何分子産生されるかを答えなさい.

①アセチル CoA, ②ピルビン酸, ③グルコースのそれぞれ 1 分子が, 解糖系, ピルビン酸デヒドロゲナーゼ, クエン酸回路, 電子伝達系, 酸化的リン酸化などを介してすべてエネルギーの産生に利用されたとすると何分子の ATP(アデノシン三リン酸)を産生するか？
また, ④嫌気的な条件で, グルコース 1 分子がすべてエネルギーの産生に利用されたとすると何分子の ATP を産生するか？

解答　① 10　② 12.5　③ 30 または 32　④ 2

解説

①　アセチル CoA はクエン酸回路に入るが, サイクル 1 回転の反応の間に, NADH を 3 分子(イソクエン酸デヒドロゲナーゼ, 2-オキソグルタル酸デヒドロゲナーゼ, リンゴ酸デヒドロゲナーゼの各反応で), $FADH_2$ を 1 分子産生する(コハク酸デヒドロゲナーゼの反応で).

NADH, $FADH_2$ は, 電子伝達系-酸化的リン酸化を経て, それぞれ ATP を 2.5 分子, 1.5 分子産生するので, 計 9 分子の ATP が産生される($3 \times 2.5 + 1 \times 1.5 = 9$). また, ATP とエネルギー的に等価である GTP(グアノシン三リン酸)を 1 分子産生する(スクシニル CoA シンセターゼの反応). GTP は ATP に変換される.

以上を合計すると, アセチル CoA が TCA サイクルを 1 回転すると, ATP が 10 分子産生される.

② ピルビン酸はピルビン酸デヒドロゲナーゼにより，アセチル CoA へ変換される．このときに NADH を 1 分子産生する．NADH は電子伝達系で酸化され，そのエネルギーを利用して酸化的リン酸化の機構で，ATP を 2.5 分子産生する．アセチル CoA は，クエン酸回路，電子伝達系，酸化的リン酸化を介して 10 分子の ATP を産生するので，合計 12.5 分子の ATP を産生することになる．

③ グルコースが解糖系によりピルビン酸にまで代謝されると，まず，2 個の ATP を消費し，4 個の ATP を産生する（ヘキソキナーゼとホスホフルクトキナーゼの反応でそれぞれ 1 個ずつ計 2 個消費し，ホスホグリセリン酸キナーゼとピルビン酸キナーゼの反応で，それぞれ 1 個の ATP を産生する．しかし，これらの ATP 産生の反応はグルコース 1 分子からみると 2 回反応が起こるので，合計，4 個の ATP が産生される）．つまり，正味 2 個の ATP を産生する．

ピルビン酸は，ピルビン酸デヒドロゲナーゼ，クエン酸回路，電子伝達系，酸化的リン酸化を介して，12.5 分子の ATP を産生する．グルコース 1 分子あたり，ピルビン酸は 2 分子生じるので，25 分子の ATP が産生される．

解糖系ではグルコース 1 分子あたり 2 分子の NADH が産生される（グリセルアルデヒド-3-リン酸デヒドロゲナーゼの反応）．この場合の NADH は，解糖系がサイトゾル（可溶性画分）で行われることからサイトゾルに存在する．この NADH が電子伝達系-酸化的リン酸化の機構で ATP 産生に用いられるためには，ミトコンドリアの中に入る必要がある．NADH のミトコンドリア内膜を介したシャトル機構には 2 種類あり，グリセロールリン酸シャトルの場合は，NADH が $FADH_2$ の形で通過する．この場合，ATP は電子伝達系-酸化的リン酸化の機構で 1.5 分子産生される．一方，リンゴ酸-アスパラギン酸シャトルの場合は，NADH が NADH そのままの形で通過するので，ATP は 2.5 分子産生される．グルコース 1 分子あたり，2 分子の NADH がサイトゾル中にあるので，結果，3 分子または 5 分子の ATP

が産生される．

以上を総合すると，

2(解糖系) + 12.5 × 2(ピルビン酸) + 3(または5) (NADH)

= 30(または32)個のATP

④　嫌気的な条件では，電子伝達系が起こらないため，酸化的リン酸化によるATP産生は起こらない．また，電子伝達系による還元型補酵素の酸化が起こらないため，NAD^+やFADの供給ができずNADやFADに依存するピルビン酸デヒドロゲナーゼ，クエン酸回路も停止する．解糖系のみでATPが産生されるので，正味2個のATPが産生される．

酸素を利用すると，グルコース1分子から30(または32)個のATPを獲得できることを考えると，生物が酸素を利用することによって非常に効率よくエネルギーを獲得できるようになったことがわかる．

グルコースから ATP が何分子できるか？

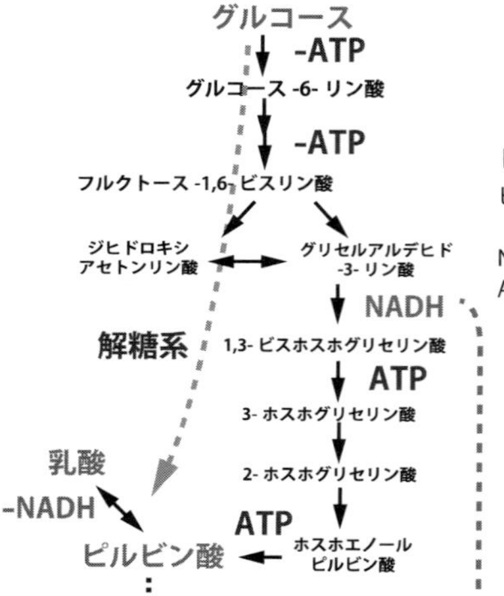

グルコース
-ATP
グルコース -6- リン酸
-ATP
フルクトース -1,6- ビスリン酸
ジヒドロキシ
アセトンリン酸
グリセルアルデヒド
-3- リン酸
NADH
解糖系
1,3- ビスホスホグリセリン酸
ATP
3- ホスホグリセリン酸
2- ホスホグリセリン酸
乳酸
-NADH
ATP
ピルビン酸
ホスホエノール
ピルビン酸

シャトル機構
ミトコンドリア
内膜
NADH or FADH2
ピルビン酸
NADH
アセチル CoA
NADH
オキサロ酢酸
クエン酸
リンゴ酸
イソクエン酸
クエン酸回路
フマル酸
NADH
CO_2
FADH2
2- オキソグルタル酸
電子伝達系
ATP
コハク酸
CO_2
NADH
GTP
スクシニル
CoA
NADH → I → CoQ → III → CytC → IV → O2
ATP　３０または３２産生
H+　H+　H+

解糖系

乳酸にまで代謝されると（嫌気的条件）
ATP4 産生 -2 消費＝ATP2
ピルビン酸にまで代謝されると（好気的条件）
ATP4 産生 -2 消費＝ATP2、NADH　2 産生

ピルビン酸デヒドロゲナーゼ

ピルビン酸 1 分子からアセチル CoA　1 産生
NADH　1 産生
NADH は電子伝達系 - 酸化的リン酸化で
ATP 2.5 分子産生　グルコース換算すると ATP　5

クエン酸回路

アセチル CoA が酸化されて、
NADH　3 産生　X 2.5 = 7.5
FADH2　1 産生　X 1.5 = 1.5
GTP　1 産生　X 1 = 1　合計　1 0 ATP
電子伝達系 - 酸化的リン酸化など ATP 換算
グルコース換算すると　X2 = ATP 20 分子

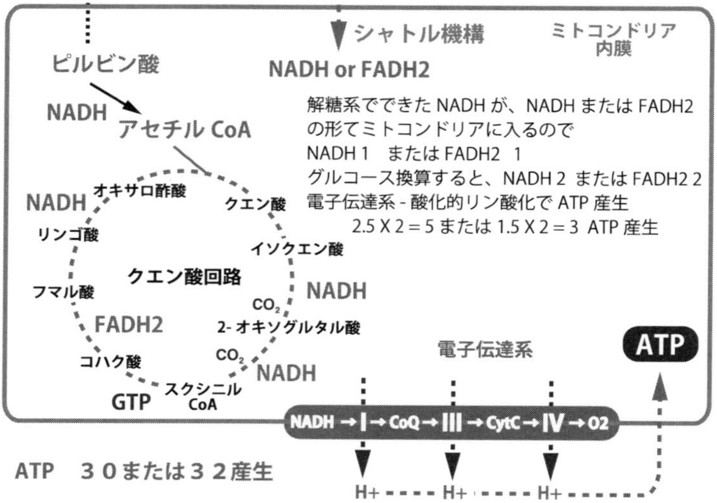

解糖系でできた NADH が、NADH または FADH2
の形でミトコンドリアに入るので
NADH 1　または FADH2　1
グルコース換算すると、NADH 2　または FADH2 2
電子伝達系 - 酸化的リン酸化で ATP 産生
2.5 X 2 = 5 または 1.5 X 2 = 3　ATP 産生

問題 12

下図はペントースリン酸経路の概略を示している．次の問に答えなさい．

1. 物質(A)～(D)の名称を答えなさい．
2. (3)の反応で生じる糖誘導体の名称を答えなさい．
3. (4)の反応で生じる糖誘導体の名称を答えなさい．
4. ペントースリン酸経路が行われる臓器を答えなさい．

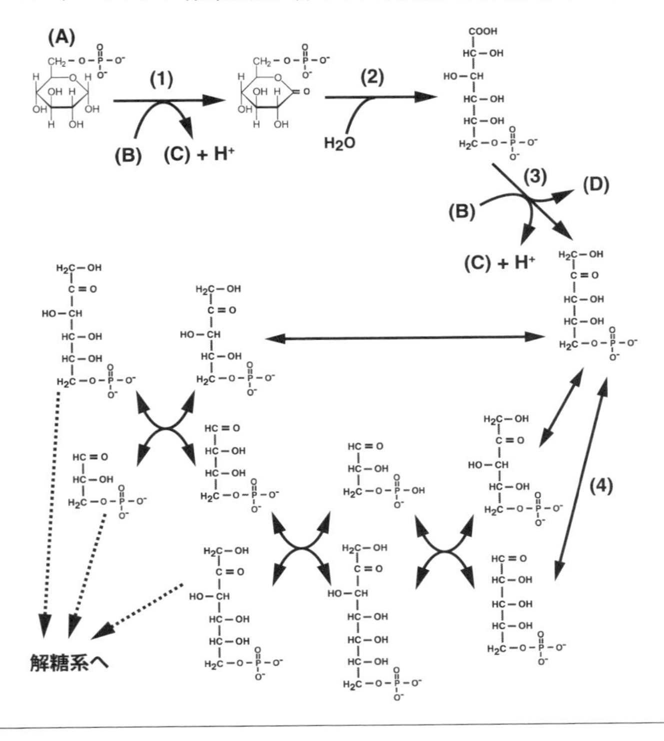

解答 1. (A)グルコース-6-リン酸, (B)$NADP^+$, (C)NADPH, (D)CO_2
2. リブロース-5-リン酸 3. リボース-5-リン酸
4. 肝臓, 脂肪組織, 副腎, がん細胞など(脂肪合成が盛んな組織や盛んに増殖する細胞)

解説

解糖系中間体のグルコース-6-リン酸が2段階の酸化を受け, リブロース-5-リン酸を生じる. 酸化の過程で二酸化炭素を遊離する. 補酵素として$NADP^+$が必要であり, 還元型のNADPHを生じる. NADPHは脂肪酸やコレステロールの合成に利用される.

(4)の反応で生じたリボース-5-リン酸は核酸の合成に利用されるが, 過剰に産生されたリボース-5-リン酸は, 複雑な変換(非酸化的段階)を経て解糖系の中間体となり, エネルギー産生に利用される. ペントースリン酸経路は解糖系の迂回経路である.

ペントースリン酸経路は, 多くの組織, 細胞で存在している. 特に, NADPHの供給が必要な脂肪酸やコレステロール, 副腎皮質ホルモンの合成が盛んな組織で活性が高い. また, 核酸の合成が活発ながん細胞もペントースリン酸経路の活性が高い.

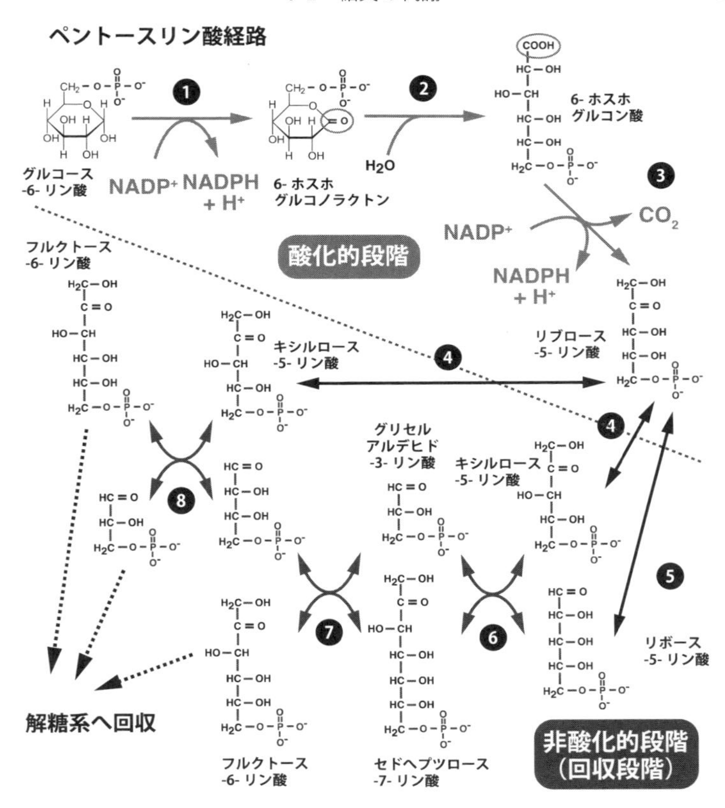
ペントースリン酸経路
グルコース
-6- リン酸
NADP+
NADPH
+ H+
6- ホスホ
グルコノラクトン
H2O
6- ホスホ
グルコン酸
NADP+
CO2
NADPH
+ H+
酸化的段階
フルクトース
-6- リン酸
キシルロース
-5- リン酸
リブロース
-5- リン酸
グリセル
アルデヒド
-3- リン酸
キシルロース
-5- リン酸
リボース
-5- リン酸
フルクトース
-6- リン酸
セドヘプツロース
-7- リン酸
解糖系へ回収
非酸化的段階
（回収段階）

問題 13

次の記述の空欄に最も適当な語句を入れなさい.

ペントースリン酸経路の生理的な意義は, [①] と [②] を産生, 供給することである. [①] は, [③], [④] などの生合成に利用される. [③] や [④] の生合成には, [⑤] 反応が関与するが, 水素供与体は [①] で, ペントースリン酸経路により供給される. すなわち, 脂肪産生が高い肝臓, 脂肪細胞, 授乳期の [⑥] など, [④] を原料にステロイドホルモンを産生する副腎など, [①] の利用が高い組織はペントースリン酸経路の活性が高い. 律速酵素の [⑦] デヒドロゲナーゼは, [①] によりアロステリック阻害されるので, [①] が過剰になると, ペントースリン酸経路は停止する.
ペントースリン酸経路のもうひとつの役割は, [⑧] の原料であるペントース誘導体の [②] を供給することである. 細胞増殖が著しいがん細胞はDNAの複製のためペントースの供給が必要である. [①] が過剰に存在するときはペントースリン酸経路が停止するが, 非酸化的段階の逆向きの反応で, 解糖系の中間体の [⑨] -6-リン酸, [⑩] -3-リン酸から, [②] が合成される.

解答 ① NADPH　②リボース-5-リン酸　③脂肪酸
④コレステロール　⑤還元　⑥乳腺　⑦グルコース 6-リン酸
⑧核酸　⑨フルクトース　⑩グリセルアルデヒド

解説

ペントースリン酸経路の役割

1)NADPH の産生―脂肪酸，コレステロール，ステロイドホルモンなどの生合成に利用される．

2)五炭糖誘導体の産生―DNA，RNA などの核酸の合成に利用される．

問題 14

次の記述の空欄に最も適当な語句を入れなさい.

糖新生は，解糖系，［①］の中間体から，グルコースを産生する経路である．［②］，［③］性アミノ酸などさまざまな物質からグルコースを産生する経路として重要である．糖新生は［④(臓器名)］で行われる．
糖新生は概ね解糖系の逆反応（逆の経路）によりグルコースを産生するが，解糖系には3つの不可逆反応があるため，これらの部分は別経路を通る．解糖系の酵素の［⑤］キナーゼは不可逆なため，その逆の経路，すなわち［⑤］からホスホエノール［⑤］への変換に，［⑥］と細胞質（サイトゾル）の複数の酵素を利用する．この間に［①］の中間体のリンゴ酸やオキサロ酢酸を経由する．さらにホスホエノール［⑤］は解糖系の逆反応をたどり，フルクトース1,6-ビスリン酸まで代謝される．解糖系の［⑦］は不可逆なため，別酵素のフルクトース1,6-ビスホスファターゼでフルクトース-6-リン酸になる．さらに解糖系の逆反応をたどりグルコース-6-リン酸に変換されるが，解糖系のヘキソキナーゼは不可逆なため，別酵素の［⑧］でグルコースに代謝される．糖新生が［④］以外で行われない理由は，最終段階の酵素［⑧］が［④］以外に存在しないためである．

解答　①クエン酸回路　②乳酸　③糖原　④肝臓（と腎臓）
⑤ピルビン酸　⑥ミトコンドリア　⑦ホスホフルクトキナーゼ
⑧グルコース-6-ホスファターゼ

問題 15

次の記述の空欄に最も適当な語句を入れなさい.

糖新生の生理的な意義のひとつは,［①］状態において［②］値を維持することである. 脳などの中枢神経系は［③］を主要なエネルギー源とするが, これは血液を介して供給されるので,［②］値を維持する必要がある.
［①］時には食事由来の［③］が供給されないため,［②］値を維持するため,［③］を糖新生により産生しなければならない.［①］時における糖新生の基質は［④］由来の糖原性アミノ酸である.［④］は［⑤(臓器)］に大量に蓄えられている.［①］になると［⑤］の［④］が分解されアミノ酸となる. アミノ酸は血流を介して［⑥(臓器)］に運ばれる. 脱［⑦］反応で生じた糖原性アミノ酸由来の α-ケト酸は, さらに代謝され, 解糖系や［⑧］の中間体に変換される. これらは糖新生により［③］を生成し,［⑥］から血中に放出され,［②］値を上昇させる. また, 脂肪細胞に貯蔵されたトリアシルグリセロール由来のグリセロールも［⑥］に運ばれ, 糖新生により［③］を生成する. しかし, トリアシルグリセロールの脂肪酸部分は糖新生の基質とならないので,［④］に比べトリアシルグリセロールの優先順位は低い. 絶食を行うと［⑤］が分解されて減少するが脂肪は落ちにくく,［⑤］の減少によりエネルギー消費が減少することが, 絶食によるダイエットが成功しにくい原因のひとつでもある.

解答　①飢餓　②血糖　③グルコース　④タンパク質　⑤筋肉
⑥肝臓　⑦アミノ　⑧クエン酸回路

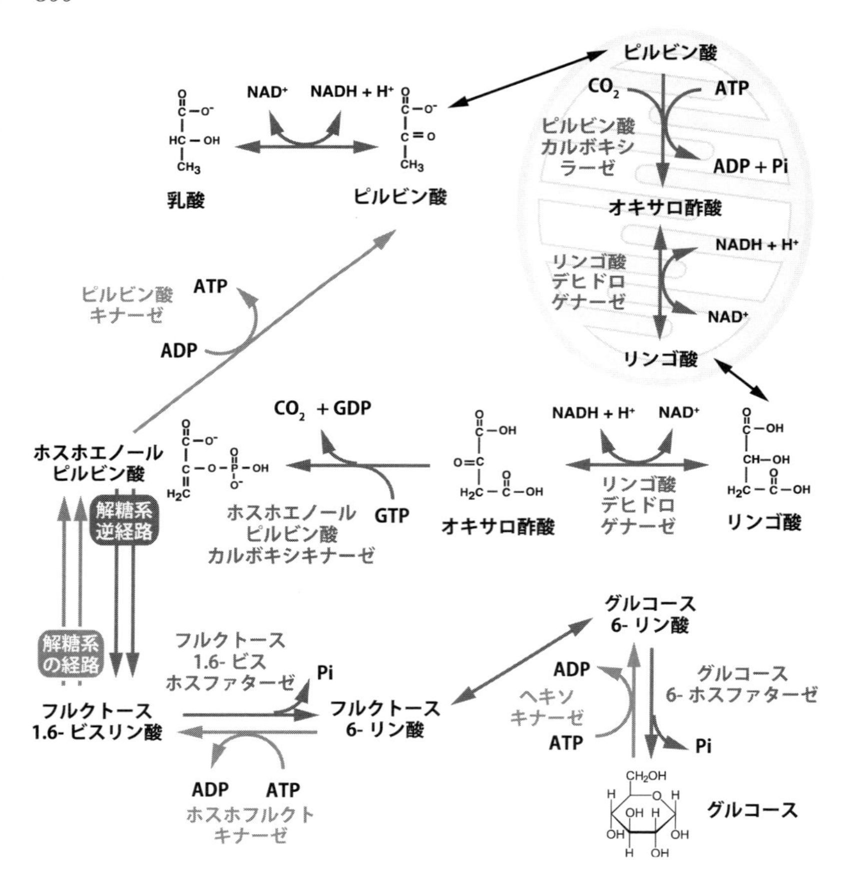

ピルビン酸
CO_2
ATP
ピルビン酸
カルボキシ
ラーゼ
ADP + Pi
NAD+
NADH + H+
乳酸
ピルビン酸
オキサロ酢酸
NADH + H+
リンゴ酸
デヒドロ
ゲナーゼ
NAD+
リンゴ酸
ピルビン酸
キナーゼ
ATP
ADP
CO_2 + GDP
NADH + H+
NAD+
ホスホエノール
ピルビン酸
GTP
ホスホエノール
ピルビン酸
カルボキシキナーゼ
オキサロ酢酸
リンゴ酸
デヒドロ
ゲナーゼ
リンゴ酸
解糖系
逆経路
解糖系
の経路
グルコース
6- リン酸
フルクトース
1.6- ビス
ホスファターゼ
Pi
ADP
ヘキソ
キナーゼ
ATP
グルコース
6- ホスファターゼ
Pi
フルクトース
1.6- ビスリン酸
フルクトース
6- リン酸
ADP
ATP
ホスホフルクト
キナーゼ
グルコース

糖新生と解糖系の関係

問題 16

次の記述の空欄に最も適当な語句を入れなさい.

糖新生のもうひとつの生理的な意義は，激しい運動をした際に［①］で産生する［②］の消費と，持続的な運動を可能にする［③］の供給である.
激しい運動をすると［①］では大量の［④］を必要とするため，［③］を消費して［④］産生が昂進する．これには［⑤］系が関与するが，［⑥］デヒドロゲナーゼ，［⑦］を含むミトコンドリアの呼吸は［⑤］系に比べ速度が遅いことから，［⑤］系の最終産物の［②］が蓄積する．［①］で生成した［②］は血流にのり［⑧］に運ばれ，そこで糖新生により［③］に変換される．［③］は再び血流を介して［①］に運ばれ，運動のための［④］産生に使われる．この［①］での［⑤］系と［⑧］の糖新生が血流を介して連携することをCori回路とよぶ．［①］に［②］が蓄積すると運動能力が低下するが，［⑧］の糖新生による［②］の消費と［③］の再生により，効率よい持続的な運動ができる.

解答　①筋肉　②乳酸　③グルコース　④ATP　⑤解糖　⑥ピルビン酸　⑦クエン酸回路　⑧肝臓

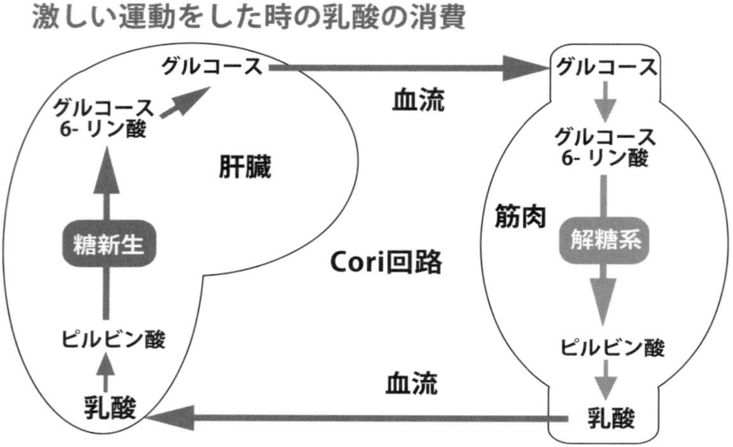

激しい運動をした時の乳酸の消費

グルコース
グルコース
6- リン酸
肝臓
糖新生
ピルビン酸
乳酸
血流
Cori回路
血流
グルコース
グルコース
6- リン酸
筋肉
解糖系
ピルビン酸
乳酸

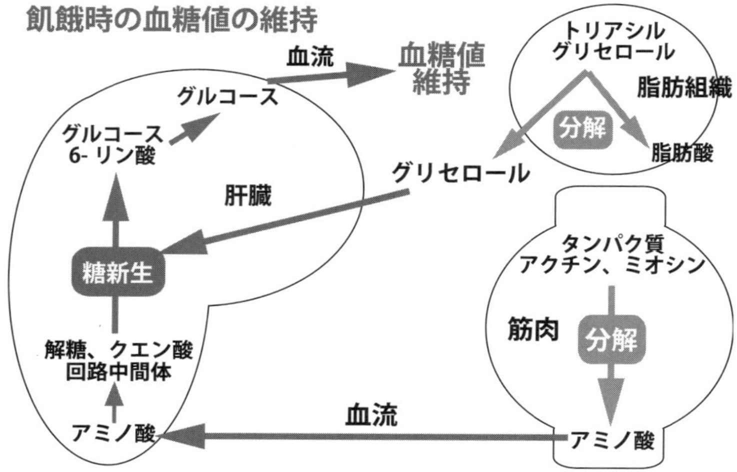

飢餓時の血糖値の維持

血流
血糖値
維持
グルコース
グルコース
6- リン酸
肝臓
糖新生
解糖、クエン酸
回路中間体
アミノ酸
トリアシル
グリセロール
脂肪組織
分解
脂肪酸
グリセロール
タンパク質
アクチン、ミオシン
筋肉
分解
アミノ酸
血流

糖新生の生理的意義

問題 17

次の記述の空欄に最も適当な語句を入れなさい．

食品に含まれる主要な糖質のデンプンは小腸で２段階の消化を受ける．第１段階は，消化液(膵液)に含まれる[①]がデンプンを[②]にまで分解する過程で，液性消化とよばれる．第２段階は，小腸上皮細胞の刷子縁膜表面に存在する[③]が，吸収直前に[②]を分解して[④]２分子にするもので，膜消化とよばれる．
もうひとつの主要な糖質のスクロースは，刷子縁膜の表面に存在する[③]により[④]と[⑤]に分解される．また，母乳や牛乳に含まれる[⑥]は，刷子縁膜の表面に存在する[⑦]により，[④]とガラクトースに分解される．これらも膜消化である．
[④]とガラクトースは，ナトリウム依存性グルコーストランスポーター(SGLT1)による二次性能動輸送で吸収される．一方，[⑤]は GLUT5 による[⑧]拡散で吸収される．
液性消化と膜消化による２段階の消化は，栄養素を吸収の直前に，膜表面で吸収する最終産物に消化する．これは最終産物に消化した後，すぐに吸収することで，腸内に存在する微生物(腸内細菌)に栄養素を横取りされないことにつながる．

解答　①膵アミラーゼ(α-アミラーゼ)　②マルトース(麦芽糖)
③α-グルコシダーゼ　④グルコース　⑤フルクトース(果糖)
⑥ラクトース(乳糖)　⑦β-ガラクトシダーゼ　⑧促進

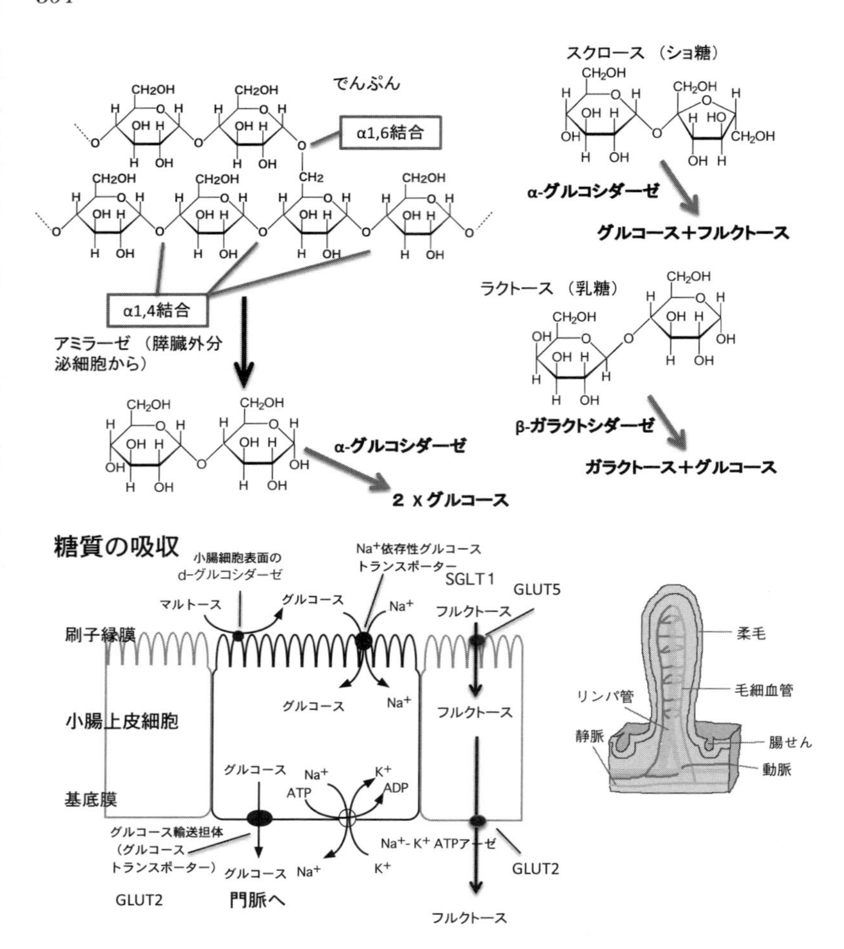

でんぷん
α1,6結合
α1,4結合
アミラーゼ（膵臓外分泌細胞から）
α-グルコシダーゼ
2 x グルコース
スクロース（ショ糖）
α-グルコシダーゼ
グルコース＋フルクトース
ラクトース（乳糖）
β-ガラクトシダーゼ
ガラクトース＋グルコース
糖質の吸収
小腸細胞表面のd-グルコシダーゼ
マルトース
グルコース
Na+依存性グルコーストランスポーター
SGLT1
GLUT5
フルクトース
刷子縁膜
小腸上皮細胞
基底膜
Na+
ATP
K+
ADP
グルコース輸送担体（グルコーストランスポーター）
GLUT2
門脈へ
Na+- K+ ATPアーゼ
柔毛
毛細血管
リンパ管
静脈
腸せん
動脈

糖質の消化，吸収

問題 18

下図は小腸上皮細胞における糖の吸収を示す．以下の問に答えなさい．

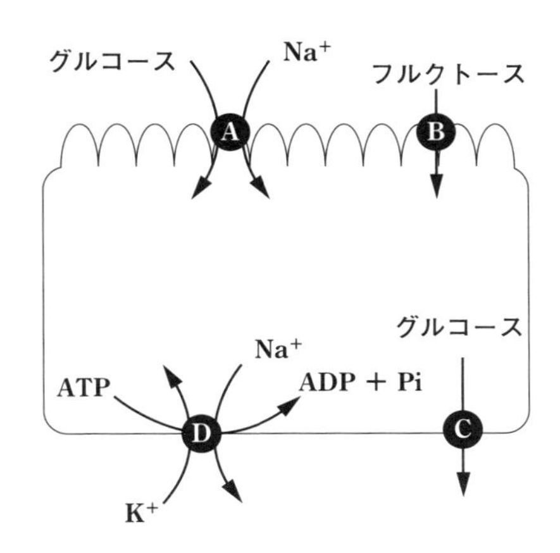

1. A，B のトランスポーターが局在する膜は何というか．
2. C，D が局在する膜は何というか．
3. A のトランスポーターの駆動力は何か．
4. その駆動力をつくるのは何か．B〜D から選びなさい．
5. 一次性能動輸送を担うものを A〜D から選びなさい．
6. 二次性能動輸送を担うものを A〜D から選びなさい．
7. 促進拡散を担うものを A〜D から 2 つ選びなさい．

解答　1. 刷子縁膜　2. 基底膜　3. ナトリウムイオン濃度勾配
4. D　5. D　6. A　7. B，C

解説

小腸管腔でデンプンなどの消化の結果生じたグルコースは刷子縁膜に存在するナトリウム依存性グルコーストランスポーター(SGLT1：図のA)により小腸上皮細胞に取り込まれる．吸収された小腸上皮細胞内のグルコースは促進拡散性のグルコーストランスポーター(GLUT2：図のC)により，毛細血管側に輸送され，血液に入る．

スクロース(ショ糖)の加水分解で生じたフルクトース(果糖)は促進拡散性のグルコース(ヘキソース)トランスポーター(GLUT5：図のB)で小腸上皮細胞に吸収される．フルクトースも促進拡散性のグルコース(ヘキソース)トランスポーター(GLUT2)で毛細血管側に輸送される．SGLTの駆動力はナトリウムの濃度勾配で，一次性能動輸送を担う Na^+, K^+-ATPアーゼ(図のD)によりつくられる．Na^+, K^+-ATPアーゼの駆動力はATPの加水分解エネルギーである．

小腸ではおもにSGLT1が発現しているが腎臓ではSGLT2が発現しており，腎臓でのグルコースの再吸収(原尿→血液)に関与している．

Check Point

膜を介した物質輸送の分類

1) 単純拡散　トランスポーターは介在しない．拡散による物質の移動．膜に溶けるものが輸送される．エネルギーは必要ない．濃度勾配に従う．
2) 促進拡散　トランスポーターが介在する．エネルギーは必要ない．濃度勾配に従い輸送する．例：促進拡散性グルコーストランスポーター
3) 能動輸送　トランスポーターが介在する．エネルギーを利用し，輸送する物質の濃度勾配に逆らっても輸送できる．
   - ●一次性能動輸送　ATPの加水分解エネルギーを輸送の駆動力とする．
     例：Na^+,K^+-ATPアーゼ
   - ●二次性能動輸送　Na^+,K^+-ATPアーゼがつくった Na^+ の濃度勾配を駆動力とする．
     例：Na^+ 依存性グルコーストランスポーター

問題 19

次の記述の空欄に最も適当な語句を入れなさい．

グリコーゲンは，動物における［ ① ］の貯蔵型である．植物の貯蔵多糖であるデンプンのアミロペクチンと類似の構造をしている．これらの貯蔵多糖は，［ ① ］がα1,4［ ② ］結合で直鎖状につながったα1,4 グルカンを基本構造とする．グリコーゲンとアミロペクチンは分岐の構造をもっており，α1,4 グルカン同士が［ ③ ］結合で枝分かれしている．グリコーゲンとアミロペクチンを比べるとグリコーゲンの方が枝分かれの数が多い．
グリコーゲンやデンプンには末端があるが，その末端は［ ④ ］性の有無で名前がつけられている．［ ④ ］末端は，グルコースの1位側，すなわち［ ④ ］性をもつ［ ⑤ ］性のヒドロキシ基が遊離の状態の末端である．一方，その反対側の末端は非［ ④ ］末端とよばれる．［ ④ ］末端はひとつしかないが，グリコーゲンやアミロペクチンは枝分かれがあるので，非［ ④ ］末端は複数個ある．
グリコーゲンは主として，［ ⑥ ］と［ ⑦ ］に貯蔵されている．［ ⑥ ］のグリコーゲンは空腹時に分解され，［ ① ］を血中に放出して［ ⑧ ］値を維持することに使われる．一方，［ ⑦ ］に貯蔵されたグリコーゲンは自身の運動のためのATP産生に利用される．

解答　①グルコース　②グリコシド　③α1,6　④還元
⑤ヘミアセタール　⑥肝臓　⑦筋肉　⑧血糖

問題 20

次の記述の空欄に最も適当な語句を入れなさい.

グリコーゲンの分解には, [①] という酵素が関与する. [①] はグリコーゲンの [②] 末端に作用し, グルコース単位を切り出す. [①] はグリコーゲン末端の α1,4 グリコシド結合を分解するが, 単純な加水分解反応ではなく, グルコース単位を切り出す際に, グルコースに [③] を付加して [④] を遊離する.
生成した [④] は, 解糖系中間体の [⑤] に変換される. 肝臓では, [⑤] は酵素 [⑥] により加水分解され, グルコースを遊離する. グルコースは輸送体により細胞膜を透過できるので, 肝臓から血中に放出され, [⑦] 値を維持するために利用される.
一方, 筋肉では [⑥] が存在しないことより [⑤] をグルコースに変換できない. [⑤] は細胞外へ輸送できないので解糖系に利用され, 筋肉自身のエネルギー代謝に利用される.

解答 ①グリコーゲンホスホリラーゼ ②非還元 ③リン酸
④グルコース-1-リン酸 ⑤グルコース-6-リン酸
⑥グルコース-6-ホスファターゼ ⑦血糖

問題 21

次の記述の空欄に最も適当な語句を入れなさい．

グリコーゲンの合成には，［①］という酵素が関与する．［①］はグリコーゲンの［②］末端に作用し，グルコースの供与体［③］のグルコース部分をグリコーゲンの［②］末端のグルコースに転移する．グルコースは［④］結合を介してグリコーゲンに付加され，グルカン鎖が伸長する．
グルコースの供与体の［③］は，解糖系中間体の［⑤］が，［⑥］に変換された後，高エネルギーリン酸化合物の［⑦］と反応することで生じる．
グリコーゲンの鎖がある程度伸長した後，グリコーゲンの鎖の一部の α1,4 グルカンが，他のグルカン鎖へ転移され，枝分かれが生じる．枝分かれの部分は［⑧］結合を介している．

解答　①グリコーゲンシンターゼ　②非還元　③ UDP-グルコース
④ α1,4 グリコシド　⑤グルコース-6-リン酸
⑥グルコース-1-リン酸　⑦ UTP　⑧ α1,6

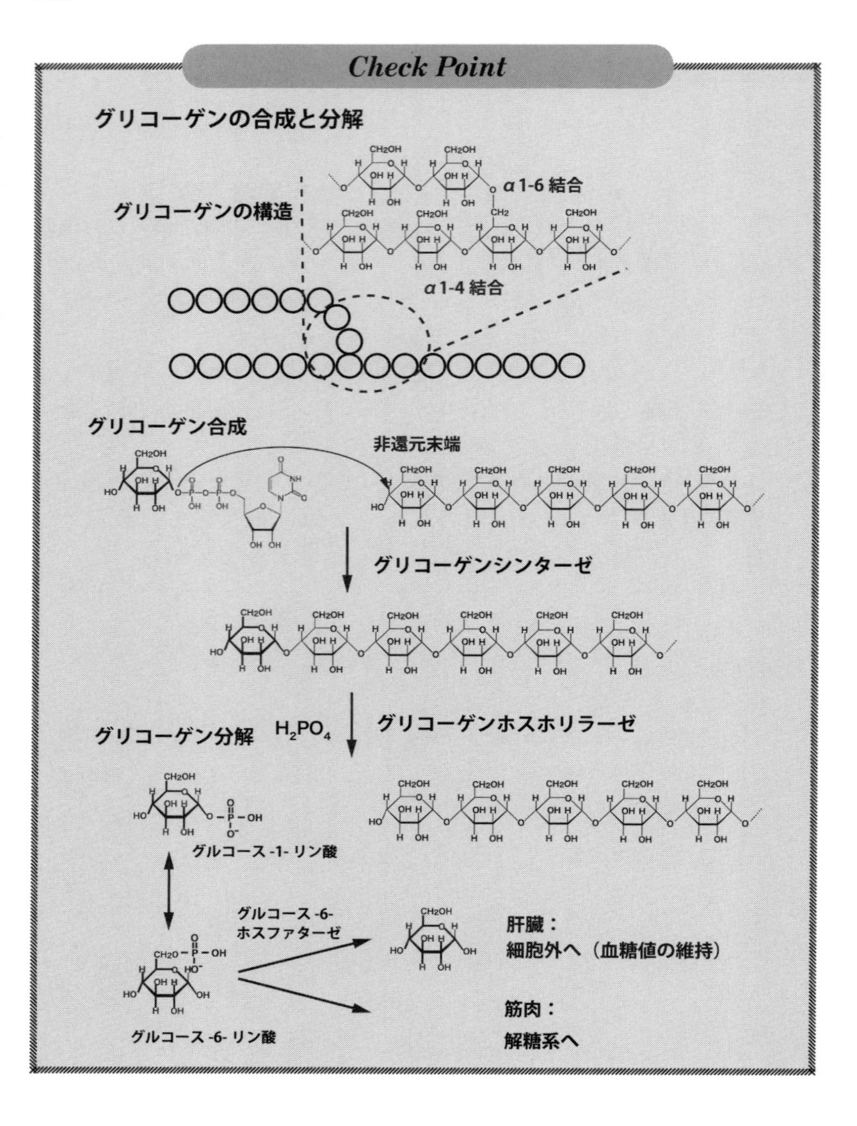
Check Point
グリコーゲンの合成と分解
グリコーゲンの構造
α1-6 結合
α1-4 結合
グリコーゲン合成
非還元末端
グリコーゲンシンターゼ
グリコーゲン分解
H2PO4
グリコーゲンホスホリラーゼ
グルコース -1- リン酸
グルコース -6- ホスファターゼ
肝臓：
細胞外へ（血糖値の維持）
筋肉：
解糖系へ
グルコース -6- リン酸

6-3 脂質の代謝

問題 1

ヒトにおける脂肪酸の代謝に関して以下の問の正誤を答えなさい.

1. ヒトはオレイン酸を生合成できる.
2. ヒトはオレイン酸からリノール酸を合成できる.
3. ヒトはリノール酸を摂取すると,アラキドン酸を合成できる.
4. α-リノレン酸とγ-リノレン酸は異性体である.
5. ヒトはγ-リノレン酸からエイコサペンタエン酸を合成できる.
6. エイコサペンタエン酸からドコサヘキサエン酸への変換にはペルオキシソームが必要である.
7. n-3 系不飽和脂肪酸の摂取は,アラキドン酸から生じるプロスタグランジンやロイコトリエンによる炎症を増悪化させる.

解答 1. 正 2. 誤 3. 正 4. 正 5. 誤 6. 正 7. 誤

解説

1. 正：ヒトはパルミチン酸からステアリン酸を合成できる(鎖延長). またステアリン酸のΔ9不飽和化により，オレイン酸を合成できる.
2. 誤：ヒトはオレイン酸(n-9系不飽和脂肪酸)からリノール酸(n-6系不飽和脂肪酸)の変換ができない.
3. 正：アラキドン酸(n-6系不飽和脂肪酸)は，リノール酸(n-6系不飽和脂肪酸)から，不飽和化，鎖延長を経て生合成できる.
4. 正：α-リノレン酸(18:3 n-3)とγ-リノレン酸(18:3 n-6)は二重結合の位置が異なる異性体である.
5. 誤：α-リノレン酸(18:3 n-3)からはエイコサペンタエン酸(EPA, 20:5 n-3)を合成できるが，γ-リノレン酸(18:3 n-6)からはできない.
6. 正：EPA(20:5 n-3)からドコサヘキサエン酸(DHA, 22:6 n-3)への変換に，ペルオキシソームでの極長鎖脂肪酸のβ酸化が必要である(24:6 n-3 → 22:6 n-3).
7. 誤：n-3系不飽和脂肪酸とn-6系不飽和脂肪酸の代謝は同じ酵素を用いるので，n-3系不飽和脂肪酸の代謝中間体は，アラキドン酸への代謝を競合阻害する．またEPAやDHAは，アラキドン酸が膜リン脂質へ導入される反応を競合的に阻害する．したがってn-3系不飽和脂肪酸の摂取は，アラキドン酸の量を低下させプロスタグランジン(PG)やロイコトリエン(LT)の量を低下させ，炎症を抑える．加えてEPAから産生されるPGやLTは作用が弱く，EPA，DHAからは抗炎症性のメディエーターが産生される．n-3系不飽和脂肪酸の摂取は炎症を抑える働きがある.

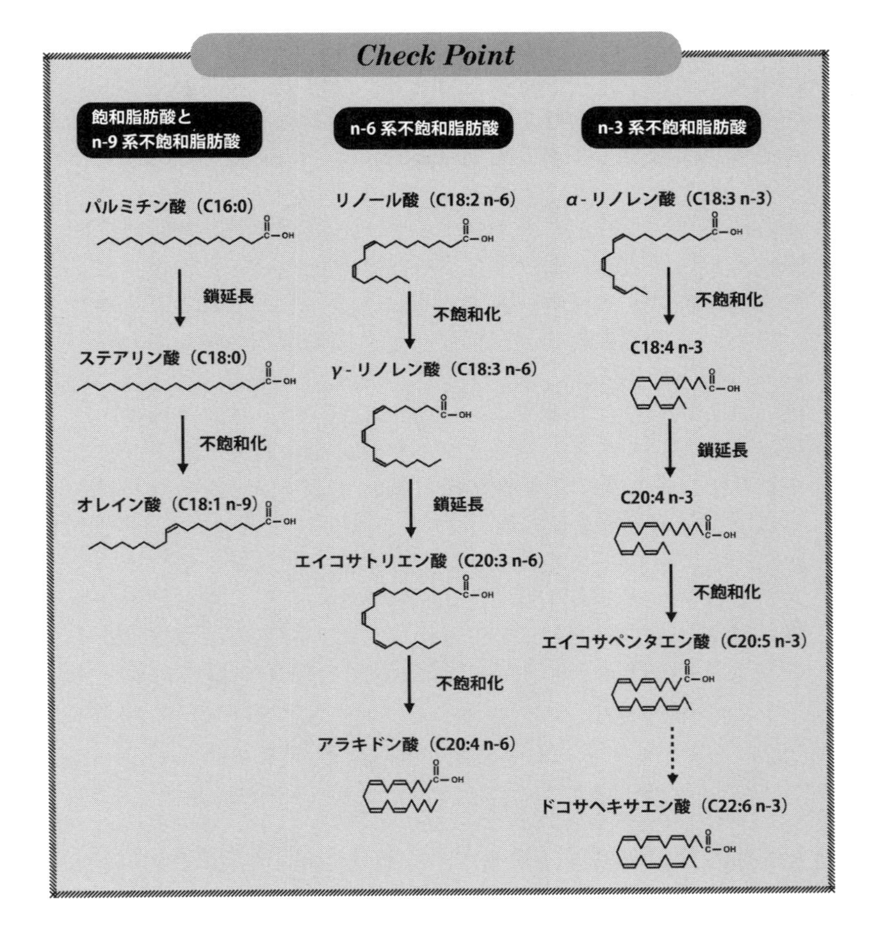

Check Point
飽和脂肪酸と
n-9 系不飽和脂肪酸
n-6 系不飽和脂肪酸
n-3 系不飽和脂肪酸
パルミチン酸（C16:0）
鎖延長
ステアリン酸（C18:0）
不飽和化
オレイン酸（C18:1 n-9）
リノール酸（C18:2 n-6）
不飽和化
γ-リノレン酸（C18:3 n-6）
鎖延長
エイコサトリエン酸（C20:3 n-6）
不飽和化
アラキドン酸（C20:4 n-6）
α-リノレン酸（C18:3 n-3）
不飽和化
C18:4 n-3
鎖延長
C20:4 n-3
不飽和化
エイコサペンタエン酸（C20:5 n-3）
ドコサヘキサエン酸（C22:6 n-3）
C—OH

問題 2

トリアシルグリセロールの加水分解に関する以下の記述について，各問に答えなさい．

食物脂質の約 90% を占めるトリアシルグリセロールは，ヒトの主要なエネルギー貯蔵物質である．膵液中に含まれる膵リパーゼは，食物中のトリアシルグリセロールを加水分解するが，その際にトリアシルグリセロールが［ ① ］と混合ミセルを形成することにより活性が高まる．
脂質の消化により生じたトリアシルグリセロール代謝物は，小腸粘膜から吸収され再びトリアシルグリセロールに変換され，食物由来のコレステロールとともに［ ② ］とよばれるリポタンパク質に組み込まれリンパ管を経て血液循環系へ輸送される．
一方，体内で生成するトリアシルグリセロールは，［ ③ ］で合成される超低密度リポタンパク質(VLDL)により血液循環系へ輸送される．これらのリポタンパク質に組み込まれたトリアシルグリセロールは，毛細血管壁に結合するリポタンパクリパーゼにより加水分解を受ける．
脂肪細胞に貯蔵されているトリアシルグリセロールは，ホルモン感受性リパーゼの作用により脂肪酸を放出し，さらに脂肪酸酸化によってエネルギーを生み出す．この酵素の活性はホルモンにより制御され，［ ④ ］は酵素活性を促進するのに対し，［ ⑤ ］は抑制する．

1. 空欄①に適切な生体成分名を記入しなさい．
2. 空欄②に適切な語句を記入しなさい．
3. 空欄③に適切な組織名を記入しなさい．
4. 空欄④に当てはまるホルモンの名称を記入しなさい．

5. 空欄⑤に当てはまるホルモンの名称を記入しなさい.
6. 膵リパーゼが加水分解する脂肪酸エステル結合の位置はどこか.
7. リポタンパクリパーゼは，どのようにして血管壁に結合しているか.
8. ホルモン感受性リパーゼの活性調節は，どのような機序により行われているか.

解答 1. 胆汁酸 2. キロミクロン 3. 肝臓
4. グルカゴン，アドレナリン
5. インスリン 6. 1位と3位
7. 毛細血管内皮表面のヘパラン硫酸に電荷的に結合している
8. ホルモン感受性リパーゼのリン酸化/脱リン酸化により活性調節が行われる.

解説

膵リパーゼは，トリアシルグリセロールの1位と3位の脂肪酸エステル結合を加水分解し，トリアシルグリセロールは，1,2-ジアシルグリセロール，ついで2-アシルグリセロールに変換される．水に不溶であるトリアシルグリセロールは，乳化剤として作用する胆汁酸により乳化されることにより膵リパーゼの活性が高まる．また，膵リパーゼの活性化には，コリパーゼとよばれるタンパク質と1対1の複合体を形成することが必要である.

リポタンパクリパーゼは，毛細血管壁の血管内皮細胞に電荷的に結合しており，ヘパリン注射により循環血液中に放出されることからこの酵素の活性を調べることができる．この酵素の役割は，キロミクロンおよびVLDLに含まれるトリアシルグリセロールを加水分解することである．

一方，ホルモン感受性リパーゼは，脂肪細胞に貯蔵されているトリアシルグリセロールから脂肪酸を放出させ，脂肪酸の β 酸化によりエネルギーが産生に利用される．グルカゴンおよびアドレナリンは，アデニル酸シクラーゼを活性化し，cAMP 濃度を増加させることにより，ホルモン感受性リパーゼをリン酸化し活性化させる．逆に，インスリンは，cAMP 合成を阻害するとともに，ホルモン感受性リパーゼを不活化するリパーゼホスファターゼを刺激する．

Check Point

リパーゼの生体内における役割

種類	局在	役割
膵リパーゼ	膵液	食物中のトリアシルグリセロールの消化，吸収を助ける
リポタンパクリパーゼ	毛細血管壁	キロミクロン，VLDL 中のトリアシルグリセロールを分解する
ホルモン感受性リパーゼ	脂肪細胞	脂肪細胞に貯蔵されるトリアシルグリセロールからの脂肪酸放出を制御する

問題 3

次図は脂肪酸の β 酸化の過程を模式的に示したものである．R は炭化水素鎖，A〜H は関与する酵素および輸送担体を示す．ア〜オは反応に必要な補酵素などを表す．図に関する記述のうち，正しいのはどれか．2 つ選べ．

1. B の酵素反応に必要な基質アはカルニチンで，アシルカルニチンを生じる．
2. D の反応は B の反応の逆反応であるが，それぞれ異なるアイソザイムが触媒する．
3. E の反応に関与する補酵素イはニコチンアミドアデニンジヌクレオチドで，ウはその還元型である．
4. G の反応に関与する補酵素エはニコチンアミドアデニンジヌクレオチドリン酸で，オはその還元型である．
5. H の反応で生じたアセチル CoA は主として脂肪酸合成に利用される．

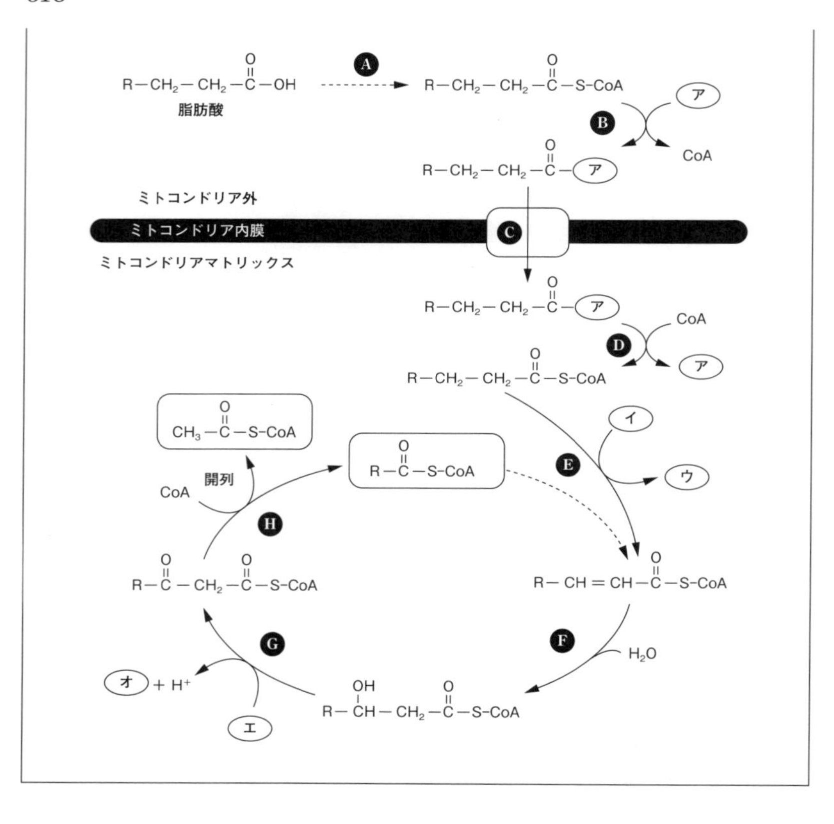

解答　1，2

解説

1. 正：Bの酵素はカルニチンパルミトイルトランスフェラーゼ(carnitine palmitoyltransferase 1, CPT1)で，アシルCoAのCoAとカルニチンを交換し，アシルカルニチンを生じる．

2. 正：B の反応は D の反応の逆反応であるが，それぞれ異なるアイソザイムが触媒する．D の反応は carnitine palmitoyltransferase 2,(CPT2) が関与し，CPT1 と CPT2 はアイソザイムである．
3. 誤：E の反応に関与する補酵素イはフラビンアデニンジヌクレオチド(FAD)で，ウはその還元型(FADH)である．
4. 誤：G の反応に関与する補酵素エはニコチンアミドアデニンジヌクレオチド(NAD^+)で，オはその還元型(NADH)である．ニコチンアミドアデニンジヌクレオチドリン酸($NADP^+$)およびその還元型(NADPH)ではない．
5. 誤：H の反応で生じたアセチル CoA は，主としてクエン酸回路に入り電子伝達系–酸化的リン酸化を経てエネルギー代謝(ATP の産生)に利用される．β 酸化と脂肪酸合成は逆相関に調節されているので(脂肪酸合成が亢進する際は β 酸化は抑制されるので)，β 酸化で生じたアセチル CoA が脂肪酸合成に利用されることはほとんどない．また，飢餓時の肝臓では，β 酸化で生じたアセチル CoA はケトン体の合成に利用される．

問題 4

エイコサノイドの生合成に関する記述について，以下の各問に答えなさい．

細胞膜グリセロリン脂質の2位に結合するアラキドン酸は，［　①　］の加水分解作用により切り出され，シクロオキシゲナーゼ経路によってプロスタグランジン類，リポキシゲナーゼによって［　②　］類に変換される．シクロオキシゲナーゼ(COX)には2つのアイソザイムがあり，COX-1およびCOX-2とよばれる．生成するプロスタグランジン類の種類は，細胞・組織により異なり，例えば，［　③　］はトロンボキサンを，［　④　］はプロスタサイクリンを主として生じる．リポキシゲナーゼにも，5-リポキシゲナーゼ，12-リポキシゲナーゼ，15-リポキシゲナーゼの3種のアイソザイムが知られているが，［　②　］を生成するのは，［　⑤　］-リポキシゲナーゼのみである．

1. 空欄①に適切な酵素名を記入しなさい．
2. 空欄②に適切な語句を記入しなさい．
3. 空欄③に当てはまる代表的な細胞名を記入しなさい．
4. 空欄④に当てはまる代表的な細胞名を記入しなさい．
5. 空欄⑤に適切な数字を記入しなさい．
6. COX-1とCOX-2の細胞内発現における違いを説明しなさい．

解答　1. ホスホリパーゼ A_2　2. ロイコトリエン
3. 血小板　4. 血管内皮細胞　5. 5
6. COX-1 は，常時一定レベルに発現される(構成型)のに対し，COX-2 は，炎症性刺激により一過的に発現が高まる(誘導型)

解説

アラキドン酸などの炭素数 20 の多価不飽和脂肪酸より酵素的に変換される生理活性を有する脂質をエイコサノイドと称し，シクロオキシゲナーゼによりプロスタグランジン，トロンボキサン，プロスタサイクリンなどが，リポキシゲナーゼによりロイコトリエンなどが生成する．非ステロイド系抗炎症剤(NSAIDs)であるアスピリンは，COX-1 と COX-2 の両者を阻害するが，COX-1 の阻害は，胃の粘膜障害を引き起こしやすいため，COX-2 の選択的阻害剤の開発が進められてきた．問題文中にあるように，アラキドン酸から何ができるかは組織により異なる．例えば，血小板凝集を引き起こすトロンボキサンが血小板で生成するのに対し，その反対の血小板凝集抑制作用をもつプロスタサイクリンは血管壁で生成し，それぞれの作用のバランスにより心血管系の機能維持を保っている．

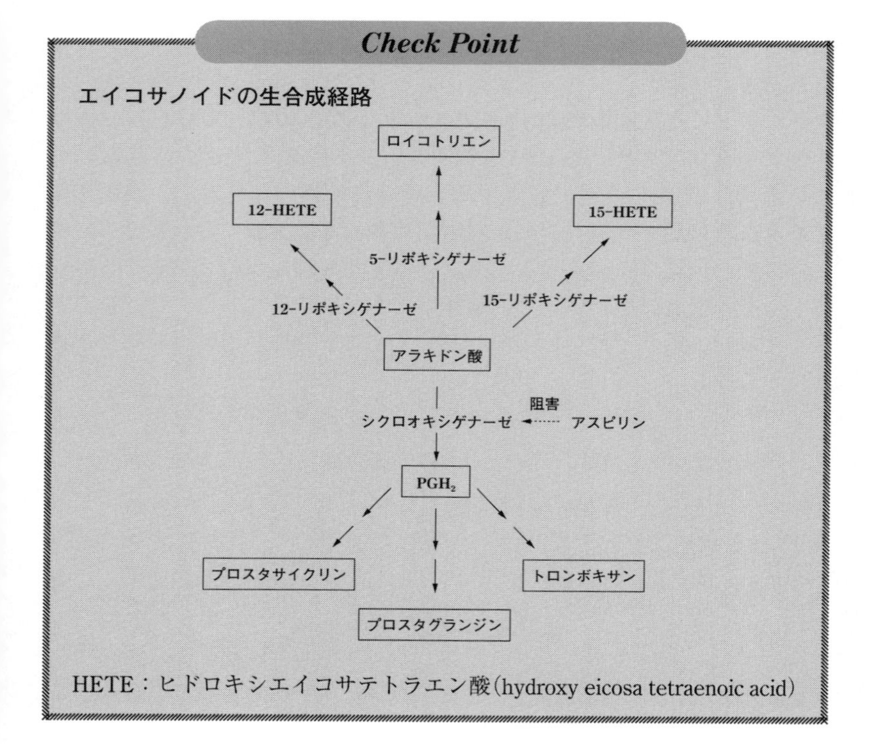
Check Point
エイコサノイドの生合成経路
ロイコトリエン
12-HETE
15-HETE
5-リポキシゲナーゼ
12-リポキシゲナーゼ
15-リポキシゲナーゼ
アラキドン酸
阻害
シクロオキシゲナーゼ
アスピリン
PGH2
プロスタサイクリン
トロンボキサン
プロスタグランジン
HETE：ヒドロキシエイコサテトラエン酸(hydroxy eicosa tetraenoic acid)

問題 5

脂肪酸酸化に関する以下の文章について，各問に答えなさい．

炭素数 16 の飽和脂肪酸であるパルミチン酸が β 酸化により変換される際のエネルギー収支を計算してみよう．
(1) β 酸化を受ける前に，サイトゾルにあるパルミチン酸はパルミトイル CoA に変換されミトコンドリアマトリックスに移行する．(2) ミトコンドリアマトリックスにおいて，β 酸化サイクルが 1 回転するごとに，1 mol のアセチル CoA と $FADH_2$ および NADH をそれぞれ 1 mol 生じる．アセチル CoA からは，さらにクエン酸回路によって 10 mol の ATP を生じる．
(3) パルミチン酸がすべてアセチル CoA に変換されるためには，7 サイクルの β 酸化が繰り返され，1 mol のパルミチン酸からは，8 mol のアセチル CoA が生じる結果となる．

(1) この反応において，パルミチン酸 1 mol あたり，ATP は何 mol 消費されるか．
(2) それぞれ 1 mol の $FADH_2$ と NADH が呼吸鎖に伝達されることにより何 mol の ATP が生じるか．
(3) パルミチン酸 1 mol が β 酸化により完全にアセチル CoA に変換された場合，ATP は合計何 mol 生じるか．

解答 (1) 2 mol (2) 4 mol (3) 106 mol

解説

(1) 以下の反応が起こる．

パルミチン酸 + CoA + ATP → パルミトイル CoA + AMP + PPi

パルミチン酸 1 mol あたり，ATP は 1 mol 必要だが，AMP にまで分解されるのでエネルギー的には ATP 2 mol 分のエネルギーを消費する．

(2) 1 mol の $FADH_2$ から 1.5 mol の ATP が，1 mol の NADH から 2.5 mol の ATP が生成されるため合計 4 mol の ATP が生じる．

(3) $FADH_2$ と NADH から，4 mol ATP×7 サイクル＝ 28 mol ATP

アセチル CoA がクエン酸回路に入ると NADH を 2 つ，$FADH_2$ を 1 つ，ATP とエネルギー的に等価な GTP を 1 つ生成する．よって 10 mol 分の ATP を産生する．

アセチル CoA から，10 mol ATP × 8 アセチル CoA ＝ 80 mol ATP

パルミトイル CoA への変換に ATP 2 mol を消費するため，

28 mol ATP ＋ 80 mol ATP － 2 mol ATP ＝ 106 mol ATP である．

ATP1 mol あたりの標準自由エネルギー変化は，30.5 kJ であり，1 mol のパルミチン酸が β 酸化を受けることにより，3,230 kJ が ATP として蓄えられることになる．

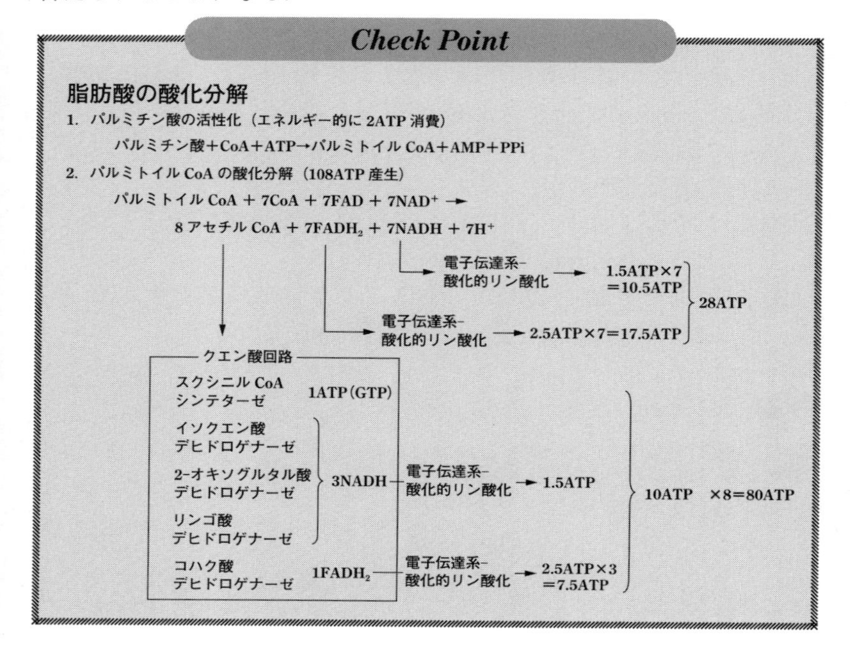

問題 6

次図は脂肪酸の生合成を模式的に示したものである．次の記述のうち正しいのはどれか．2つ選べ．

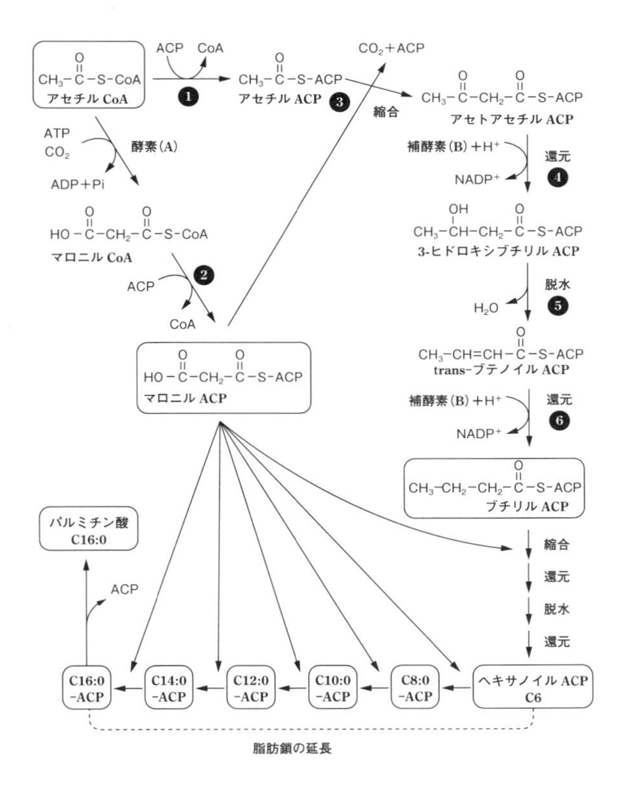

1. 図の代謝系はミトコンドリアマトリックスで進行する．
2. 酵素(A)は二酸化炭素の固定に関与し，補酵素としてビタ

ミン B_6 誘導体を必要とする.
3. 補酵素(B)はニコチンアミドアデニンジヌクレオチドリン酸の還元型である.
4. 補酵素(B)は糖新生により供給される.
5. パルミチン酸1分子が生合成されるまでに，補酵素(B)は14分子必要である.

解答　3，5

解説

1. 誤：脂肪酸の生合成は細胞質で行われる.
2. 誤：酵素(A)アセチル CoA カルボキシラーゼは大気中の二酸化炭素の固定に関与し，補酵素としてビオチンを必要とする.
3. 正：補酵素(B)はニコチンアミドアデニンジヌクレオチドリン酸の還元型(NADPH)である.
4. 誤：補酵素(B)NADPH はペントースリン酸経路により供給される.
5. 正：パルミチン酸1分子が生合成されるまでに，NADPH は14分子必要である．酵素(A)と酵素1～6の反応で，マロニル ACP の生成と縮合，還元→脱水→還元によるケト基の除去が行われ，炭素鎖が2つ伸長する．パルミチン酸は炭素16の脂肪酸で，7回の炭素鎖伸長がある．1回の炭素鎖伸長に2つの NADPH が必要なので，NADPH は14分子必要である.

問題 7

右図には，肝臓におけるアセチル CoA からコレステロールが合成される経路における主要代謝物を記してある．なお，2 段階以上の酵素反応については，矢印を重ねて表してある．

1. コレステロール合成の律速反応はどこか．また，コレステロール合成はどのように調節されるか．
2. 肝臓サイトゾルで合成される 3-ヒドロキシ-3-メチルグルタリル CoA（HMG-CoA）は，図のようにコレステロール合成の中間体となるが，HMG-CoA は肝臓ミトコンドリアでも合成され，飢餓状態におけるエネルギー源となる物質の前駆体となる．この物質は何か．
3. 合成されたコレステロールは，さまざまな物質に変換され，生理機能の調節に役割を果たしている．代表的なものをあげよ．

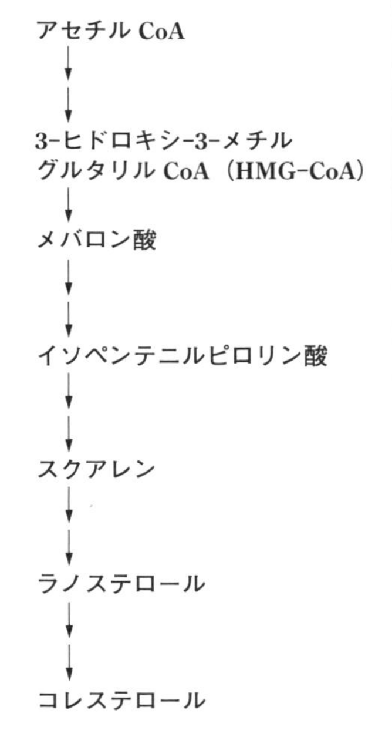

解答 1. HMG-CoA をメバロン酸に変換する反応，コレステロールによりこの反応を触媒する酵素（HMG-CoA レダクターゼ）がフィードバック阻害を受ける　2. ケトン体
3. ステロイドホルモン，胆汁酸，ビタミン D など

解説

コレステロール合成の律速段階は，HMG-CoA をメバロン酸に変換する反応であり，この反応は，HMG-CoA レダクターゼにより行われる．コレステロールの濃度が高いときは，HMG-CoA レダクターゼ活性が阻害されるために，コレステロール合成が抑えられる．一方，コレステロール濃度が減少すると，HMG-CoA レダクターゼ遺伝子の転写が引き起こされ，酵素量が増加し，コレステロール合成を増加させる．肝臓ミトコンドリアにおいても，アセチル CoA から HMG-CoA が生成するが，この場合，HMG-CoA は，ケトン体(アセト酢酸，アセトン，3-ヒドロキシ酪酸)に変換され，脳，心臓や骨格筋などに運ばれ，飢餓時のエネルギー源となる．コレステロールは，コルチゾール，アルドステロン，アンドロゲンなどのステロイドホルモンやビタミン D などに変換され，生理機能調節に重要な役割を果たしている．胆汁酸もコレステロールから合成され，脂肪の消化や吸収における乳化剤となる．

Column

高コレステロール血症治療薬である**スタチン**類は，HMG-CoA レダクターゼ活性を阻害することにより，コレステロール合成を抑える．スタチン類は，HMG-CoA と類似の構造（点線で囲んだ部分）を分子内にもつため，HMG-CoA の酵素活性部位への結合を競合的に阻害する．

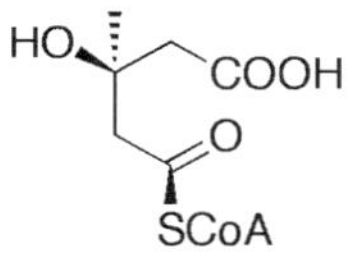

HMG-GoA

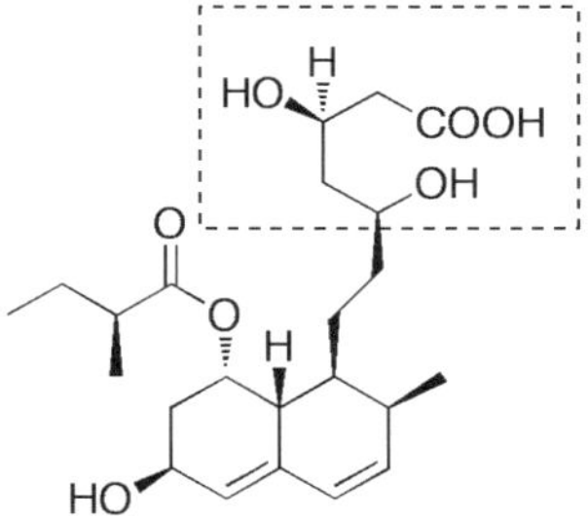

プラバスタチン

問題 8

次のリポタンパク質またはオルガネラに最も多く含まれる脂質成分はどれか．選択欄からひとつ選べ．

1. VLDL
2. LDL
3. HDL
4. キロミクロン
5. 脂肪細胞の脂肪滴（脂肪を貯蔵するオルガネラ）
6. 泡沫細胞の脂肪滴（脂肪を貯蔵するオルガネラ）

選択欄

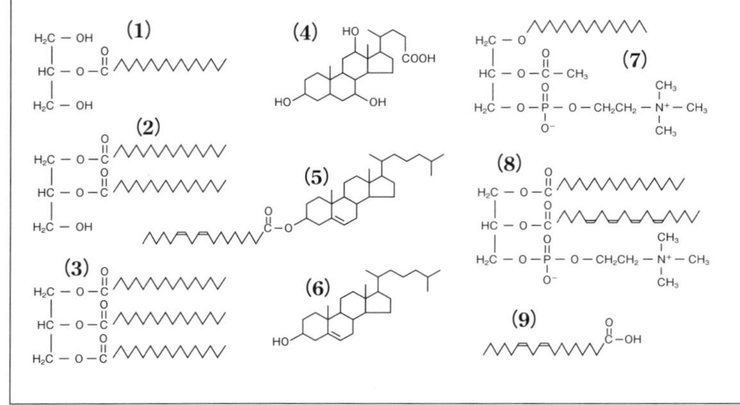

解答　1. (3)　2. (5)　3. (8)　4. (3)　5. (3)　6. (5)

解説

VLDL(超低密度リポタンパク質)，キロミクロンは，それぞれ肝臓，小腸でつくられ，トリアシルグリセロールを多く含む．血液を循環する間に血管内皮細胞の表面に結合したリポタンパク質リパーゼにより，内部のトリアシルグリセロールが分解されるので，トリアシルグリセロールを脂肪酸の形で末梢組織へ配給する働きがある．

LDL(低密度リポタンパク質)は，VLDLがリポタンパク質リパーゼにより代謝されてできる．トリアシルグリセロールが分解されて，コレステロールエステルを多く含んでいる．

HDL(高密度リポタンパク質)はコレステロールの逆転送に関わるリポタンパク質で，リン脂質(ホスファチジルコリン)を多く含む．

脂肪細胞の脂肪滴は，トリアシルグリセロールを多く蓄積している．

泡沫細胞の脂肪滴は，酸化LDLを取込み，コレステロールエステルを多く蓄積している．

問題 9

図はリン脂質(ホスファチジルコリン)の構造を模式的に示したものである．ホスホリパーゼ D の加水分解の位置はどれか．ひとつ選べ．

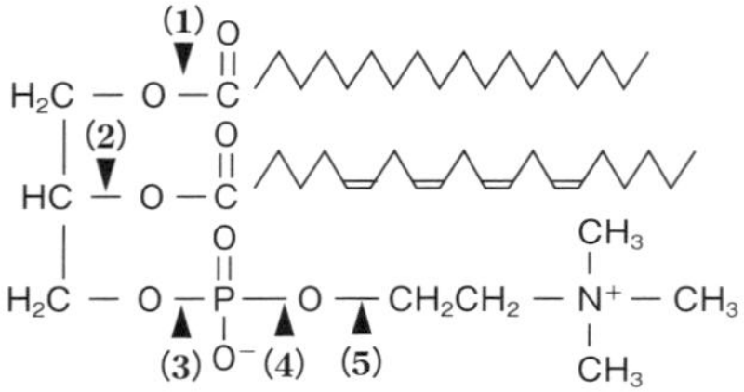

(1)
$H_2C-O-C(=O)-$ (fatty acid chain)
(2)
$HC-O-C(=O)-$ (fatty acid chain)
$H_2C-O-P(=O)(O^-)-O-CH_2CH_2-N^+(CH_3)_3$
(3) (4) (5)

解答　(4)

解説

(1)誤：ホスホリパーゼ A_1 で加水分解される位置である．

(2)誤：この結合はエステル結合でないので，ホスホリパーゼで加水分解されない．

(3)誤：ホスホリパーゼ C で加水分解される位置である．

(4)正：ホスホリパーゼ D で加水分解される位置である．

(5)誤：この結合はエステル結合でないので，ホスホリパーゼで加水分解されない．

問題 10

下図は，食物由来あるいは内部由来のトリアシルグリセロールとコレステロールの輸送経路について模式的に示したものである．これらの中性脂肪の輸送に関与するリポプロテインAからFの名称として正しいものを選択枝より選べ．

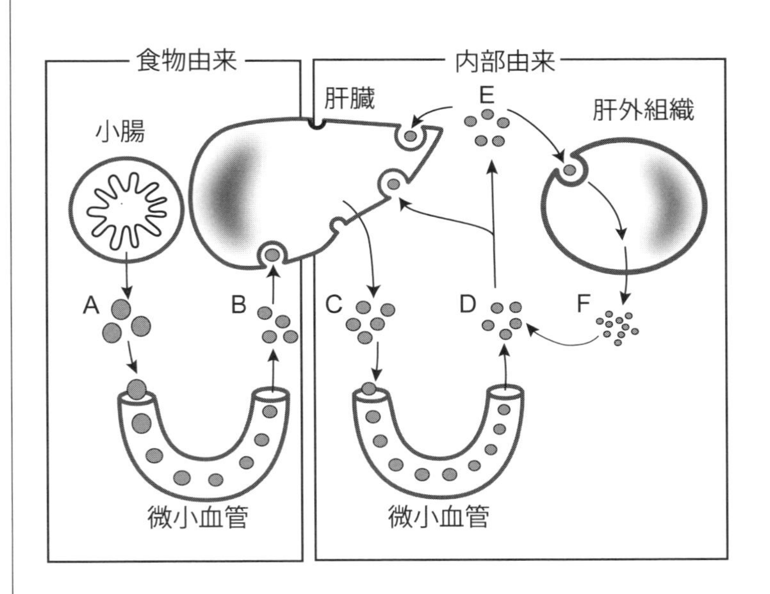

1. LDL　2. HDL　3. IDL　4. VLDL　5. キロミクロン
6. レムナント

解答　A. 5　B. 6　C. 4　D. 3　E. 1　F. 2

解説

小腸粘膜で吸収された脂肪消化物に由来するトリアシルグリセロールとコレステロールは，キロミクロンというリポタンパク質粒子に組み込まれる．キロミクロンのトリアシルグリセロールは骨格筋や脂肪組織中の微小血管で，リポタンパクリパーゼの働きにより加水分解され，キロミクロンは，コレステロールを残したレムナントになり，肝臓に運ばれる．一方，内因性のトリアシルグリセロールとコレステロールは，肝臓で合成される VLDL(超低密度リポタンパク質)に組み込まれ血中に運ばれる．血中において VLDL は，まず IDL(中間密度リポタンパク質)，次に LDL(低密度リポタンパク質)になり，これらのリポタンパク質は，受容体を介するエンドサイトーシスによって肝臓などの組織に取り込まれる．HDL(高密度リポタンパク質)は，LDL とは逆に組織から余剰のコレステロールを除去する役割を果たしている．

Check Point

ヒト血漿リポタンパク質の性質

名称	密度	粒子径
キロミクロン	小	大
VLDL(超低密度リポタンパク質)	↕	↕
IDL(中間密度リポタンパク質)		
LDL(低密度リポタンパク質)		
HDL(高密度リポタンパク質)	大	小

問題 11

脂肪酸酸化に関する記述の下線部に関して，正誤を答えなさい．誤っているものは正しい語句に改めなさい．

1. サイトゾルにある脂肪酸は，ATP依存反応で，アシルCoAに変換されてから，ミトコンドリア内に移行して酸化される．
2. その際に，アシルCoAはミトコンドリア内膜を通過できないため，アシル基はオルニチンに転移され，ミトコンドリア内膜に存在する輸送タンパク質によって，内膜を通過した後に，ミトコンドリア内で，再び，アシルCoAにもどる．
3. ミトコンドリアマトリックスにおいて，アシルCoAは，酵素反応により，最終的に炭素2原子分だけ短いアシルCoAとアセチルCoAを生成する．この分解反応はα酸化とよばれる．
4. 炭素数が22以上の長い炭素鎖をもつ脂肪酸は，ゴルジ体において酸化を受け短くなった後，ミトコンドリアでさらに酸化を受ける．

解答 1. 正　2. 誤，カルニチン　3. 誤，β酸化
4. 誤，ペルオキシソーム

解説

サイトゾルにある脂肪酸は，ATP 依存的に活性化され，アシル CoA に変換された後，アシル基がカルニチンに転移し，アシルカルニチンとして，ミトコンドリア内膜を通過する．ミトコンドリアマトリックスにおいて，再びアシル CoA にもどり，以後，下図に示したように，4 段階の酵素反応を経て，最終的に炭素 2 原子分だけ短いアシル CoA とアセチル CoA になる．このとき，アシル基の β 位炭素の酸化により β ケトアシル基を生じ，$C\beta$ と $C\alpha$ の間が切断されるため，脂肪酸の分解を β 酸化とよぶ．

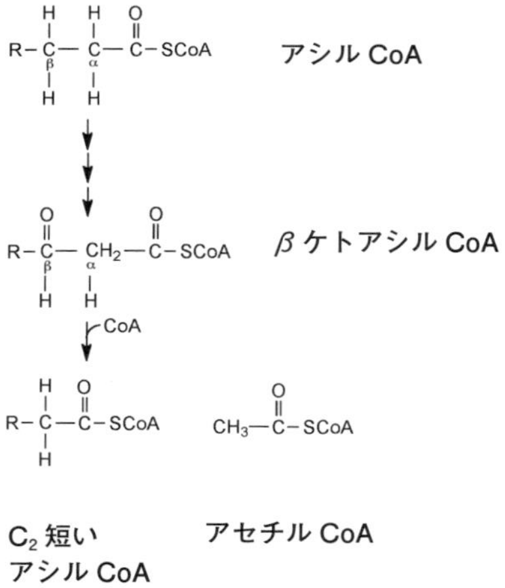

$$R-C_{\beta}H_2-C_{\alpha}H_2-C(=O)-SCoA$$

アシル CoA

↓
↓
↓

$$R-C_{\beta}(=O)-C_{\alpha}H_2-C(=O)-SCoA$$

β ケトアシル CoA

↓ CoA

$$R-CH_2-C(=O)-SCoA \qquad CH_3-C(=O)-SCoA$$

C_2 短い アシル CoA　　アセチル CoA

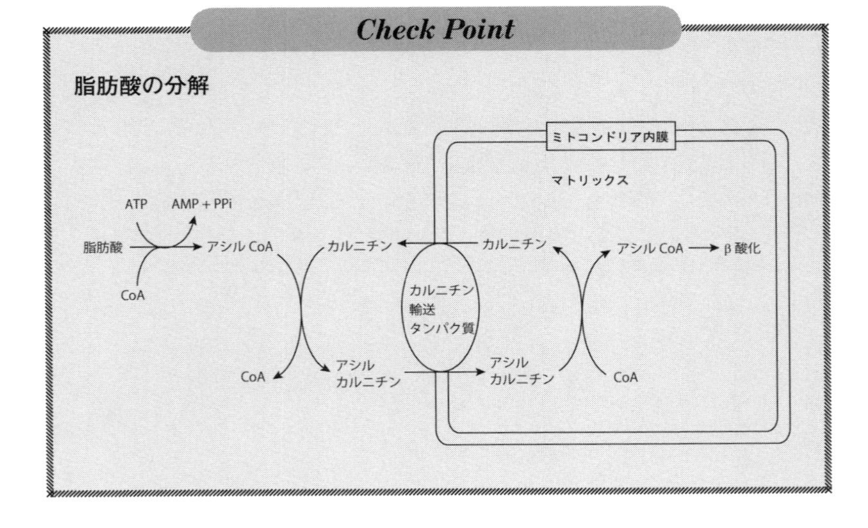
Check Point
脂肪酸の分解
ミトコンドリア内膜
マトリックス
ATP
AMP + PPi
脂肪酸
アシル CoA
CoA
カルニチン
カルニチン
アシル CoA
β 酸化
カルニチン
輸送
タンパク質
CoA
アシル
カルニチン
アシル
カルニチン
CoA

問題 12

ケトン体に関する以下の文章について，各問に答えなさい．

糖が生体に十分に供給されているとき，脂肪酸の分解により生じるアセチル CoA は，[①]回路により速やかに代謝されるが，飢餓状態や[②]のときは，糖の供給や利用が不十分となるため，アセチル CoA は，[①]回路とは別の経路により処理されることになる．すなわち，[③]において，アセチル CoA は，[④]に変換され，さらに特異的な脱水素酵素の作用により NADH で還元され[⑤]になる．また，一部は，非酵素的に脱炭酸を受けて[⑥]に変換される．[④]，[⑤]，[⑥]の 3 種の化合物を合わせてケトン体と称し，飢餓時におけるエネルギー源として用いられる．ケトン体の産生が利用率を大幅に上回ると，血中ケトン体濃度が異常に上昇した[⑦]とよばれる状態になる．

1. ①に当てはまる代謝経路名を記入しなさい．
2. ②に当てはまるヒトの病名を記入しなさい．
3. ③に当てはまるヒトの臓器名を記入しなさい．
4. ④，⑤，⑥に当てはまる生体分子名を記入しなさい．
5. ⑦に当てはまる語句を記入しなさい．

解答 1. ①クエン酸　2. ②糖尿病　3. ③肝臓
4. ④アセト酢酸，⑤3-ヒドロキシ酪酸，⑥アセトン
5. ⑦ケトーシス

解説

文中にあるように，脂肪酸分解により生じたアセチル CoA は，クエン酸回路により速やかに代謝されエネルギーに変えられるが，飢餓状態では，アセチル CoA をクエン酸回路だけで処理できなくなり，肝ミトコンドリアでは，アセト酢酸と 3-ヒドロキシ酪酸へと代謝される割合が増える．アセト酢酸からは，非酵素的な脱炭酸反応によりアセトンも生じ，これら 3 種の化合物はケトン体とよばれる．ケトン体は，肝臓以外の末梢組織においてエネルギーに変換されるため，飢餓時の重要なエネルギー源である．ケトン体の産生量が利用量を大幅に上回る状態では，血中ケトン体濃度が異常に増加し，この状態をケトーシスとよぶ．ケトーシス患者の呼気はアセトン特有の甘い匂いがする．糖尿病の場合も，飢餓時と同様に糖が利用できない状態にあるため，血中ケトン体濃度が異常に高まりケトーシスを起こす．ケトン体は酸であるため排泄に際して Na^+ が排泄されアシドーシスを起こすとともに深刻な脱水症状を呈し，しばしば致命的となる．

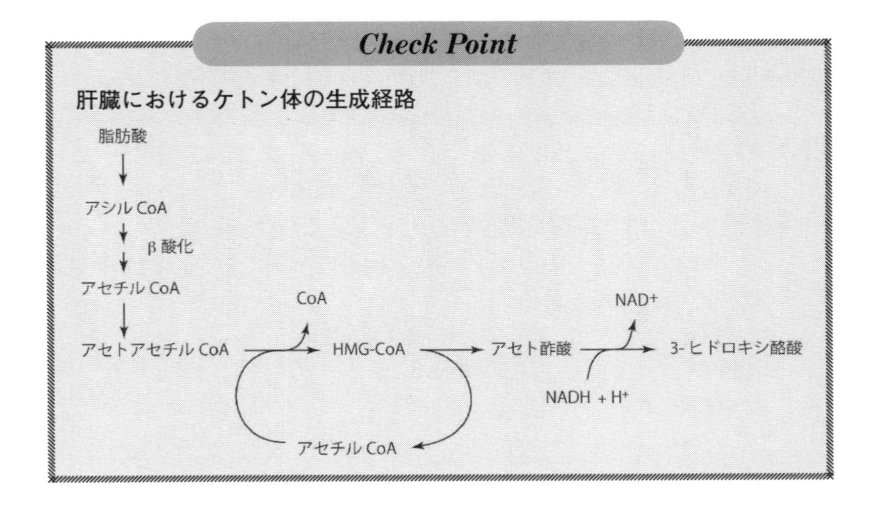

問題 13

脂肪酸の生合成に関する以下の各問に答えなさい.

脂肪酸は[①]においてC$_2$単位の縮合反応で合成される.脂肪酸合成における最初のステップは,出発原料のアセチルCoAをカルボキシ化して,[②]に変換する反応である.アセチルCoAおよび[③]は,脂肪酸シンターゼの一部である[③]に移行し活性化を受けた後,脱炭酸反応および縮合反応によってC$_2$単位の鎖長延長が行われる.次に,β-ケト基が2回の還元と1回の脱水反応を受けアルキル基に変わる.以上の酵素反応が繰り返されることにより,炭素鎖が延長し,炭素数16のパルミチン酸が合成されるのには,[④]回の酵素反応が繰り返される.
炭素数16の飽和脂肪酸であるパルミチン酸は,[⑤]にある延長酵素(エロンガーゼ)と[⑥]にある不飽和化酵素(デサチュラーゼ)により,より鎖長の長い不飽和脂肪酸になる.
このようにして合成された脂肪酸はグリセロールとともに活性化され,最終的にトリアシルグリセロールとして貯蔵される.

1. 空欄①に,適切な細胞内画分名を記入しなさい.
2. 空欄②に当てはまる成体分子名を記入しなさい.また,この反応におけるCO_2源として必要な成体分子は何か.
3. 空欄③に当てはまる成体分子名を記入しなさい.
4. 1 molのアセチル基がC$_2$単位延長するのに,何molのNADPHが消費されるか.
5. 空欄④に当てはまる数字を記入しなさい.
6. 空欄⑤と⑥に適切な細胞内オルガネラの名称を記入しなさい.

7. トリアシルグリセロール合成において，グリセロールと脂肪酸の活性化はどのようにして行われるか．

解答　1. ①細胞質(サイトゾル)　2. ②マロニル CoA，HCO_3^-
3. ③ ACP(アシルキャリアータンパク)　4. 2 mol
5. ④7　6. ⑤ミトコンドリア　⑥小胞体
7. グリセロールおよび脂肪酸は，ATP によりそれぞれグリセロール-3-リン酸，アシル CoA に変換されることにより活性化を受ける．

解説

脂肪酸合成の最初のステップは，アセチル CoA カルボキシラーゼにより，マロニル CoA が生成する反応である．この酵素は，ビオチンを補酵素として以下の反応を触媒する．

アセチル CoA + HCO_3^- + ATP →マロニル CoA + ADP + Pi

このようにして生じたマロニル CoA のマロニル基は，脂肪酸シンターゼに含まれる ACP(アシルキャリアータンパク)に移りマロニル ACP となる．一方，アセチル CoA のアセチル基も同様に ACP に移りアセチル ACP となる．マロニル ACP とアセチル ACP から，脱炭酸反応および縮合反応によりアセトアセチル CoA が生じ，さらに β-ケト基が 2 回の還元と 1 回の脱水反応を受けることにより C_2 単位延長したアシル ACP となる．1 mol のアセチル CoA が C_2 単位延長するためには，2 mol の NADPH が必要である．パルミチン酸が合成されるためには，このサイクルが 7 回繰り返される．以上をまとめると以下の反応式となる．

8 アセチル CoA + 14NADPH + 7ATP
→パルミチン酸 + 14$NADP^+$ + 8CoA + 6H_2O + 7ADP + 7Pi

脂肪酸は，活性化されてアシル CoA となった後，グリセロールが活性化されて生じたグリセロール-3-リン酸と反応し，以下のようにトリアシルグリセロールに貯蔵される．

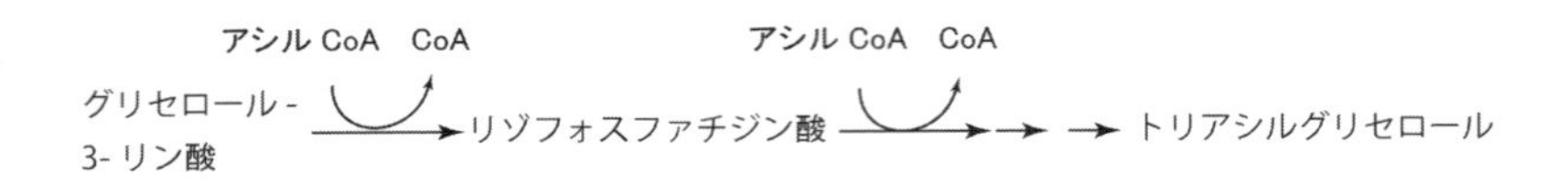

Check Point

脂肪酸合成と脂肪酸 β 酸化の比較

	生合成	β 酸化
細胞内局在	サイトゾル	ミトコンドリア
アシル基の担体	ACP	CoA
C_2 担体	マロニル ACP として供給	アセチル CoA として遊離
電子伝達	NADPH が電子を供与	$FADH_2$ と NAD^+ が電子を受容

6-4 アミノ酸の代謝

問題 1

ヒスタミンの生合成において前駆体となるアミノ酸の構造式を次の 1. ～5. の中から選びなさい.

1. H_2N COOH O H NH_2

2. COOH H NH_2

3. COOH N H H NH_2

4. N COOH N H H NH_2

5. H_2N COOH H NH_2

解答 4

解説

ヒスタミンはヒスチジンの脱炭酸反応によって生成する．図のアミノ酸は，1. L-アスパラギン，2. L-フェニルアラニン，3. L-トリプトファン，4. L-ヒスチジン，5. L-リシンである．

L-ヒスチジン → L-ヒスタミン + CO_2

Check Point

α-アミノ酸の脱炭酸反応

α-アミノ酸の脱炭酸反応により，種々の生理活性アミンが生合成される．この反応を触媒するアミノ酸デカルボキシラーゼは，補酵素としてピリドキサールリン酸(ビタミン B_6 の活性体)を必要とする．

$R-CH(COOH)-NH_2$ —(アミノ酸デカルボキシラーゼ，ピリドキサールリン酸)→ $R-CH_2-NH_2$ + CO_2

α-アミノ酸 → アミン + CO_2

L-ヒスチジン → ヒスタミン + CO_2

5-ヒドロキシトリプトファン → セロトニン + CO_2

L-ドパ → ドパミン + CO_2

L-グルタミン酸 → γ-アミノ酪酸(GABA) + CO_2

問題 2

ドパミンの生合成において前駆体となるアミノ酸の構造式を次の 1. ～5. の中から選びなさい.

1.

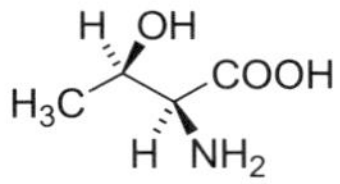

2.

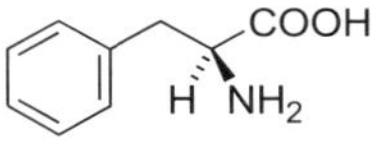

3.

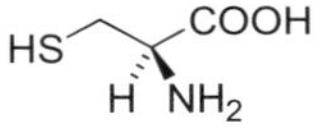

4.

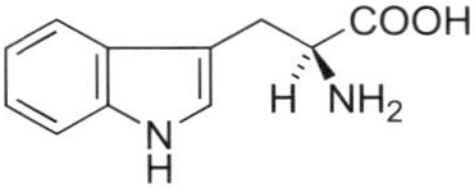

5.

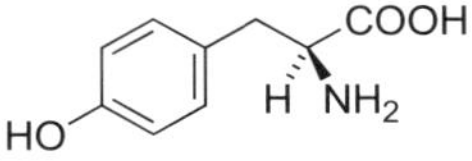

解答　2，5

解説

ドパミンは，L-チロシンからチロシンヒドロキシラーゼによる水酸化，および芳香族 L-アミノ酸デカルボキシラーゼによる脱炭酸反応を経て生合成される．ドパミンはさらにノルアドレナリン，アドレナリンに代謝される．ノルアドレナリンからアドレナリンの生合成では，メチル基供与体として，*S*-アデノシルメチオニンが使われる．

図のアミノ酸は，1. L-トレオニン，2. L-フェニルアラニン，3. L-システイン，4. L-トリプトファン，5. L-チロシンである．

Check Point

カテコールアミンの生合成

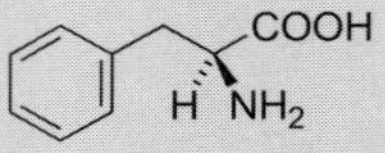

L–フェニルアラニン

↓ フェニルアラニンヒドロキシラーゼ

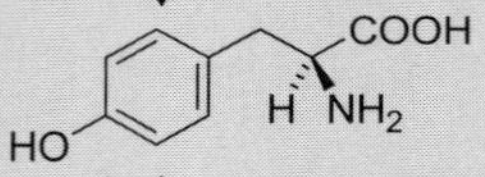

L–チロシン

↓ チロシンヒドロキシラーゼ

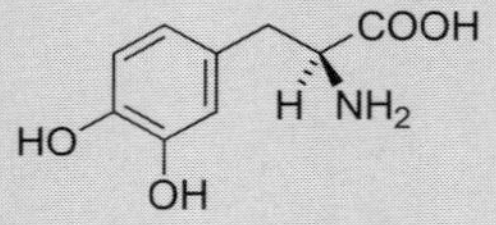

L–ドパ

↓ 芳香族 L-アミノ酸デカルボキシラーゼ

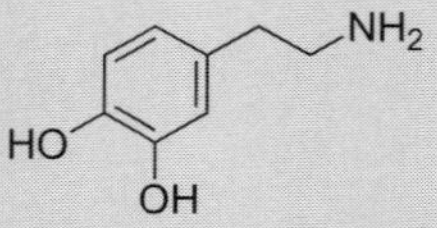

ドパミン

↓ ドパミン β ヒドロキシラーゼ

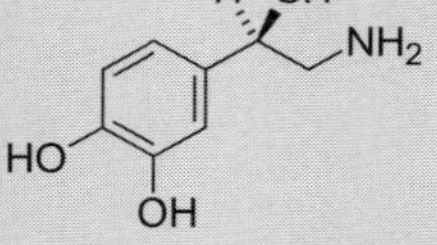

ノルアドレナリン

↓ フェニルエタノールアミン *N*-メチルトランスフェラーゼ

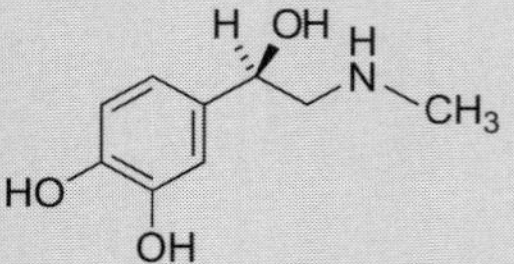

アドレナリン

問題 3

セロトニンの生合成において前駆体となるアミノ酸の構造式を次の 1. ～5. の中から選びなさい.

1.　2. 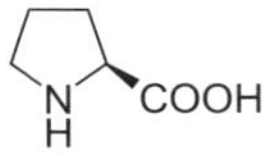　3.

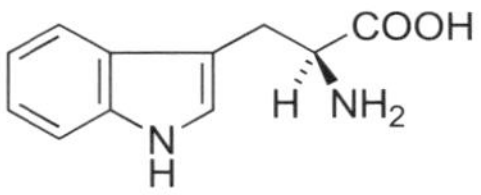

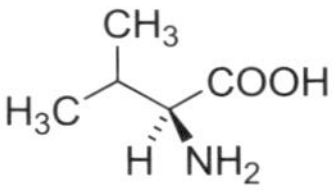

4. 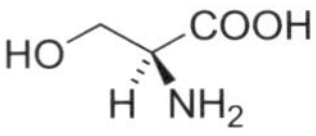　5.

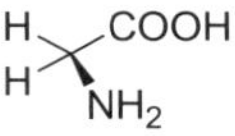

解答　1

解説

セロトニンは，L-トリプトファンからトリプトファンヒドロキシラーゼによる水酸化，および芳香族 L-アミノ酸デカルボキシラーゼによる脱炭酸反応を経て生合成される．これは，チロシンからドパミンへの経路と類似している（第 6 章 6-4 問題 2 参照）．図のアミノ酸は，1. L-トリプトファン，2. L-プロリン，3. L-バリン，4. L-セリン，5. L-グリシンである.

Check Point

セロトニンの生合成

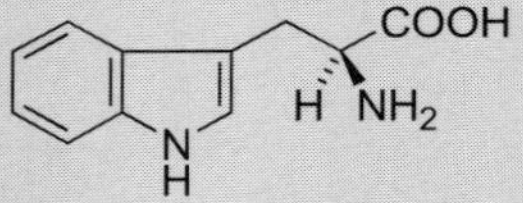

L-トリプトファン

↓ トリプトファンヒドロキシラーゼ

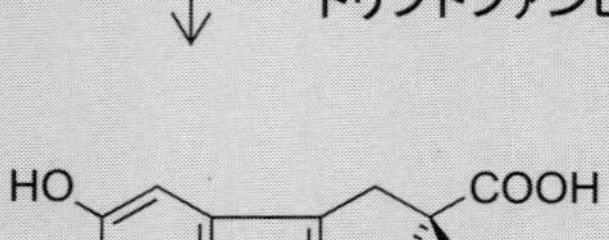

5-ヒドロキシトリプトファン

↓ 芳香族 L-アミノ酸デカルボキシラーゼ

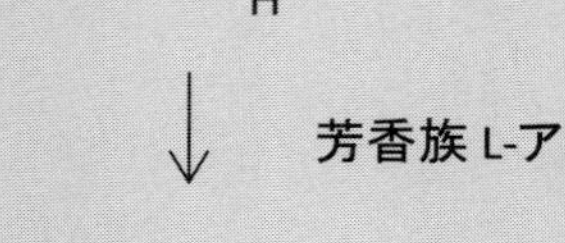

セロトニン（5-HT）

問題 4

アミノ基転移反応に関する次の記述の空欄に最も適切な語句を入れなさい.

血液検査に用いられるALTおよびASTはアミノ基転移反応を触媒する酵素である. ALTは[①]アミノトランスフェラーゼ, ASTは[②]アミノトランスフェラーゼの略称である. ALTは[①]のアミノ基を[③]に転移して, [④]と[⑤]を生成する. ASTは[②]のアミノ基を[③]に転移して, [④]と[⑥]を生成する. 多くのアミノ酸のα-アミノ基は最終的にこの反応で[③]に転移され, [④]となる. アミノ基転移反応は可逆反応であり, 補酵素として[⑦]が働く.

解答 ①アラニン ②アスパラギン酸 ③α-ケトグルタル酸(2-オキソグルタル酸) ④グルタミン酸 ⑤ピルビン酸 ⑥オキサロ酢酸 ⑦ピリドキサールリン酸 (PAL-P) (ビタミン B_6 の活性体)

解説

アミノ基転移反応は, あるアミノ酸からα-ケト酸(2-オキソ酸)にアミノ基が転移される反応であり, その結果新しいアミノ酸とα-ケト酸(2-オキソ酸)が生じる. アミノ基転移反応は可逆反応で, ピリドキサールリン酸(ビタミン B_6 の活性体)が補酵素として働く(第4章4-5問題3参照).

アミノ基転移反応のなかでも, 特に重要なのは, アラニンアミノトランスフェラーゼ(ALT：alanine aminotransferase)とアスパラギン酸アミノトランスフェラーゼ(AST：aspartate aminotransferase)の反応である．ALTの名称は，アラニンのアミノ基を(α-ケトグルタル酸(2-オキソグルタル酸)に)転移する酵素という意味である．この反応の逆反応は，グルタミン酸のアミノ基をピルビン酸に転移する反応なので，ALTを別名グルタミン酸ピルビン酸トランスアミナーゼ(GPT：glutamic-pyruvic transaminase)ともいう．同様に，ASTはアスパラギン酸のアミノ基を(α-ケトグルタル酸(2-オキソグルタル酸)に)転移する酵素という意味で，逆反応からグルタミン酸オキサロ酢酸トランスアミナーゼ(GOT：glutamic-oxaloacetic transaminase)ともよばれる．

ALTの反応によりアラニンから生成したピルビン酸は，アセチルCoAに変換されてクエン酸回路に入ったり，糖新生に利用されたりする(第6章6-2問題2，14参照)．ASTの反応によりアスパラギン酸から生成したオキサロ酢酸は，クエン酸回路の中間体となる(第6章6-2問題3，4参照)．

ALTとASTは肝臓や心臓の細胞質に多く含まれる．肝障害や心筋梗塞では，これらの酵素が血清中に漏れ出てくるため，臨床検査に用いられている．

アミノ基転移反応により，種々のアミノ酸のアミノ基は最終的にグルタミン酸に集められる．その後のアミノ基と炭素骨格の代謝については，第6章6-4問題5，6を参照．

Check Point

アミノ基転移反応

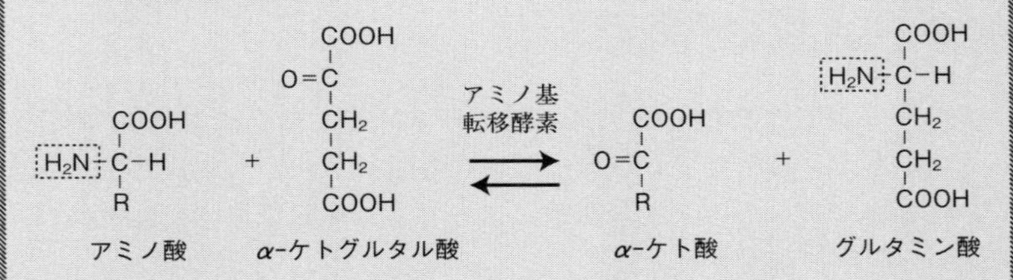

R：CH_3
アラニン ＋ α-ケトグルタル酸 ⇄ ピルビン酸 ＋ グルタミン酸
R：CH_2COOH
アスパラギン酸 ＋ α-ケトグルタル酸
⇄ オキサロ酢酸 ＋ グルタミン酸

問題 5

尿素回路(サイクル)に関する文章の空欄に当てはまる適切な語句を答えなさい.

アミノ基転移反応で生成したグルタミン酸は，肝臓に運ばれ，酸化的脱アミノ反応により，[①]と[②]を生じる．[②]は尿素回路で代謝される.
ミトコンドリア内で[②]とCO_2が反応して[③]を生じる.[③]は[④]と反応して[⑤]となる．[⑤]は細胞質に移行して[⑥]と結合し，アルギニノコハク酸を経て[⑦]となる．[⑦]は加水分解されて尿素と[④]になる.

解答　① α-ケトグルタル酸(2-オキソグルタル酸)　②アンモニア　③カルバモイルリン酸　④オルニチン　⑤シトルリン　⑥アスパラギン酸　⑦アルギニン

解説

グルタミン酸の酸化的脱アミノ反応は，NAD^+または$NADP^+$の存在下，グルタミン酸デヒドロゲナーゼにより触媒される．生成したアンモニアは有害であるため，尿素回路によってより無毒な尿素に変換され，腎臓から尿中に排泄される.

尿素回路の反応は，肝臓のミトコンドリアと細胞質で行われる．初めに，ミトコンドリアでアンモニアとCO_2からATPを消費してカルバモイルリン酸が生成する．この反応が律速段階で，カルバモイルリン酸シンターゼにより触媒される．カルバモイルリン酸はオルニチンと結合してシトルリンとなり，細胞質へ移行する．シトルリンはアスパラギン酸と結合してアルギニノコハク酸となり，フマル酸が脱離してアルギニンとなる．アルギニンが加水分解されて尿素が生成し，オルニチンが再生される．尿素回路はオルニチン回路ともよばれる．

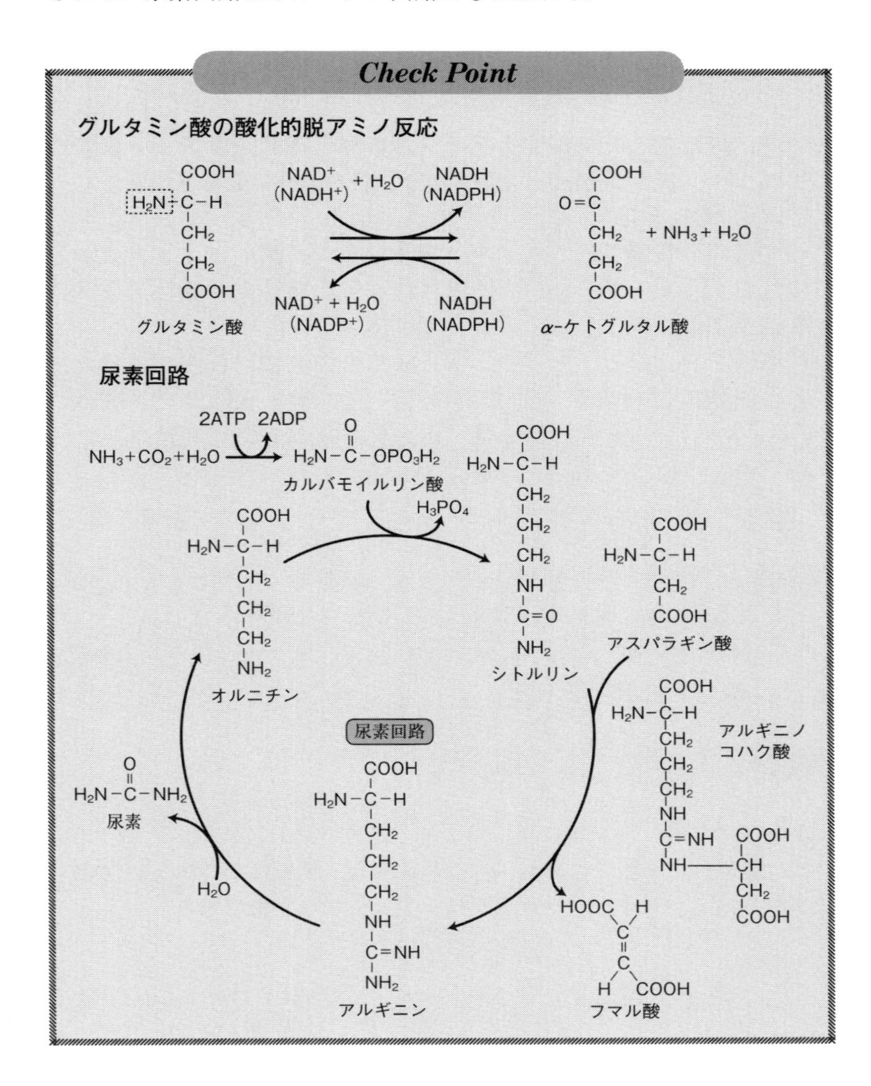

問題 6

アミノ酸の炭素骨格の異化に関する文章の空欄に当てはまる適切な語句を答えなさい.

アミノ酸は脱アミノ反応やアミノ基転移反応によりアミノ基が外れた後，炭素骨格部分が種々の代謝中間体に変換される.
アミノ酸のうち，[①]，[②]，[③]，[④]，[⑤]のいずれかに代謝されるものを「糖原性アミノ酸」とよぶ．これに対し，[⑥]や[⑦]に代謝されるものを「ケト原性アミノ酸」とよぶ.
糖原性アミノ酸は[⑧]や[⑨]回路の中間体に代謝されるため，糖新生に利用が可能である．一方，ケト原性アミノ酸は[⑥]や[⑦]から[⑩]や[⑪]を生成するのに利用されるが，糖新生には利用できない.

解答 ①〜⑤ピルビン酸，2-オキソグルタル酸，スクシニル CoA，フマル酸，オキサロ酢酸(順不同) ⑥⑦アセチル CoA，アセトアセチル CoA(順不同) ⑧解糖系 ⑨クエン酸 ⑩⑪脂肪酸，ケトン体(順不同)

解説

グルタミン酸，アルギニン，バリン，アスパラギンなど，多くのアミノ酸は糖原性である．フェニルアラニンなど，糖原性かつケト原性のアミノ酸もある．ロイシンやリシンはケト原性アミノ酸である.

問題 7

フェニルケトン尿症に関する文章の空欄に当てはまる適切な語句を答えなさい.

通常の代謝経路では，［　①　］はヒドロキシラーゼ(水酸化酵素)の作用により［　②　］となる．この酵素を欠損した新生児はフェニルケトン尿症を発症する．この患者では，蓄積した過剰の［　①　］が［　③　］となって尿中に排泄される．フェニルケトン尿症と診断された乳児には，［　①　］を制限した［　②　］添加ミルクを使用することにより，その発症を抑制することが可能である．

解答　①フェニルアラニン　②チロシン　③フェニルピルビン酸

解説

フェニルケトン尿症は新生児マススクリーニングの対象である．

フェニルケトン尿症の患者では，フェニルアラニンからチロシンへの代謝が欠損している．過剰なフェニルアラニンと2-オキソグルタル酸から，アミノ基転移反応によりフェニルピルビン酸とグルタミン酸が生成する．

Column

主な先天性アミノ酸代謝異常症

疾患名	欠損酵素	欠損経路	主な症状
フェニルケトン尿症	フェニルアラニンヒドロキシラーゼ	フェニルアラニンからチロシンの合成	知的障害，痙攣
メープルシロップ尿症	分岐 2-オキソ酸デヒドロゲナーゼ	分岐鎖アミノ酸の分解	意識障害，痙攣
ホモシスチン尿症Ⅰ型	シスタチオニン β-シンターゼ	メチオニンの分解	知的障害，高身長，クモ手指，水晶体脱臼
アルカプトン尿症	ホモゲンチジン酸ジオキシゲナーゼ	チロシンの分解	遅発性関節炎
色素欠乏症	チロシナーゼ	チロシンからメラニンの合成	皮膚・毛が白色

問題 8

慢性肝不全時の肝性脳症患者にアミノ酸輸液を施行する際，「Fischer 比」の高いアミノ酸製剤を使用する．
「Fischer 比」とは何か，説明しなさい．

解答　「Fischer 比」とは，芳香族アミノ酸に対する分岐鎖アミノ酸の含有量の比率(分岐鎖アミノ酸/芳香族アミノ酸)である．

解説

肝硬変が進行すると，肝でのアンモニア代謝(尿素回路)の低下により，血中アンモニア濃度が上昇し，脳でのアンモニア毒性のため肝性の昏睡を引き起こす．この状態を肝性脳症という．

芳香族アミノ酸は主に肝臓で代謝されるため，肝不全時は代謝が低下し，血液中の芳香族アミノ酸の割合が上昇している．一方，分岐鎖アミノ酸は筋肉で利用されて減少するので，血中のアミノ酸バランスが崩れる．

そこで，芳香族アミノ酸を少なく，分岐鎖アミノ酸を多く摂取するため，Fischer 比(分岐鎖アミノ酸/芳香族アミノ酸)の高いアミノ酸製剤を使用する．

6-5 ヌクレオチドの代謝

問題 1

ヌクレオチドの生合成に関する次の文章の空欄に当てはまる適切な語句を答えなさい．

プリンおよびピリミジンヌクレオチドの生合成経路には，それぞれ2つの経路がある．ひとつは「［①］経路(新生経路)」とよばれ，糖やアミノ酸などの材料から新しくヌクレオチドを生合成する経路である．もうひとつの経路は，細胞内の核酸の分解や，食物から得られたプリンやピリミジンを利用してヌクレオチドを生合成する経路であり，「［②］経路(再利用経路)」とよばれる．下の図に示す［③］は，これらのすべての経路に共通して関与する．

解答　① *de novo*(デノボ)　②サルベージ　③ 5-ホスホリボシル 1-ピロリン酸(PRPP)

解説

ヌクレオチドには，プリン塩基をもつプリンヌクレオチドと，ピリミジン塩基をもつピリミジンヌクレオチドがある(第2章2-4問題1，2)．これらの生合成には，5-ホスホリボシル1-ピロリン酸(PRPP)が共通に使われている．

PRPPは，リボース5-リン酸の1-ヒドロキシ基の酸素にアデノシン三リン酸(ATP)のピロリン酸基が転移されて合成される．リボース5-リン酸はペントースリン酸経路から供給される(ペントースリン酸経路について，第6章6-2問題12，13を参照)．

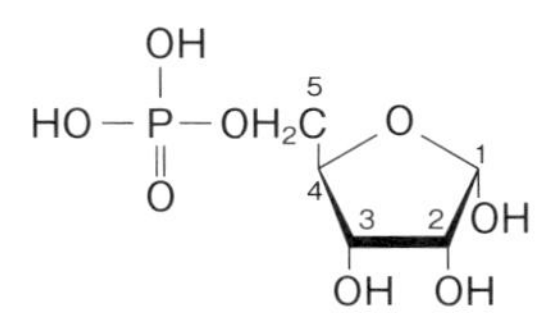

リボース5-リン酸

問題 2

プリンヌクレオチドの *de novo* 合成に関する次の文章の空欄に当てはまる適切な語句を答えなさい.

プリンヌクレオチドは, [①] を出発物質として, [②] を経由して合成される. [①] から [②] への反応は 10 段階あり, [③], [④], [⑤], [⑥], [⑦], [⑧] などが必要である. [②] はアデノシン一リン酸(AMP)とグアノシン一リン酸(GMP)に変換される.

解答 ① 5-ホスホリボシル 1-ピロリン酸(PRPP)　②イノシン一リン酸(イノシン酸, IMP)　③〜⑧グルタミン, グリシン, アスパラギン酸, 10-ホルミルテトラヒドロ葉酸, ATP, CO_2 (順不同)

解説

アデノシン一リン酸(AMP)とグアノシン一リン酸(GMP)は, 5-ホスホリボシル 1-ピロリン酸(PRPP)を出発物質とし, イノシン一リン酸(イノシン酸, IMP)を経由して生合成される. PRPP から IMP が合成される過程で, グルタミン, グリシン, アスパラギン酸, 10-ホルミルテトラヒドロ葉酸, および CO_2 の炭素原子と窒素原子がプリン塩基に取り込まれる.

葉酸・テトラヒドロ葉酸については, Column および第 4 章 4-5 問題 7 を参照.

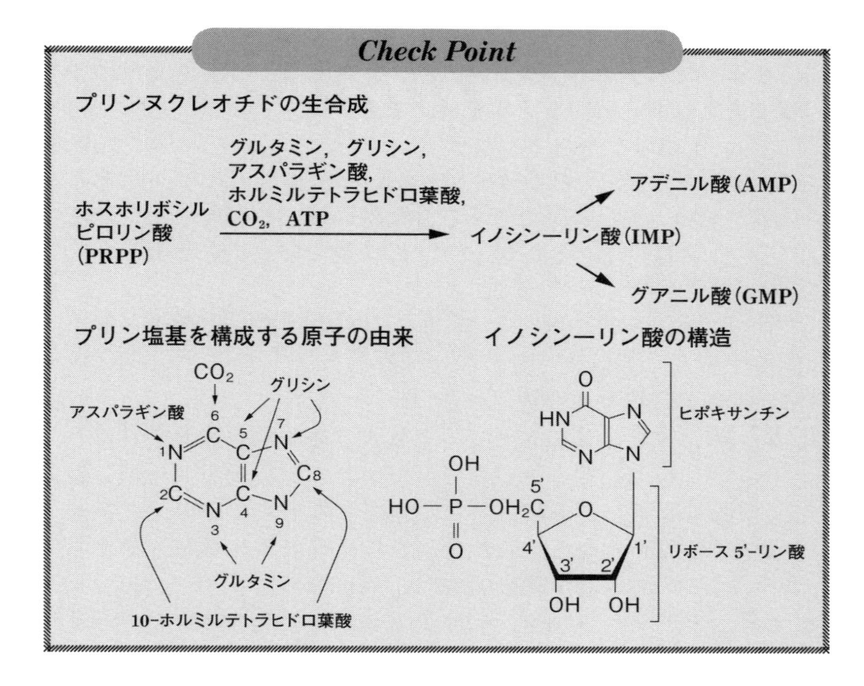

Column

葉酸

葉酸はアミノ酸や核酸の合成に必要であるため，不足すると細胞分裂が盛んな組織に障害が起こりやすく，葉酸欠乏性貧血などを起こす．

一方，細胞分裂が盛んな悪性腫瘍細胞の増殖抑制や，慢性関節リウマチにおける白血球増殖抑制の目的で，メトトレキサートが用いられる．メトトレキサートは，テトラヒドロ葉酸(葉酸の活性型)の合成に関与するジヒドロ葉酸還元酵素(ジヒドロ葉酸レダクターゼ)を阻害し，DNA合成を阻害する．

問題３

ピリミジンヌクレオチドの *de novo* 合成に関する次の文章の空欄に当てはまる適切な語句を答えなさい．

グルタミン，CO_2，ATP から［①］が生合成され，アスパラギン酸と結合して［②］となり，2 段階の反応を経て［③］となる．［③］は［④］と反応し，さらに脱炭酸反応により［⑤］が生成する．
［⑤］にキナーゼが作用して［⑥］となり，さらにキナーゼが作用すると［⑦］が生成する．［⑧］は［⑦］から［⑧］合成酵素の反応により生合成される．
［⑥］の 2′位炭素に結合しているヒドロキシ基が還元されると［⑨］が生成し，脱リン酸化されてデオキシウリジン一リン酸(dUMP)になり，さらに［⑩］が作用してデオキシチミジン一リン酸(dTMP)となる．これが，さらにリン酸化されてデオキシチミジン三リン酸(dTTP)が生成される．

解答　①カルバモイルリン酸　②*N*-カルバモイル-L-アスパラギン酸　③オロト酸　④5-ホスホリボシル 1-ピロリン酸(PRPP)　⑤ウリジン一リン酸(UMP)　⑥ウリジン二リン酸(UDP)　⑦ウリジン三リン酸(UTP)　⑧シチジン三リン酸(CTP)　⑨デオキシウリジン二リン酸(dUDP)　⑩チミジル酸合成酵素

解説

ピリミジンヌクレオチドの *de novo* 合成では，ピリミジン骨格をもつオロト酸が合成されたのちに 5-ホスホリボシル 1-ピロリン酸(PRPP)が結合してオロチジン一リン酸となり，脱炭酸してウリジン一リン酸(UMP)となる．

CTP 合成酵素とチミジル酸合成酵素は，それぞれ CTP シンターゼ，チミジル酸シンターゼともよばれる．チミジル酸合成酵素の反応では，補酵素としてテトラヒドロ葉酸(THF)が使われる(第 4 章 4-5 問題 7 参照)．

デオキシチミジン三リン酸(dTTP)は DNA のみに含まれる．チミジル酸合成酵素の阻害剤は，がん細胞などの増殖の盛んな細胞に特に大きな影響を及ぼすため，抗がん剤として用いられている．

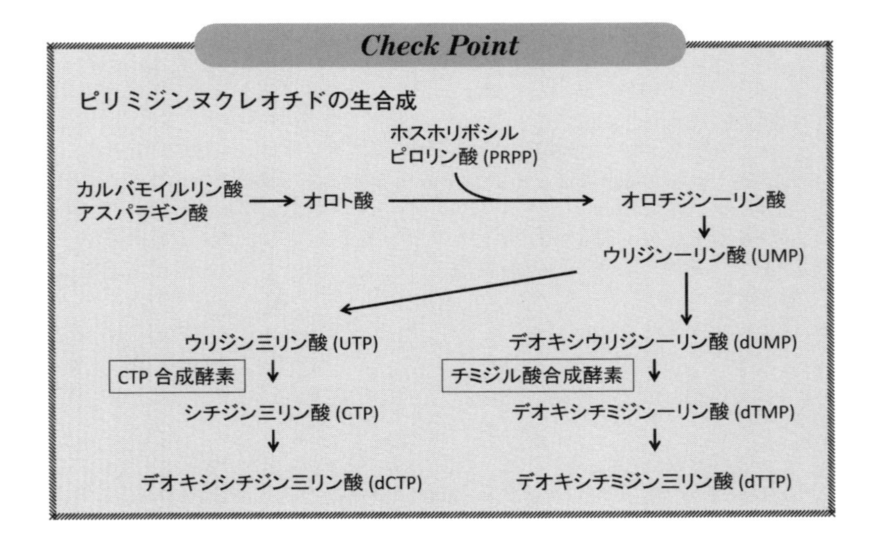

Column

プリンやピリミジンの類似薬

プリンやピリミジンの類似薬は，ヌクレオチド合成を阻害するので，抗悪性腫瘍薬として用いられる．

メルカプトプリン(6-MP) はプリン塩基の類似体で，生体内で活性型のチオイノシン酸となり，イノシン酸からアデニル酸やグアニル酸への生合成を阻害する．

フルオロウラシル(5-FU)はピリミジン塩基の類似薬で，活性代謝物の 5-フルオロデオキシウリジル酸(5-FdUMP)がチミジル酸合成酵素を阻害する．

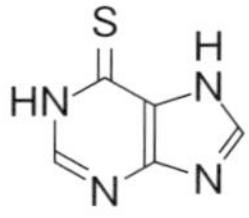

メルカプトプリン 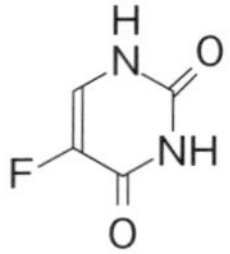　　フルオロウラシル

問題 4

プリンヌクレオチドの分解に関する次の文章の空欄に当てはまる適切な語句を答えなさい.

アデノシン一リン酸(AMP)は脱リン酸化により[①]となり, さらに[②]により脱アミノ化されて[③]となる. さらにリボースが脱離して[④]となる. [④]は[⑤]により酸化されて[⑥]になる. [⑥]はさらに[⑤]により[⑦]となり, 体外に排泄される. グアノシン一リン酸(GMP)は脱リン酸化, リボースの脱離により[⑧]となり, 脱アミノ化されて[⑥]となり, [⑦]となって排泄される.

解答　①アデノシン　②アデノシンデアミナーゼ　③イノシン
④ヒポキサンチン　⑤キサンチンオキシダーゼ
⑥キサンチン　⑦尿酸　⑧グアニン

解説

ヒポキサンチン, キサンチン, 尿酸の構造式は第6章6-5問題5を参照.

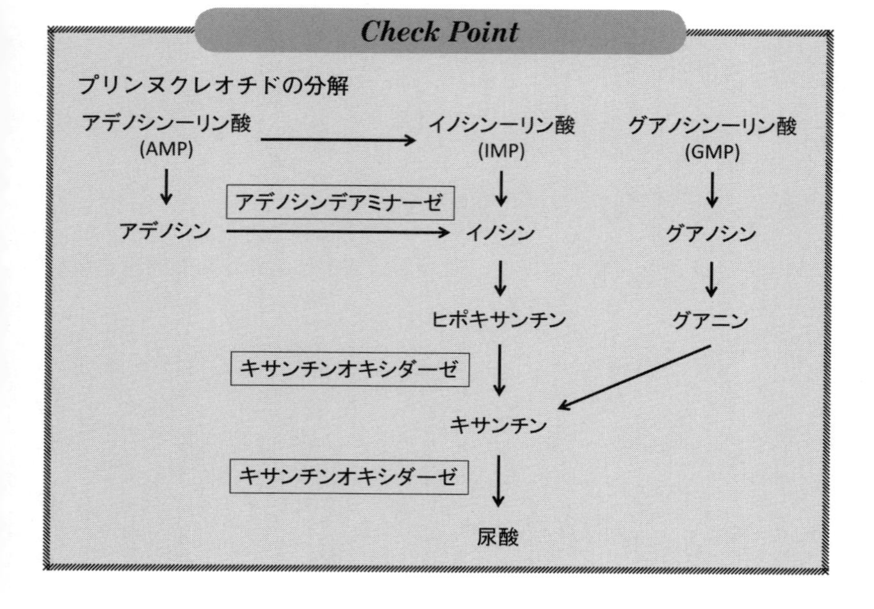
Check Point
プリンヌクレオチドの分解
アデノシン一リン酸
(AMP)
イノシン一リン酸
(IMP)
グアノシン一リン酸
(GMP)
アデノシンデアミナーゼ
アデノシン
イノシン
グアノシン
ヒポキサンチン
グアニン
キサンチンオキシダーゼ
キサンチン
キサンチンオキシダーゼ
尿酸

問題 5

下図の構造式 1. ～3. は，それぞれヒポキサンチン，キサンチン，尿酸のいずれであるか.

1.

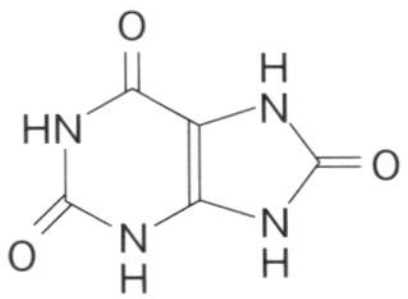

2.

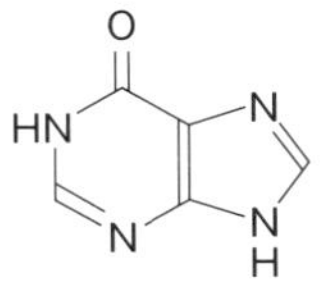

3.

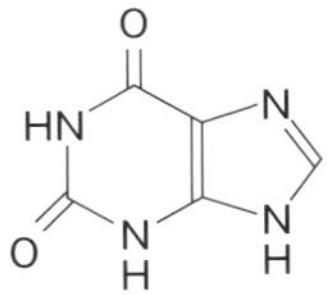

解答　1. 尿酸　2. ヒポキサンチン　3. キサンチン

解説

キサンチンオキシダーゼによる酸化反応により，ヒポキサンチンからキサンチン，キサンチンから尿酸が生成する(第 6 章 6-5 問題 4 参照).

Column

高尿酸血症と痛風

血漿中の尿酸濃度が尿酸溶解濃度である 7.0 mg/dL を超える場合，高尿酸血症と診断される．痛風は，高尿酸血症が持続することで関節腔内に析出した尿酸塩が引き起こす関節炎であり，中年男性に多い．

高尿酸血症の原因には，尿酸産生が過剰になる場合と，尿酸排泄量が減少する場合，およびその両方である場合がある．

尿酸産生が過剰な場合，尿酸産生を抑制するため，キサンチンオキシダーゼ阻害剤のアロプリノールが治療薬として用いられる．アロプリノールの構造式はヒポキサンチンに類似している(下図)．

尿酸排泄促進薬としては，プロベネシド，ベンズブロマロンなどが，酸性尿改善薬(尿アルカリ化薬)としてはクエン酸カリウム・クエン酸ナトリウム含有製剤がある．

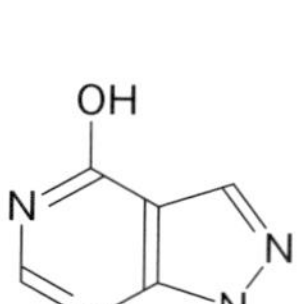

アロプリノールの構造式

問題 6

ピリミジンヌクレオチドの分解に関する次の記述の空欄に最も適当な語句を入れなさい.

ピリミジンヌクレオチドはまず，脱リン酸化によりヌクレオシド(シチジン，ウリジン，チミジン)となる．シチジンはウリジンに変換される．ウリジンとチミジンからリボースが脱離して，それぞれ[①]と[②]が遊離され，還元的に分解されてそれぞれ[③]と[④]を経由して，最終的にそれぞれ[⑤]と[⑥]に変換される.

解答　①ウラシル　②チミン　③β-アラニン　④3-アミノイソ酪酸　⑤マロニル CoA　⑥メチルマロニル CoA

解説

ピリミジンヌクレオチドの分解により生じたマロニル CoA は脂肪酸合成の前駆体である(第 6 章 6-3 問題 6 参照)．また，メチルマロニル CoA はスクシニル CoA に変換されてクエン酸回路で利用される(第 6 章 6-2 問題 3 参照).

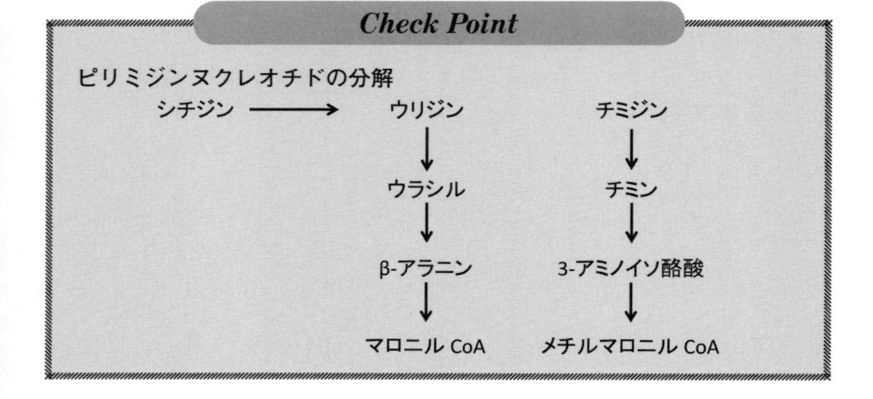
Check Point
ピリミジンヌクレオチドの分解
シチジン
ウリジン
チミジン
ウラシル
チミン
β-アラニン
3-アミノイソ酪酸
マロニル CoA
メチルマロニル CoA

6-6 代謝の調節とホルモン

問題 1

次の記述の空欄に最も適当な語句を入れなさい.

個体全体で調和のとれた生命活動ができるように, さまざまな代謝系は, 個々にあるいは総合的にさまざまな調節を受けている. 個々の代謝経路において, その代謝系の速度を決定する段階を[①]段階といい, その段階の反応を触媒する酵素を[①]酵素とよぶ. [①]段階の反応は, その代謝系でいちばん反応速度が[②]. 代謝調節の多くは, [①]酵素の活性を調節する場合が多い.
代謝調節の機構のひとつとして, [①]酵素の活性の高低を調節するものがある. [①]酵素は[③]な調節を受ける場合が多い. 解糖系の[①]酵素の[④]も[③]酵素で, 解糖系の生成物の[⑤]や[⑥]回路の中間体の[⑥]などにより, 負に調節されている. これは, [⑤]が存在するときや[⑥]回路が順調に回転しているときは, 解糖系を停止して, グルコースの消費を抑えることにつながる.
また, 酵素活性が[⑦]化などの翻訳後修飾により調節されている場合もある. グリコーゲンの分解に関わるグリコーゲン[⑧]は[⑦]化により, 活性が上昇する. 一方, グリコーゲンの合成に関わる酵素のグリコーゲンシンターゼは ⑦ 化により，活性が減少する．これらの酵素の ⑦ 化は，グリコーゲンの分解と合成が同時に起きないように調節することにつながっている．

解答 ①律速　②遅い　③アロステリック
④ホスホフルクトキナーゼ　⑤ATP　⑥クエン酸　⑦リン酸
⑧ホスホリラーゼ

問題2

次の記述の空欄に最も適当な語句を入れなさい．

代謝調節の機構のひとつとして，律速酵素の量的な変化による調節がある．タンパク質は[①]に遺伝情報が保存されているが，必要に応じて，[①]の情報が[②]に[③]され，[②]をもとにリボソームで，タンパク質が[④]される．細胞内のタンパク質の量は[②]の[③]により決定されることが多いので，タンパク質の量的な調節を[③]レベルの調節という場合がある．コレステロール生合成の律速酵素，[⑤]は，細胞内のコレステロール量が[⑥]すると，この酵素の[③]が[⑦]し，その結果，酵素タンパク質の量が[⑦]する．一方，細胞内のコレステロール量が[⑦]すると，[⑤]の酵素タンパク質が分解され，その量が[⑥]する．このように，細胞内コレステロールの量により，律速酵素，[⑤]の量が調節されることで，コレステロールの生合成が調節されている．

解答　① DNA　②メッセンジャーRNA（mRNA）　③転写　④翻訳
⑤ヒドロキシメチルグルタリル（HMG）CoA 還元酵素　⑥減少
⑦増加

問題3

次の記述の空欄に最も適当な語句を入れなさい.

グリコーゲンの分解はホルモンによる調節を受けている. 肝臓に蓄えられたグリコーゲンは血糖値の調節をしている. 空腹時に血糖値が低下すると, 膵臓[①]島の α 細胞が[②]を分泌する. [②]は肝臓の[②]受容体に作用し, [③]を活性化すると, 細胞内にセカンドメッセンジャーである[④]を蓄積させる.
[④]は[⑤]を活性化する. [⑤]は, [⑥]をリン酸化して活性化する. [⑥]は[⑦]をリン酸化して活性化する. 活性化[⑦]はグリコーゲンを分解し, 最終的にグルコースを生成する. グルコースは肝臓から血中に放出され, 血糖値が上昇する. このようにホルモンの刺激が, 受容体, セカンドメッセンジャー, プロテインキナーゼと順次, 伝わっていき, シグナルが増幅されることを[⑧]とよぶ.

解答 ①ランゲルハンス　②グルカゴン　③アデニル酸シクラーゼ
④サイクリック AMP
⑤サイクリック AMP 依存性プロテインキナーゼ(プロテインキナーゼ A)
⑥ホスホリラーゼキナーゼ　⑦グリコーゲンホスホリラーゼ
⑧カスケード制御

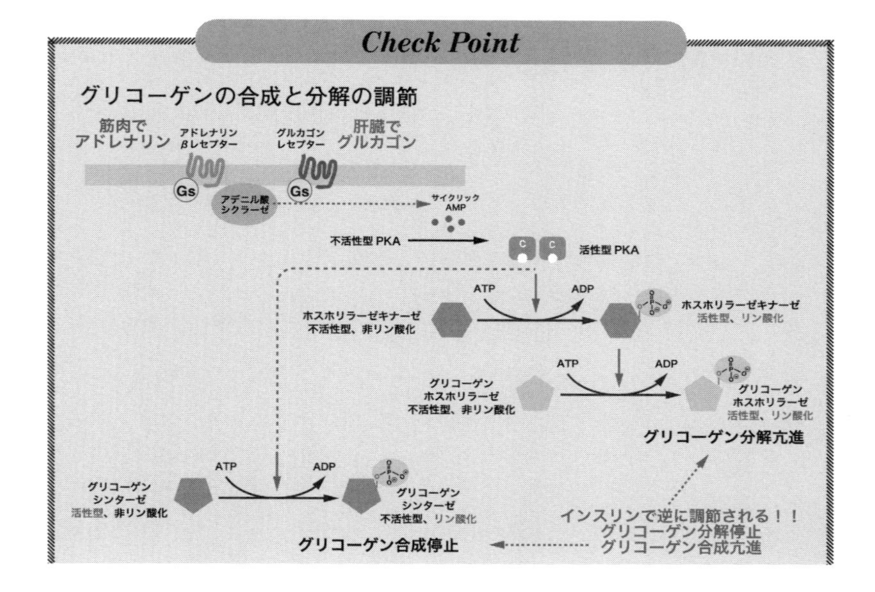
Check Point
グリコーゲンの合成と分解の調節
筋肉で
アドレナリン
アドレナリン
βレセプター
グルカゴン
レセプター
肝臓で
グルカゴン
Gs
Gs
アデニル酸
シクラーゼ
サイクリック
AMP
不活性型 PKA
C
C
活性型 PKA
ATP
ADP
ホスホリラーゼキナーゼ
不活性型、非リン酸化
ホスホリラーゼキナーゼ
活性型、リン酸化
ATP
ADP
グリコーゲン
ホスホリラーゼ
不活性型、非リン酸化
グリコーゲン
ホスホリラーゼ
活性型、リン酸化
グリコーゲン分解亢進
ATP
ADP
グリコーゲン
シンターゼ
活性型、非リン酸化
グリコーゲン
シンターゼ
不活性型、リン酸化
インスリンで逆に調節される！！
グリコーゲン分解停止
グリコーゲン合成亢進
グリコーゲン合成停止

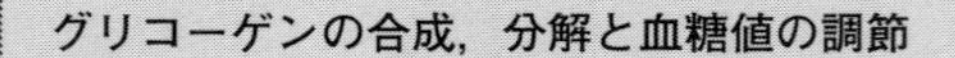

グリコーゲンの合成，分解と血糖値の調節

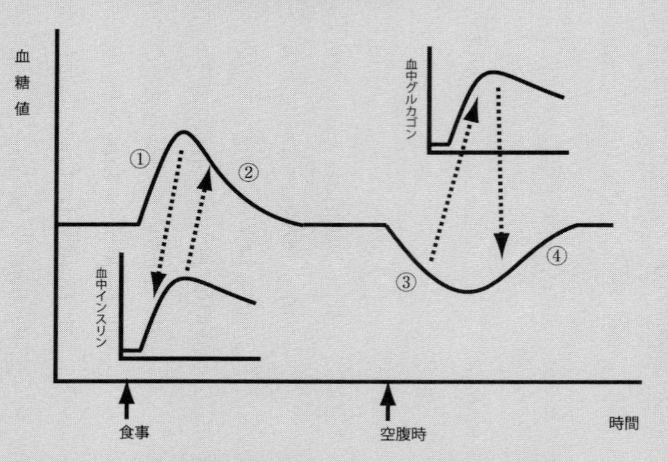

①血糖値の上昇に応答して膵ランゲンルハンス島 β 細胞からインスリンが分泌される．

②インスリンに応答して血中グルコースが筋肉，脂肪組織などに取り込まれ血糖値が低下する．肝臓にもグルコースが取り込まれる．
筋肉，肝臓ではグリコーゲン，脂肪組織では脂肪として貯蔵．

③血糖値の低下に応答して膵ランゲンルハンス島 α 細胞からグルカゴンが分泌される．

④グルカゴンに応答して肝臓のグリコーゲンが分解され，グルコースが血中に放出され血糖値が上昇する．

問題 4

次の記述の空欄に最も適当な語句を入れなさい.

脂肪酸の[①]と[②]酸化による分解は，逆の調節を受けている．同じ細胞内で，脂肪酸の[①]が活発に進行しているときには[②]酸化は[③]するように調節される.
脂肪酸の[①]が亢進しているときには，中間体の[④]CoAが産生され，その量が高まる．脂肪酸の[②]酸化が起こるには，基質である[⑤]CoAの[⑥]内への輸送が必須である．その輸送に先立ち，[⑤]CoAは[⑦]に変換されなければならない．[④]CoAは[⑤]CoAの[⑦]への変換を[⑧]する．よって，脂肪酸の[①]が活発に進行しているときには[②]酸化は[③]するように調節される.

解答 ①生合成 ②β ③停止 ④マロニル ⑤アシル
⑥ミトコンドリア ⑦アシルカルニチン ⑧阻害

Check Point

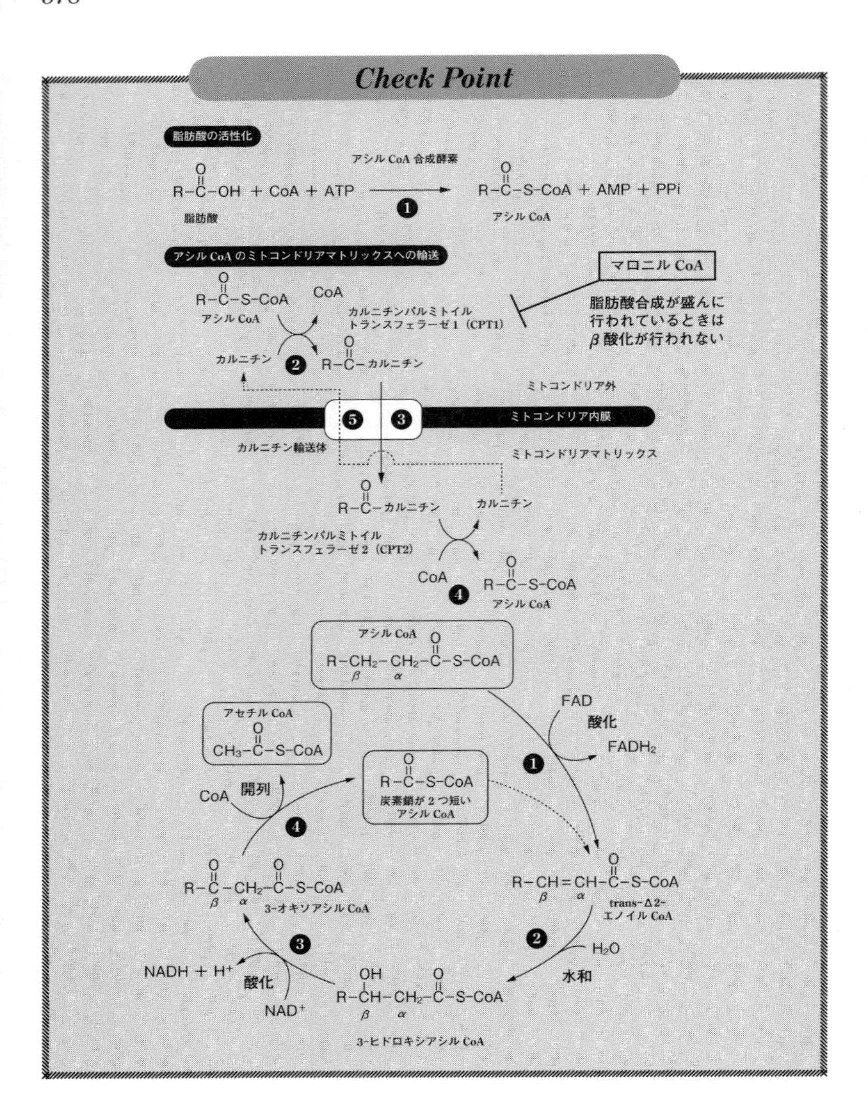
脂肪酸の活性化
アシル CoA 合成酵素
R−C(=O)−OH ＋ CoA ＋ ATP
R−C(=O)−S−CoA ＋ AMP ＋ PPi
脂肪酸
アシル CoA
アシル CoA のミトコンドリアマトリックスへの輸送
マロニル CoA
脂肪酸合成が盛んに
行われているときは
β酸化が行われない
R−C(=O)−S−CoA
アシル CoA
CoA
カルニチンパルミトイル
トランスフェラーゼ 1（CPT1）
カルニチン
R−C(=O)−カルニチン
ミトコンドリア外
ミトコンドリア内膜
カルニチン輸送体
ミトコンドリアマトリックス
R−C(=O)−カルニチン
カルニチン
カルニチンパルミトイル
トランスフェラーゼ 2（CPT2）
CoA
R−C(=O)−S−CoA
アシル CoA
アシル CoA
R−CH2−CH2−C(=O)−S−CoA
β α
FAD
酸化
FADH2
アセチル CoA
CH3−C(=O)−S−CoA
R−C(=O)−S−CoA
炭素鎖が 2 つ短い
アシル CoA
CoA
開列
R−CH＝CH−C(=O)−S−CoA
trans-Δ2-
エノイル CoA
H2O
水和
R−C(=O)−CH2−C(=O)−S−CoA
3-オキソアシル CoA
NADH ＋ H+
酸化
NAD+
R−CH(OH)−CH2−C(=O)−S−CoA
3-ヒドロキシアシル CoA

問題5

次の記述の空欄に最も適当な語句を入れなさい．

脂肪細胞に貯蔵された[　①　]の分解はホルモンにより調節されている．運動すると[　②　]髄質から[　③　]が分泌される．[　③　]は脂肪細胞に作用し，細胞表面のβ-[　③　]受容体を活性化する．この受容体はGタンパク質[　④　]と共役しており，[　⑤　]の活性化を介して，細胞内に[　⑥　]を蓄積させる．[　⑥　]は[　⑥　]依存性[　⑦　]を活性化し，この酵素が[　⑧　]をリン酸化し活性化する．このように[　⑧　]は[　①　]の分解に関与し脂肪酸を遊離する．

解答　①トリアシルグリセロール　②副腎　③アドレナリン　④Gs
⑤アデニル酸シクラーゼ　⑥サイクリックAMP
⑦プロテインキナーゼ　⑧ホルモン感受性リパーゼ

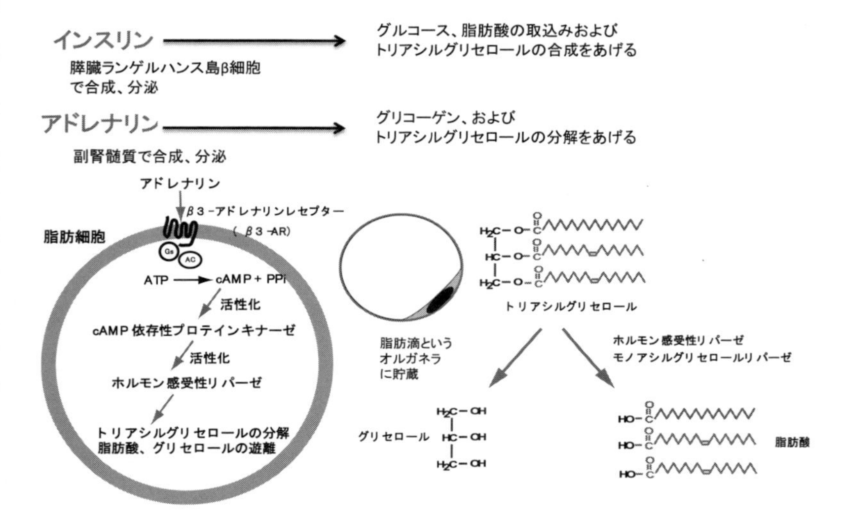

インスリン
膵臓ランゲルハンス島β細胞
で合成、分泌
グルコース、脂肪酸の取込みおよび
トリアシルグリセロールの合成をあげる
アドレナリン
副腎髄質で合成、分泌
グリコーゲン、および
トリアシルグリセロールの分解をあげる
アドレナリン
β3-アドレナリンレセプター
(β3-AR)
脂肪細胞
Gs
AC
ATP
cAMP + PPi
活性化
cAMP 依存性プロテインキナーゼ
活性化
ホルモン感受性リパーゼ
トリアシルグリセロールの分解
脂肪酸、グリセロールの遊離
脂肪滴という
オルガネラ
に貯蔵
トリアシルグリセロール
ホルモン感受性リパーゼ
モノアシルグリセロールリパーゼ
グリセロール
脂肪酸

問題 6

次の記述の空欄に最も適当な語句を入れなさい．

脂肪細胞でのトリアシルグリセロール合成は，ホルモンによって調節されている．［①］は脂肪細胞に作用してトリアシルグリセロールの合成を促進する．食事をすると，糖質の消化，吸収により，［②］値が上昇する．［③］の［④］島の［⑤］細胞は，［②］値の上昇に応答して，［①］を分泌する．［①］は脂肪細胞に作用し，グルコースの取り込みを［⑥］させる．これには［①］依存性のグルコーストランスポーター，［⑦］が関与している．脂肪細胞に取り込まれたグルコースは，［⑧］系とそれに続くミトコンドリアの［⑨］で代謝され，［⑩］を生じる．［⑩］を基質として脂肪酸の合成が行われ，トリアシルグリセロールに取り込まれて貯蔵される．

解答　①インスリン　②血糖　③膵臓　④ランゲルハンス
⑤ β　⑥促進　⑦ GLUT4　⑧解糖
⑨ピルビン酸デヒドロゲナーゼ　⑩アセチル CoA

演習問題

次の各問の文章の正誤を答えなさい.

(6-2-1　解糖系)

問 1　解糖系(glycolysis)はグルコースを基質として ATP を産生する経路である.

問 2　解糖系は, ATP の産生に先立ち ATP を消費する段階がある.

問 3　解糖系酵素は細胞質に存在する.

問 4　解糖系で不可逆な反応は 4 か所ある.

問 5　解糖系には ATP を産生する段階が 3 つある.

問 6　解糖系の ATP 産生は「酸化的リン酸化」という.

問 7　解糖系には中間体を酸化する反応があり, 還元型補酵素の NADH が使われる.

問 8　ホスホフルクトキナーゼは解糖系の最も重要な律速酵素であり, アロステリックに調節されている.

問 9　解糖系が, 酸素がなくても進行するのは, 乳酸デヒドロゲナーゼが NADH を再生するからである.

問 10　解糖系では, グルコース 1 分子あたり, 3 分子の ATP が産生する.

(6-2-2　クエン酸回路)

問 1　クエン酸回路は, 別名 TCA 回路ともいうが, 中間体のクエン酸が 3 つのカルボン酸をもつ物質だからである.

問 2　クエン酸回路はミトコンドリア内で行われる.

問 3　クエン酸回路の酵素はすべてマトリックスに存在する.

問 4　クエン酸回路は赤血球では行われない.

問 5　クエン酸回路が 1 回転すると, アセチル CoA のアセチル部分を完全に酸化する.

問 6　クエン酸回路には脱炭酸反応が 3 か所ある.

問 7　クエン酸回路が 1 回転すると，NADH が 4 つ産生される．

問 8　クエン酸回路が 1 回転すると，$FADH_2$ が 1 つ産生される．

問 9　クエン酸回路が回転すると，酸化型の補酵素 NAD^+，FAD が生じる．

問 10　クエン酸回路が 1 回転すると，ATP とエネルギー的に等価な GTP が 1 分子産生される．

(6-2-3　電子伝達系)

問 1　複合体 I は，FMN を含む．

問 2　FMN の正式名はフラビンモノヌクレオチドである．

問 3　FMN はビタミン B_2 誘導体である．

問 4　複合体 I はシトクロム類を含む．

問 5　複合体 II はクエン酸回路のコハク酸デヒドロゲナーゼを含む．

問 6　複合体 II は FMN，鉄イオウタンパク質を含む．

問 7　シトクロムは銅イオンを含む．

問 8　複合体 III は，シトクロム b，シトクロム c_1，鉄イオウタンパク質(Fe–S)を含む．

問 9　複合体 III は，シトクロム aa_3，銅結合タンパク質を含む．

問 10　鉄イオウタンパク質やシトクロム類の鉄イオンの $Fe^{2+} \longleftrightarrow Fe^{3+}$ の変換が酸化還元反応を担う．

(6-2-4　ペントースリン酸経路)

問 1　ペントースリン酸経路は核酸の材料をつくるために必要である．

問 2　ペントースリン酸経路の重要な役割の 1 つは NADPH の供給である．

問 3　ペントースリン酸経路はグルコース–6–リン酸の酸化から開始する．

問 4　ペントースリン酸経路には酸化反応が 2 か所ある．

問 5　ペントースリン酸経路はミトコンドリアで行われる．

（6-2-5　糖新生）

問 1　糖新生は概ね解糖系の逆反応により起こるが，解糖系の 4 つの不可逆な酵素の箇所は別経路を通る．

問 2　長期飢餓の場合，糖新生によるグルコース産生によって血糖値が維持される．

問 3　アセチル CoA は実質上，糖新生の基質にならない．

問 4　糖原性アミノ酸は脱アミノ化され α-ケト酸（2-オキソ酸）になるが，最終的に解糖系，クエン酸回路の中間体に代謝され，糖新生に利用される．

問 5　ケト原性アミノ酸は脱アミノ化され α-ケト酸になるが，最終的にアセチル CoA に代謝され，糖新生に利用される．

（6-2-6　糖の消化・吸収）

問 1　デンプンにはアミロースとアミロペクチンがある．

問 2　アミロースはグルコースが結合した直鎖構造をもち，還元末端と非還元末端をひとつずつもつ．

問 3　アミロペクチンは枝分かれがあり，ひとつの還元末端と複数の非還元末端をもつ．

問 4　アミロースはグルコースが β1,4 結合でつながった構造をもつ．

問 5　アミロペクチンの枝分かれは β1,4 結合を介する．

問 6　唾液，膵液に含まれるデンプンを消化する酵素は β-アミラーゼである．

問 7　α-アミラーゼはエキソ型酵素で，マルトースを遊離する．

問 8　β-アミラーゼはエンド型酵素で，マルトースを遊離する．

問 9　小腸上皮細胞の刷子縁膜に存在する α-グルコシダーゼはマルトースを分解する．

問 10　ナトリウム依存性グルコーストランスポーター（SGLT）は一次性能動輸送を行う．

問 11　GLUT は促進拡散性のグルコーストランスポーターである．

問 12 グルコースが小腸で吸収される際は能動輸送を介する.

問 13 フルクトースが小腸で吸収される際は能動輸送を介する.

問 14 Na^+,K^+–ATPase は受動拡散を行う.

問 15 小腸上皮細胞のグルコースは GLUT2 により毛細血管側に輸送される.

(6–2–7 グリコーゲンの代謝)

問 1 肝臓のグリコーゲンホスホリラーゼはグルカゴンにより活性化される.

問 2 筋肉のグリコーゲンホスホリラーゼはアドレナリンにより活性化される.

問 3 グルカゴン受容体は三量体 G タンパク質の Gs と共役している.

問 4 アドレナリン β–受容体は三量体 G タンパク質の Gs と共役している.

問 5 グルカゴンは肝臓でアデニル酸シクラーゼを抑制する.

問 6 アドレナリンは筋肉でアデニル酸シクラーゼを活性化する.

問 7 三量体 G タンパク質の Gs はアデニル酸シクラーゼを抑制する.

問 8 グリコーゲンホスホリラーゼはリン酸化により活性化される.

問 9 サイクリック AMP(cAMP)はグリコーゲン分解を促進する.

問 10 サイクリック AMP(cAMP)はサイクリック AMP(cAMP)依存性プロテインキナーゼ(プロテインキナーゼ A, PKA)を活性化する.

問 11 サイクリック AMP 依存性プロテインキナーゼはホスホリラーゼキナーゼをリン酸化し，活性化する.

問 12 グリコーゲンシンターゼはリン酸化により活性化される.

問 13 グリコーゲンシンターゼはグルカゴンにより活性化される.

問 14 肝臓のグリコーゲンは血糖値の維持のために利用される.

問 15 インスリンは空腹時に分泌される.

問 16 グルカゴンは空腹時に分泌される.

(6-3　脂質の代謝)

問 1　遺伝的障害により，特定の臓器に脂質の蓄積する疾患例をあげよ．

問 2　血漿より低比重リポタンパク質(LDL)と高比重リポタンパク質(HDL)を分離するにはどのような方法が用いられるか．

問 3　文中の空欄に当てはまる酵素名を記入しなさい．
血中の大部分のコレステロールエステルは，高密度リポタンパク(HDL)に結合した[①]により生成される．肝臓では，主に，[②]によりコレステロールエステルが生成される．

問 4　アスピリンは，どのような作用機序によりシクロオキシゲナーゼ活性を阻害するか．

問 5　ステアリン酸(炭素数 18 の飽和脂肪酸)1 mol が完全に β 酸化を受けるとき，何 mol の ATP を産生するか．

問 6　グリセロリン脂質の構造式中に示した結合部位を加水分解する酵素名を答えよ．なお，R_1 および R_2 は長鎖脂肪酸の炭化水素基を，X は極性基を表す．

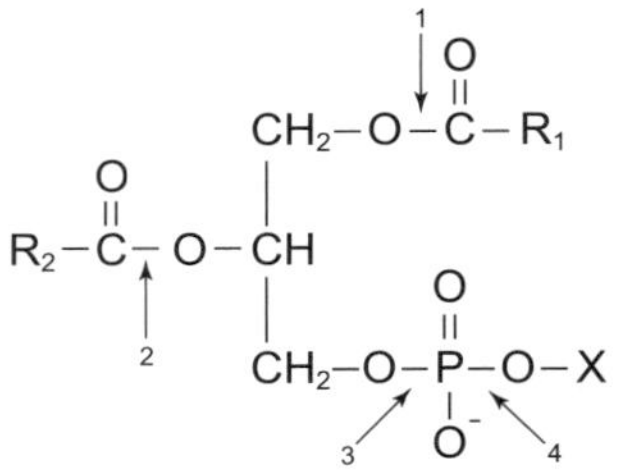

問 7　ケトン体が，飢餓時に脳のエネルギーとして利用される理由は何か．

(6-4　アミノ酸の代謝)

問 1　神経伝達物質の γ-アミノ酪酸は，アスパラギン酸の脱炭酸反応により生成する．

問 2　アミノ酸の脱炭酸反応には，補酵素としてチアミンピロリン酸が必要である．

問 3　ホルモンのチロキシンは，チロシンから生合成される．

問 4　チロシンは，ニコチン酸に代謝され，補酵素の前駆体となる．

問 5 ポルフィリンはグリシンから生合成される.

問 6 グルタチオンは，グリシン，グルタミン酸，メチオニンが結合したトリペプチドである.

問 7 血管を弛緩させる作用をもつ一酸化窒素(NO)は，血管内皮細胞においてリシンからつくられる.

問 8 メチオニンは，*S*-アデノシルメチオニンとなり，メチル基供与体として働く.

問 9 アラニンアミノトランスフェラーゼ(ALT)は，別名グルタミン酸-ピルビン酸トランスアミナーゼ(GPT)ともいう.

問 10 アスパラギン酸アミノトランスフェラーゼ(AST)は，別名グルタミン酸-オキサロ酢酸トランスアミナーゼ(GOT)ともいう.

問 11 アルカプトン尿症では，分枝 2-オキソ酸デヒドロゲナーゼ複合体の異常により，分岐鎖アミノ酸が分解されず，尿中濃度が上昇している.

問 12 メープルシロップ尿症(カエデ糖尿症)では，尿中のロイシン，イソロイシン，バリンの濃度が上昇している.

問 13 フェニルケトン尿症，メープルシロップ尿症(カエデ糖尿症)，ホモシスチン尿症 I 型は新生児マススクリーニングの対象である.

問 14 ピルビン酸やクエン酸回路の中間体に分解されるアミノ酸は，ケト原性アミノ酸とよばれる.

問 15 アセチル CoA やアセト酢酸に分解されるアミノ酸は，糖原性アミノ酸とよばれる.

(6-5 ヌクレオチドの代謝)

問 1 ヌクレオチド合成に必要なリボース 5-リン酸は，解糖系から供給される.

問 2 アデノシン一リン酸(AMP)とグアノシン一リン酸(GMP)の生合成は，イノシン一リン酸(IMP)を経由する.

問 3 アデノシン一リン酸(AMP)にヌクレオチドキナーゼが作用する

とアデノシン二リン酸(ADP)になり，さらに作用するとアデノシン三リン酸(ATP)になる．

問 4　ウリジン三リン酸(UTP)はシチジン三リン酸(CTP)から生合成される．

問 5　チミジル酸合成酵素は，ウリジン一リン酸(UMP)にテトラヒドロ葉酸からメチル基を転移してチミジン一リン酸(TMP)を生成する．

問 6　遊離プリンからのプリンヌクレオチド生合成(サルベージ経路)では，5-ホスホリボシル 1-ピロリン酸(PRPP)が使われる．

問 7　ピリミジンは，酸化されて尿酸となって排泄される．

問 8　ジヒドロ葉酸レダクターゼを阻害すると，プリン生合成が阻害される．

問 9　ピリミジンは，生合成過程においてピリミジン環として合成されてから糖部分に結合する．

第７章

遺伝情報の発現と調節

7-1　遺伝情報と DNA

問題 1

以下の記述にあてはまる分子遺伝学の用語はどれか．選択肢から選びなさい．

1. 複数のデオキシリボヌクレオチドが 3', 5'–ホスホジエステル結合によって連続的な鎖構造を形成した物質．
2. タンパク質の一次構造に対応する領域とそれ以外の領域をあわせたすべての核酸分子上の領域．
3. 細胞分裂期に観察されるひも状の構造体であり，遺伝情報を担う核酸分子が含まれる．
4. タンパク質の一次構造に対応する核酸分子上の特定領域．

選択肢：①ゲノム　② DNA　③染色体　④ RNA
　　　　⑤遺伝子

解答　1. ②　2. ①　3. ③　4. ⑤

解説

1. デオキシリボヌクレオチドは，デオキシリボース，リン酸，塩基からなる．リン酸は，デオキシリボースの 5'にリン酸が結合している．塩基は，アデニン，グアニン，シトシン，チミンのいずれかである．デオキシリボースの 3'と 2 番目のデオキシリボヌクレオチドにあるデオキシリボースの 5'の間に 3',5'-ホスホジエステル結合を生じることによりデオキシリボヌクレオチドの二量体が形成する．同様に，次々とデオキシリボヌクレオチドが結合し連続的な鎖を形成したものがデオキシリボ核酸(DNA)である(下図を参照)．

2. 生物のもつ DNA には，タンパク質を産生するための情報を担う部分(コーディング領域)とそれ以外の領域(ノンコーディング領域)があり，ゲノムは，これらのすべての領域からなる(第 7 章 7-1 問題 2 を参照)．
3. 塩基性の色素で染色されることからこの名称がある．細胞分裂期にひも状の構造体として光学顕微鏡で観察することができる．染色体の基本構造は，ヒストンと DNA からなるヌクレオソームである(第 7 章 7-1 問題 3 を参照)．
4. タンパク質の情報を担う核酸(ほとんどの生物は DNA であるが，RNA ウイルスの場合は，RNA)上の特定の領域を遺伝子とよぶ．

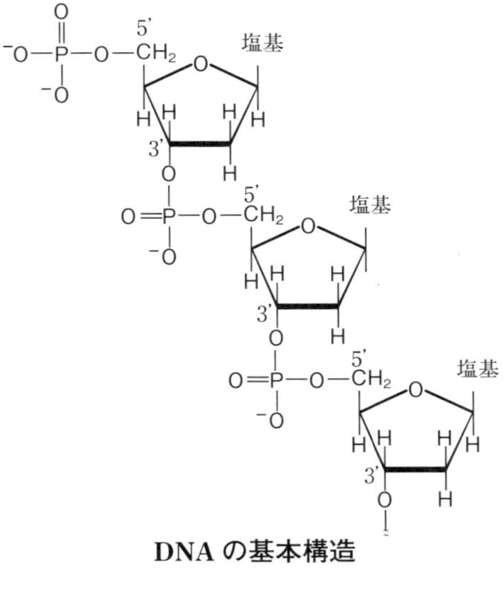

DNA の基本構造

問題 2

次の記述の空欄に最も適切な語句を入れなさい.

遺伝情報は，DNA の配列により伝えられるため，タンパク質に翻訳される DNA 領域は，遺伝子とよばれる(遺伝子内にある翻訳されないイントロンも遺伝子の一部である)．ヒトの場合，遺伝子の数は，21,000 種類であることがわかっており，半数体染色体からなる生殖細胞には，30 億塩基対の DNA が含まれることから，タンパク質に翻訳される DNA 領域は，わずか 1 ～ 2%に過ぎない．このように生物に含まれる DNA 領域には，タンパク質がつくられる情報をもつ[①]領域とそれ以外の[②]領域とがあり，これらすべての DNA 領域を[③]とよぶ．二倍体の染色体からなる体細胞には，2 組の[③]が保有されることになる．[②]領域にある DNA 領域には，遺伝子の発現調節に関与する部分となるものが知られており，タンパク質に翻訳されない RNA のほとんどは，[②]領域から転写されることが明らかとなっている．例えば，転写・翻訳を制御する[④]の非翻訳領域，RNA スプライシングに関与する[⑤]などの例がある．

解答　①コーディング　②ノンコーディング　③ゲノム
④ mRNA　⑤ snRNA

解説

ゲノムは，遺伝子：gene と総体：ome を組み合わせた造語である．1956 年にワトソンとクリックにより遺伝子の本体が DNA であることが証明されてからは,「すべての染色体を構成する DNA 領域」を意味することになった. ゲノムに含まれる DNA の塩基配列を分析する研究は, ゲノム配列解析とよばれ, ゲノム情報に基づいた新薬の開発に役立てられている. また, 遺伝子の機能を明らかにするために, ゲノム上の特定の箇所の DNA 塩基配列を変化させる技術は, ゲノム編集技術とよばれる.

問題 3

クロマチンの構造に関する次の記述の空欄に最も適切な語句を記入しなさい.

真核生物の DNA はタンパク質と結合して［①］内に詰め込まれている. DNA は,［②］とよばれる 4 種の塩基性タンパク質からなる複合体に巻き付いて,［③］というビーズ状複合体を形成し,［③］がさらに重合することによってクロマチン線維が形成される. クロマチンの構造は細胞周期を通してさまざまな形態に変化しており, 細胞分裂期には凝集して［④］を形成するため, 顕微鏡で観察できるようになる. 一方, 分裂間期には, 凝集せずにゆるんだ状態となる.

解答　①核　②ヒストン　③ヌクレオソーム　④染色体

解説

ヒストンは塩基性の強い小さなタンパク質であり, 負に帯電した DNA のリン酸基を中和することにより, DNA が核内に密に詰め込まれるのを助けている. 4 種のヒストン(H2A, H2B, H3, H4)は, 各 2 分子ずつが会合して 8 量体の複合体を形成し, そのまわりを DNA が 1.8 回転巻き付いたものがヌクレオソームとよばれるクロマチンの基本単位である. クロマチンは, 分裂間期にはゆるんだ状態となっているが, 分裂期には凝集するため染色体として顕微鏡で観察することができるようになる(第 2 章 2-4 問題 4 も参照).

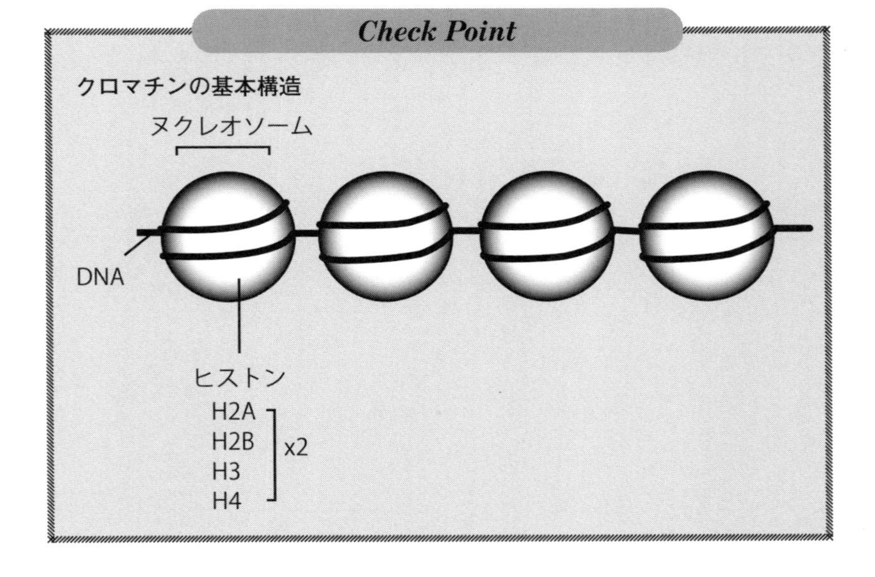
Check Point
クロマチンの基本構造
ヌクレオソーム
DNA
ヒストン
H2A
H2B
H3
H4
x2

問題 4

細胞から抽出されたDNAにおいて，グアニンとシトシンの和が，モル比で32%を占めるとき，1. グアニン，2. シトシン，3. アデニン，4. チミンの比率は何%と考えられるか.

解答 1. 16% 2. 16% 3. 34% 4. 34%

解説

ワトソン・クリックによるDNA分子構造モデルでは，ポリヌクレオチド主鎖が逆平行の右巻きの二重らせん構造をとっており，この2本の鎖がアデニンに対してはチミンが，グアニンに対してはシトシンが水素結合により塩基対を形成している．したがって，DNA中のグアニンとシトシンの量，およびアデニンとチミンの量は常に等しくなる.

Check Point

ワトソン・クリック型塩基対

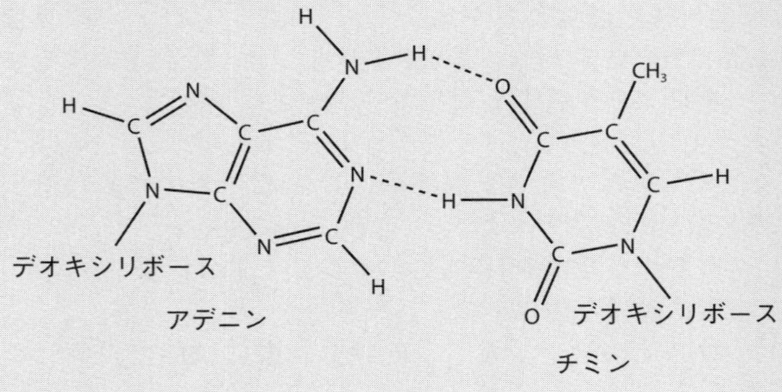
H
N
H
CH3
H
N
O
C
C
C
C
C
H
N
C
H
N
H
N
N
C
C
N
デオキシリボース
H
アデニン
O
デオキシリボース
チミン

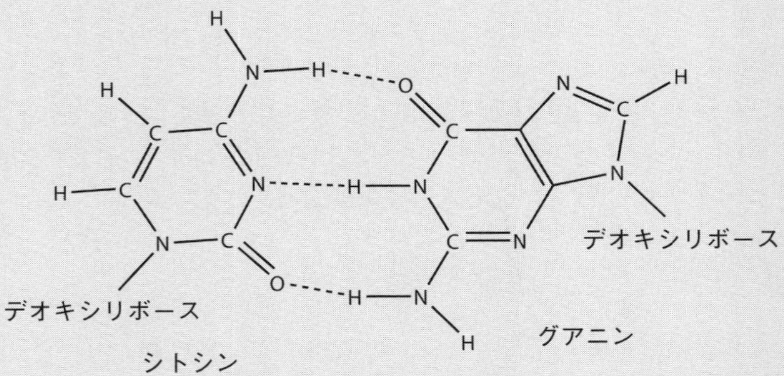
H
N
H
H
O
N
H
C
C
C
C
H
C
N
H
N
N
C
C
N
C
N
デオキシリボース
O
H
N
デオキシリボース
H
グアニン
シトシン

問題5

真核細胞の染色体に関する以下の文章を読み，各問に答えなさい．

真核細胞の染色体は，クロマチンというDNA-ヒストン複合体からなる．ヒストンのアミノ末端部分リシン残基の側鎖アミノ基は，メチル化／脱メチル化，アセチル化／脱アセチル化などの翻訳後修飾を受ける(1)．一方，DNAもメチル化を受ける(2)．染色体の動原体を形成する部分は，[(3)]，染色体の末端部は，テロメアとよばれ，染色体では，分裂を繰り返すたびに，テロメアが短くなるという特徴をもつ(4)．

(1) ヒストンのアミノ末端部分における翻訳後修飾の遺伝子発現における役割について説明しなさい．
(2) メチル化を受けるDNAのヌクレオチドは何か．
(3) 空欄に適当な語句を記入しなさい．
(4) テロメアのヌクレオチド配列の特徴について説明しなさい．

解答　(1)アセチル化は遺伝子発現を促進するのに対し，脱アセチル化は抑制する．(2)シトシン　(3)セントロメア　(4)遺伝情報をもたない数ヌクレオチドの反復配列が存在する．

解説

ヒストンのアセチル化は，リシンの側鎖アミノ基に起こり，その結果，プロモーター周辺のクロマチン構造がゆるんだ状態となるため，転写が起こりやすくなる．逆に，脱アセチル化されていると，メチル化が起こり，メチル化を受けた部位には，タンパク質の凝集が起こるため，転写が起こりにくくなる．DNA のメチル化は，CG 配列部分のシトシンが認識され，5-メチルシトシンを生じる．シトシンのメチル化は，転写を抑制する．

真核生物の染色体は線状のため，ラギング鎖の複製の際に親鎖の 3'末端部分につくられた RNA プライマーが除去されることにより，娘鎖の 5'末端がプライマーの部分だけ短くなる．染色体の末端が短くなっても遺伝子の発現に影響を与えないようにするため，テロメアは，遺伝情報をもたない反復配列(ヒトの場合，TTAGGG)からなる(第 7 章 7-5 問題 1 の解説も参照)．

Column

テロメラーゼ

テロメアの特異的反復配列を伸長させ，テロメアが短くなることを避ける働きをもつ酵素がテロメラーゼである．テロメラーゼは，RNA を鋳型とする逆転写酵素であり，ヒトでは通常発現していないが，生殖細胞，がん細胞には活性が認められるため，テロメラーゼの阻害剤は，抗がん剤の候補となる．

7-2 転　写

問題 1

真核細胞における RNA の転写後修飾とプロセシングに関する文中の空欄に適切な語句を記入しなさい.

真核細胞 mRNA は，転写後，修飾およびプロセシングを受けることにより，翻訳の機能を果たせるようになる．転写後修飾のひとつは，mRNA の 5'末端部に，7−メチルグアノシンを結合した［　①　］構造をもつことである．この修飾が行われることにより，翻訳の際に，mRNA のリボソームへの結合が促進される．また，真核細胞 mRNA の 3'末端には，［　②　］尾部が付加される．次に，転写物中の［　③　］が除去され，残された［　④　］が連結して，成熟 mRNA となる．この転写後における一部の内部配列除去プロセシングは，［　⑤　］とよばれる.

解答　①キャップ　②ポリアデニル酸　③イントロン　④エキソン　⑤スプライシング

解説

真核細胞の mRNA は，5'末端部にメチル化ヌクレオチドを結合するキャップ構造をもち，また，3'末端部にポリアデニル酸尾部をもつ特徴がある．キャッピングとポリアデニル化反応を受けた一次転写物から，さらに，一部の非コード配列（イントロン）が除去され，残されたコード配列（エキソン）が連結し最終産物となる．このスプライシングは核内で進行し，生成した成熟 mRNA は，細胞質へ移行する．

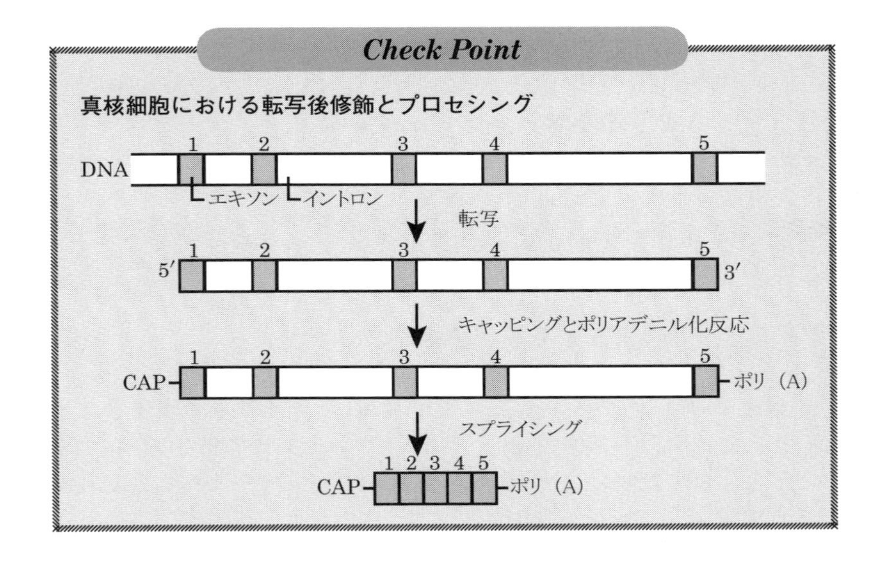

問題 2

原核生物および真核生物における RNA 転写に関する文中の空欄に適切な語句を記入しなさい.

原核生物における RNA 転写は，RNA ポリメラーゼが，鋳型 DNA の［①］とよばれる塩基配列を認識することから開始する．この塩基配列内には，転写開始点より 10 塩基上流に，［②］と名付けられた 6 塩基からなる共通配列 TATAAT が存在する．真核生物にも，転写開始点の 25〜30 塩基上流に，これに相当する共通配列が存在し，［③］とよばれている．真核生物には，3 種の RNA ポリメラーゼが存在することが確かめられており，このうち［④］に局在する RNA ポリメラーゼ II は，この配列を認識することが知られている．真核生物の DNA には，転写速度を促進する配列が存在することが知られており，［⑤］とよばれる．この配列は，［⑥］とよばれるタンパク質と相互作用することにより，RNA ポリメラーゼ II の［①］への結合を助けると考えられている．

解答 ①プロモーター　②プリブナウボックス　③ TATA ボックス　④核質　⑤エンハンサー　⑥転写因子

解説

原核生物のプロモーターには，−10 領域に，プリブナウボックスとよばれる 6 連配列，−35 領域に TTGACA コンセンサス配列が存在することが知られており，これらの配列が RNA ポリメラーゼにより認識されることにより，転写が開始する．これらの配列に相当する共通配列は，真核細胞にも存在し，－30～－25にTATAボックスが，－90～－70にCAATボックスが存在する．

Check Point

原核生物および真核生物のプロモーター領域

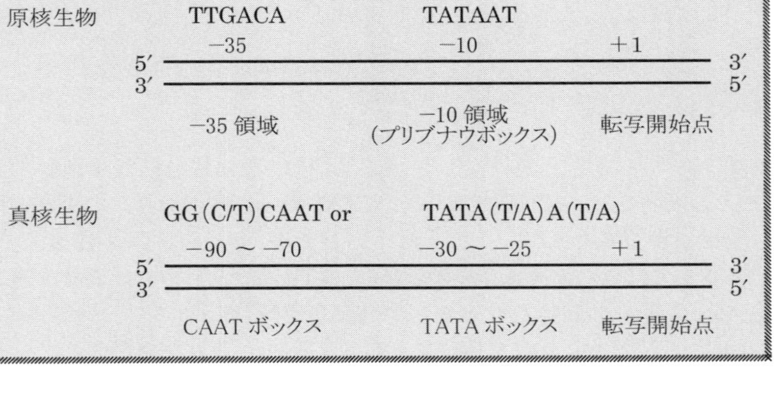

原核生物

TTGACA　TATAAT

－35　－10　＋1

5′ ―――――――――――――――― 3′

3′ ―――――――――――――――― 5′

－35領域　－10領域（プリブナウボックス）　転写開始点

真核生物

GG（C/T）CAAT or　TATA（T/A）A（T/A）

－90 ～ －70　－30 ～ －25　＋1

5′ ―――――――――――――――― 3′

3′ ―――――――――――――――― 5′

CAATボックス　TATAボックス　転写開始点

問題 3

転写促進に関する文中の空欄に適切な語句を記入しなさい.

ある種の DNA 領域は, プロモーターからの転写開始を促進することから[①]とよばれる. この配列には, [②]とよばれるタンパク質が特異的に結合する. これらのタンパク質は, その分子構造からいくつかのカテゴリーに分類されている. [③]は, 亜鉛イオンとの連続した複合体を形成する. [④]は, 7 番目ごとにロイシンが反復的に現れる 2 個の α ヘリックスが, ロイシン同士で向かい合うように二量体を形成する. 一方, [⑤]は, 2 つの α ヘリックスが互いに直角に折れ曲がった構造で連結し, さらに二量体を形成する. [⑥]は, 短いループにより連結した 2 つの α ヘリックスが二量体を形成することにより, 特定の DNA 配列に結合する.

解答 ①エンハンサー　②転写因子　③ジンクフィンガー
④ロイシンジッパー　⑤ヘリックス・ターン・ヘリックス
⑥ヘリックス・ループ・ヘリックス

解説

第 7 章 7-2 問題 2 に記したように, 真核生物細胞の転写を制御する DNA の配列には, TATA ボックス, CAAT ボックスがあり, いずれも転写開始点から 5'上流へ, それぞれ, 25 から 30 塩基あるいは 75 から 90 塩基さかのぼった位置に存在する(図を参照のこと). 一方, 真核生物細胞の転写活性を上昇させる第三の塩基配列であるエンハンサーは, 1,000 から数万塩基離れた遠位に存在していても効力を発揮することができ，驚くべきことに，5'→3'方向だけではなく，3'→5'方向でも機能を発揮する場合がある．これらのエンハンサー配列に特異的に結合する転写因子は，特徴的な構造をもつものが知られており，ロイシンジッパー，ヘリックス・ターン・ヘリックス，ヘリックス・ループ・ヘリックスをもつタンパク質は，二量体を形成することにより，また，ジンクフィンガーをもつタンパク質は，亜鉛との錯体の繰り返し構造により，DNAとの相互作用を強めている．

ジンクフィンガー（RADR：1A1I）
（3個の球状図形は亜鉛イオンを示す）

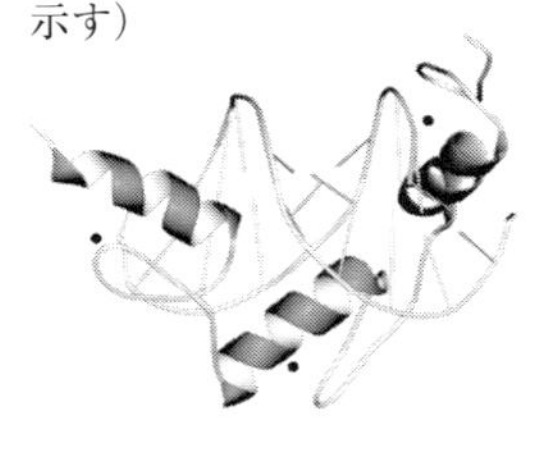

ロイシンジッパー（GCN4：1YSA）

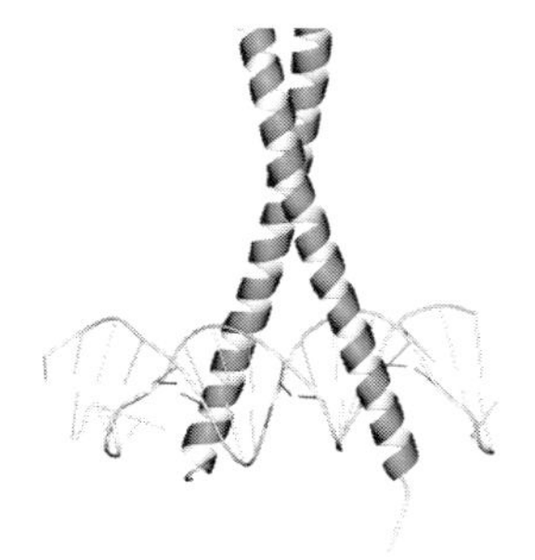

ヘリックス・ターン・ヘリックス
（ETS：1PUE）

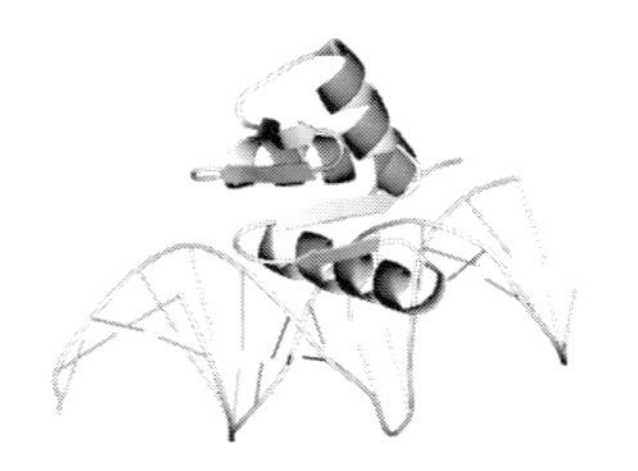

ヘリックス・ループ・ヘリックス
（MYOD：1MDY）

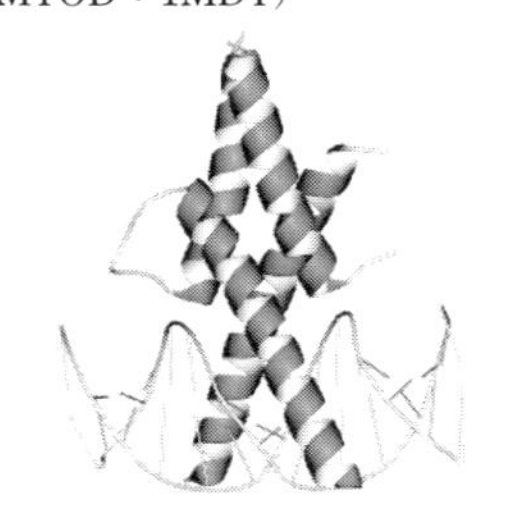

転写因子の種類

（タンパク質構造データバンク（PDBj）より引用，最初の語句は転写因子名，2番目の語句はPDB IDを示す）

問題 4

RNA のうち，酵素活性をもつものをリボザイムとよんでいる．このリボザイム活性による真核生物 mRNA のプロセシング反応は何か．

解答　スプライシング

解説

真核生物 mRNA のスプライシングは，スプライソソームとよばれる 60S 粒子で行われる．スプライソソームにおいては，核内低分子リボ核タンパク質(snRNP)（核内低分子 RNA(snRNA)とタンパク質から構成されている)が mRNA 前駆体に結合し，リボザイム活性によるスプライス部位の切断が行われやすい構造をとるのを助ける．イントロン内部にある塩基が活性部位となり，5'側のスプライス部位を切断した後，次に，3'側のスプライス部位を切断し，両エキソンの連結と，イントロン部位の除去を行う．

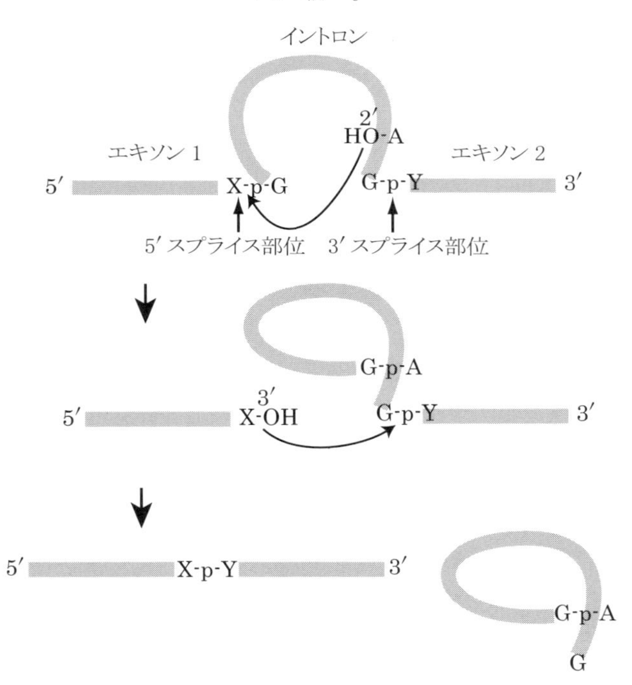

Column

RNA ワールド仮説

RNA は，前駆体 mRNA のスプライシングやタンパク質合成反応におけるペプチド転移反応において，酵素としても機能している．この事実は，進化の初期過程においては，RNA が，すべて，遺伝情報と酵素活性を担っていたという RNA ワールド仮説の根拠となるものである．進化の過程で，酵素反応に関して，RNA がタンパク質にその座を譲り渡した理由は，RNA の塩基が 4 種類しかないのに対し，タンパク質を構成する 20 種のアミノ酸には，ヒドロキシ基，チオール基，カルボキシ基，アミノ基などの高反応性の官能基が揃っているためであろう．

7-3 翻　訳

問題 1

右図は，tRNA の二次構造を模式的に示したものであり，図中の点は相補的塩基対を示している．

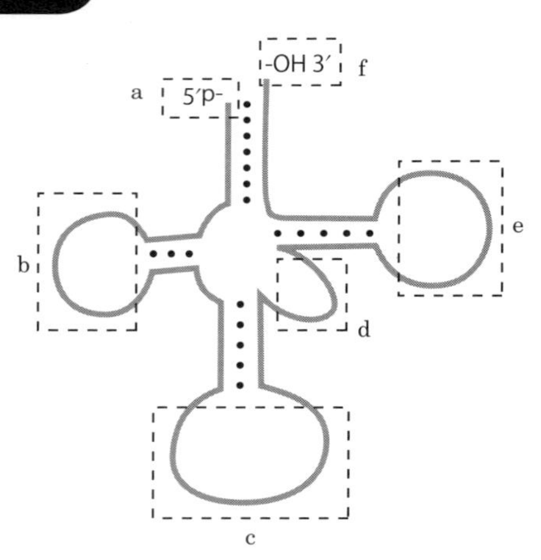

1. mRNA 中のコドンと結合する部分は図中 a～f のどれか．
2. アミノ酸が結合する部分は図中 a～f のどれか．
3. 図中に点で示されている相補的塩基対の結合様式は何か．

解答　1. c　2. f　3. 水素結合

解説

tRNA は，リボソームにアミノ酸を輸送する担体として重要な役割を果たしている．アミノ酸に特異的に結合する tRNA の二次構造は，哺乳動物ミトコンドリアのものを例外としてすべての生物で類似しており，クローバーの葉の形に折り畳まれている．tRNA が運ぶアミノ酸残基は，3'OH 基末端部に結合し，この部分をアミノ酸ステムとよぶ．一方，mRNA 中の 3 塩基(コドン)と結合するアンチコドンをもつループをアンチコドンループとよぶ．その他，ジヒドロウリジン(D)を含む D アーム(b)，可変ループ(d)，TΨC ループ(e)を共通の構造としてもつ．

Check Point

翻訳過程における各種 RNA の役割

種類	役割
tRNA(転移 RNA)	リボソームにアミノ酸を輸送する
mRNA(メッセンジャーRNA)	タンパク質合成におけるアミノ酸配列情報を含む
rRNA(リボソーム RNA)	タンパク質合成の場であるリボソームの構成成分となる

問題 2

翻訳に関する以下の文章を読み，各問に答えなさい.

タンパク質合成の場であるリボソームは，細菌，真核生物ともに，2 種類の大小サブユニット(1)からなる粒子であり，細菌(沈降係数 70S)に比べ真核生物(沈降係数 80S)の方が若干大きい．mRNA はリボソームの小サブユニットに結合し，タンパク質合成が開始されるが，開始 tRNA が mRNA 中の開始コドン AUG を認識する方法は，細菌と真核生物では異なる(2).
細菌の翻訳過程を阻害する抗生物質には，細菌のリボソームと真核生物のリボソームの構造上の違いにより，真核生物の翻訳過程を阻害しないものがある(3).

(1) 細菌および真核生物のリボソームを形成する大小 2 種のサブユニットのサイズを，沈降係数を用いて表しなさい.
(2) mRNA 上の開始コドンを認識する際の細菌および真核生物の違いについて述べなさい.
(3) 細菌の大サブユニットのみに作用するタンパク合成阻害剤と真核生物の大サブユニットのみに作用するタンパク合成阻害剤の例をあげなさい.

解答 (1)細菌：50S および 30S, 真核生物：60S および 40S (2)細菌では，開始コドンの 5'上流部位に存在するシャイン・ダルガーノ配列とよばれるプリン塩基に富んだ配列が認識される．真核生物では，5'末端に最も近接する AUG 配列が選択される． (3)細菌：クロラムフェニコール，エリスロマイシン，真核生物：シクロヘキシミド

解説

細菌のリボソームは，沈降係数 70S の粒子で，大サブユニット(50S)は，5S および 23S RNA を含み，小サブユニット(30S)は，16S RNA を含む．一方，真核生物のリボソームは，80S の粒子で，大サブユニット(60S)は，5S, 5.8S および 28S RNA を含み，小サブユニット(40S)は，18S RNA を含む．細菌でも真核生物でも，翻訳の初期過程は，小サブユニット上で，開始 tRNA が mRNA 中の開始コドン AUG と結合することであるが，開始コドンを選択する方法は，細菌と真核生物では異なる．クロラムフェニコールは，細菌の 50S 大サブユニットに結合しタンパク質合成を阻害するのに対し，シクロヘキシミドは，真核生物の 60S 大サブユニットに結合しタンパク質合成を阻害する．

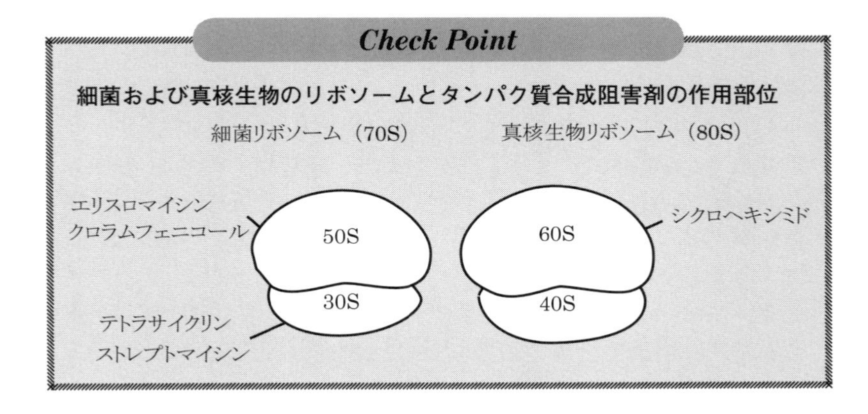

問題3

遺伝暗号に関する記述の空欄に最も適切な語句を記入しなさい.

［①］とよばれるヌクレオチドの三つ組(トリプレット)が連続したものが遺伝暗号である. 遺伝暗号の特徴は, ほとんどのアミノ酸において, ひとつのアミノ酸が複数の［①］によって規定されることであり, このことを遺伝暗号が［②］しているという. いくつかの異なる［①］がひとつのアミノ酸を指定する場合, その違いは, 通常, 三つ組のヌクレオチドの［③］番目にある. mRNA 上の［①］は, ［④］という tRNA 上の 3 塩基配列との間に塩基対を形成する. 4 種類のヌクレオチドからは, 64 通りの三つ組の組合せができるが, この中で特別な機能を果たすものとして, AUG は翻訳開始のシグナルとなることから［⑤］とよばれ, UAA, UAG, UGA の 3 種は, ポリペプチド鎖合成終止のシグナルであることから［⑥］とよばれる. このように, 64 通りの［①］のうち, 1 個の翻訳開始シグナルと 3 個の翻訳終止シグナルがあるため, ランダムなヌクレオチド配列のうち, 平均して, 各読み枠ごとに, 約 20 個の［①］がポリペプチド鎖に翻訳されると合成が停止することになる. 一般に, 50 以上の連続する三つ組配列の間に, 終止シグナルが現れない読み枠は, ［⑦］とよばれ, 通常は, 機能をもつタンパク質の遺伝子に対応する遺伝暗号であることが多い. 同じ遺伝暗号をもつ mRNA であっても翻訳の前に編集されることにより解読のされ方に影響を与える場合がある. 例えば, アポリポタンパク質 B には, 肝臓で合成されるアポ B-100(分子量 513,000)と小腸で合成されるアポ B-48(分子量 250,000)がある

が，これは，小腸にのみ存在するシチジンデアミナーゼがアミノ酸残基 2,153 を指定する［①］に結合し，シチジンを［⑧］に変換することにより［⑥］が現れ，途中で合成が停止した小さなタンパク質を合成することになる．

解答 ①コドン ②縮重 ③3 ④アンチコドン
⑤開始コドン ⑥終止コドン
⑦オープンリーディングフレーム(ORF) ⑧ウリジン

解説

特定のアミノ酸をコードするヌクレオチドの三つ組(トリプレット)をコドンとよび，転移 RNA 上の 3 塩基配列であるアンチコドンとの間に塩基対を形成することにより，それぞれのコドンがひとつのアミノ酸を指定する．4 種類のヌクレオチド 3 個の組合せからは，64 通りのコドンが生じるが，そのうち，AUG は，Met 残基をコードする以外にポリペプチド鎖合成の開始コドンでもあり，UAA, UAG,UGA の 3 種のコドンは，ポリペプチド合成の終止シグナルの役割を果たしている．すなわち，終止コドンを除いた 61 種のコドンは，20 個のアミノ酸のいずれかに対応しており，Arg, Leu, Ser に対応するコドンは，それぞれ 6 個ずつある．このようにひとつのアミノ酸が複数のコドンにより指定されることを縮重しているという．縮重しているアミノ酸のコドンの最初の 2 塩基は，tRNA のアンチコドンの対応する塩基と強いワトソン・クリック塩基対を形成しているのに対し，3 番目の塩基との塩基対形成は弱いことからこの塩基はゆらぎ塩基とよばれる．

問題 4

ウリジル酸とグアニル酸を3：1で混合してポリマーをつくり，これをmRNAとして，アミノ酸をペプチドへ取り込ませる実験に関して，以下の各問に答えなさい．なお，下に記した遺伝暗号表を利用しなさい．

1字目	2字目				3字目
	U	C	A	G	
U	Phe Phe Leu Leu	Ser Ser Ser Ser	Tyr Tyr 終止 終止	Cys Cys 終止 Trp	U C A G
C	Leu Leu Leu Leu	Pro Pro Pro Pro	His His Gln Gln	Arg Arg Arg Arg	U C A G
A	Ile Ile Ile Met	Thr Thr Thr Thr	Asn Asn Lys Lys	Ser Ser Arg Arg	U C A G
G	Val Val Val Val	Ala Ala Ala Ala	Asp Asp Glu Glu	Gly Gly Gly Gly	U C A G

1. ペプチドに取り込まれる可能性のあるアミノ酸をすべてあげなさい．
2. それぞれのアミノ酸がポリペプチドに取り込まれる比率はいくらになるか．

解答 1. Phe, Val, Leu, Cys, Gly, Trp

2. Phe：Val：Leu：Cys：Gly：Trp ＝ 27：12：9：9：4：3

解説

ウリジル酸(U)，グアニル酸(G)の２種のヌクレオチドから生じる遺伝暗号の組合せとそれぞれに対応するアミノ酸は以下の通りである．すなわち，UUU(Phe)，UUG(Leu)，UGU(Cys)，UGG(Trp)，GUU(Val)，GUG(Val)，GGU(Gly)，GGG(Gly)の６種類のアミノ酸がペプチドに取り込まれる．また，それぞれの遺伝暗号が生じる確率は，

UUU：$\frac{3}{4}\times\frac{3}{4}\times\frac{3}{4}=\frac{27}{64}$，　UUG：$\frac{3}{4}\times\frac{3}{4}\times\frac{1}{4}=\frac{9}{64}$，

UGU：$\frac{3}{4}\times\frac{1}{4}\times\frac{3}{4}=\frac{9}{64}$，　UGG：$\frac{3}{4}\times\frac{1}{4}\times\frac{1}{4}=\frac{3}{64}$，

GUU：$\frac{1}{4}\times\frac{3}{4}\times\frac{3}{4}=\frac{9}{64}$，　GUG：$\frac{1}{4}\times\frac{3}{4}\times\frac{1}{4}=\frac{3}{64}$，

GGU：$\frac{1}{4}\times\frac{1}{4}\times\frac{3}{4}=\frac{3}{64}$，　GGG：$\frac{1}{4}\times\frac{1}{4}\times\frac{1}{4}=\frac{1}{64}$である．

Check Point

遺伝暗号

- **同義コドン**：Arg，Leu，Ser の３アミノ酸は，６種のコドンで規定されており，同一のアミノ酸を規定するコドンを同義コドンという．タンパク質中に少量しか含まれない Met と Trp のみが１種のコドンで規定されている．
- **終止コドン**：UAG，UAA，UGA の３種のコドンは，アミノ酸をコードせずに，リボソームにおけるポリペプチド鎖の延長反応を終止させる．
- **開始コドン**：AUG は翻訳反応の開始コドンとして働き，ポリペプチド鎖中では，Met をコードしている．

7-4　遺伝子発現の調節

問題 1

下図は，大腸菌の lac オペロンを模式的に示したものである．このオペロンでは，ラクトースの代謝に関与する 3 種の構造遺伝子（β-ガラクトシダーゼ，透過酵素，トランスアセチラーゼ）の 5′上流に，リプレッサーを産生する調節遺伝子（lacI），プロモーター（p），およびオペレーター（o）が隣接している．

大腸菌 lac オペロン

5′	lacI	p	o	β- ガラクトシダーゼ	透過酵素	トランスアセチラーゼ	3′

1. 培地中にラクトースが存在しない場合に，lac オペロン内の構造遺伝子の発現が抑制される理由を説明しなさい．
2. 培地中にラクトースが存在する場合に，lac オペロン内の構造遺伝子発現が急激に増加する理由を説明しなさい．

解答　(1)lacI が産生するリプレッサータンパク質がオペレーター部位に結合するため，プロモーター部位への RNA ポリメラーゼの結合が抑制され，構造遺伝子の発現が妨げられる．
(2)細胞内には，わずかな量の β-ガラクトシダーゼが存在し，培地にラクトースを与えると，この酵素により，アロラクトースが生成する．アロラクトースは，リプレッサータンパク質と複合体を形成するために，オペレーター部位への結合が起こらず，RNA ポリメラーゼのプロモーター部位への結合が妨害されず，遺伝子発現が引き起こされる．

解説

大腸菌における遺伝情報発現調節方法の1つは，転写の開始速度をコントロールすることであり，プロモーターとよばれる DNA 配列への RNA ポリメラーゼの結合が起こることが，転写開始の引き金となる．大腸菌の lac オペロンは，遺伝子発現調節のメカニズムが最もよく理解されているものであり，通常は，β-ガラクトシダーゼの発現が非常に低い．この酵素の基質であるラクトースが存在すると遺伝子発現が急激に増加する理由は，リプレッサータンパク質が負の調節因子としての役割を果たしているためである．リプレッサータンパク質と結合して，遺伝子発現を促進する物質をインデューサーとよんでいる．

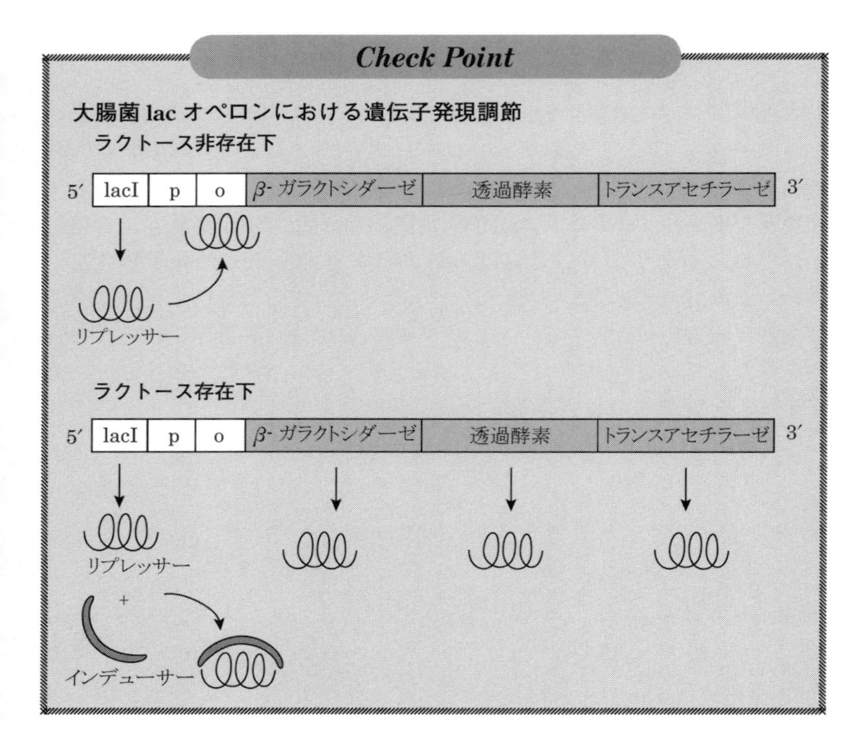
Check Point
大腸菌 lac オペロンにおける遺伝子発現調節
ラクトース非存在下
5′
lacI
p
o
β- ガラクトシダーゼ
透過酵素
トランスアセチラーゼ
3′
リプレッサー
ラクトース存在下
5′
lacI
p
o
β- ガラクトシダーゼ
透過酵素
トランスアセチラーゼ
3′
リプレッサー
+
インデューサー

問題 2

ホルモンを介する遺伝子発現調節に関する以下の文章について，各問に答えなさい．

ホルモンには，細胞膜受容体に結合して作用を発揮するものがあるが，一方，グルココルチコイド(1)のようなステロイドホルモンは，細胞内に移行して受容体と特異的に相互作用することにより転写調節を行う．ステロイド受容体は，DNA 上の特異的な配列を認識し，多くの場合，二量体として結合し(2)，近傍の遺伝子の転写を誘導もしくは抑制する．

(1) グルココルチコイドと同様に，細胞内に受容体をもつホルモンはどれか．正しいものをすべて選べ．
1. インスリン　2. ビタミン D　3. レチノイン酸
4. アドレナリン　5. グルカゴン

(2) ステロイド受容体の DNA 結合部位にみられる特徴的なドメイン構造は何か．

解答　(1)2, 3　(2)Zn(ジンク)フィンガーモチーフ

解説

グルココルチコイドをはじめとするステロイドホルモンおよびビタミン D，レチノイン酸，甲状腺ホルモン(チロキシン)は，いずれも非極性であり細胞膜を通過し，細胞質や核に達し，そこで対応する受容体に結合する．これらの受容体は，よく保存された DNA 結合ドメインをもち，核内受容体スーパーファミリーを形成している．これらの受容体

は，DNA 上のホルモン応答エレメント(HRE)とよばれる配列を認識し，二量体として DNA に結合することにより，近傍の遺伝子転写を誘導あるいは抑制するが，HRE を認識するドメイン構造は Zn(ジンク)フィンガーとよばれ，1 個の Zn^{2+} の周囲に 4 つのシステインが配位することにより形成されたループが DNA の主溝に入り込む.

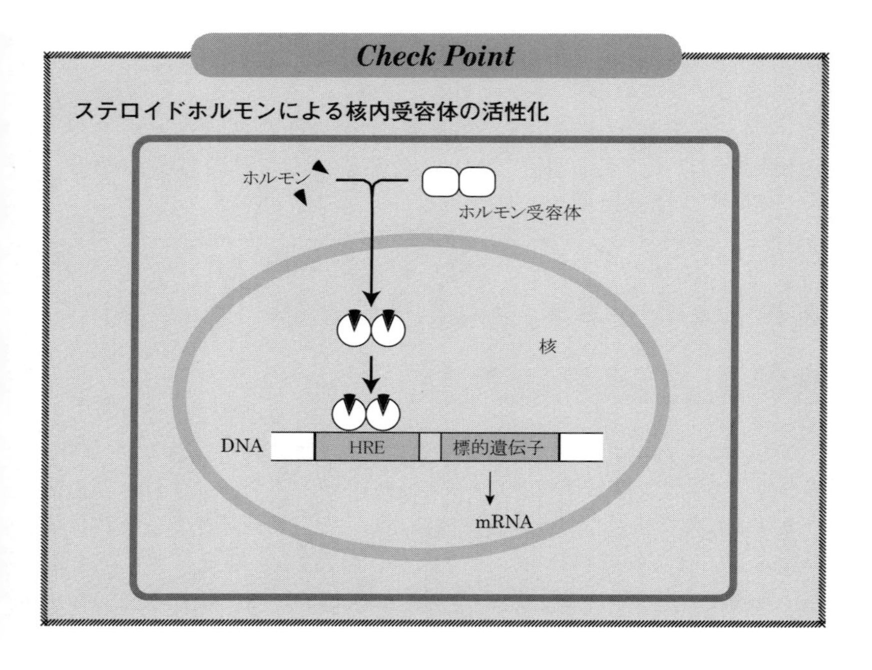

問題 3

下図は，大腸菌のトリプトファンオペロンを模式的に示したものである．
trpE，trpD，trpC，trpB，trpA の 5 種の遺伝子は，トリプトファン合成に関わる構造遺伝子である．trpR は，リプレッサーを産生する調節遺伝子であり，その 3′下流に，プロモーター(p)，およびオペレーター(o)が存在している．

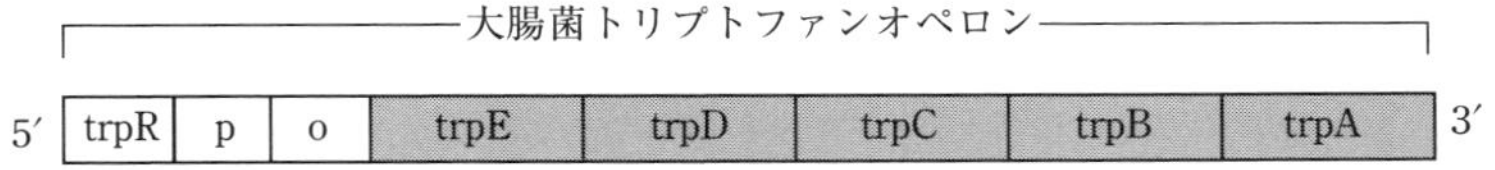

大腸菌トリプトファンオペロン

5′	trpR	p	o	trpE	trpD	trpC	trpB	trpA	3′

1. 培地中にトリプトファンが存在する場合に，トリプトファン合成遺伝子群の転写が抑制される理由を説明しなさい．
2. 培地中にトリプトファンが存在しない場合に，トリプトファン合成遺伝子群の転写が急激に増加する理由を説明しなさい．

解答

1. trpR が産生するリプレッサーは，トリプトファンと結合することにより活性型リプレッサーとなり，複合体としてオペレーターに結合することにより，プロモーター部位への RNA ポリメラーゼの結合が抑制され，構造遺伝子の発現が妨げられる．
2. トリプトファンが存在しない状態では，リプレッサーは，不活性型のままでありオペレーターに結合することができない．したがって，RNA ポリメラーゼは，プロモーターに結合し，その下流にあるトリプトファン合成遺伝子の転写が引き起こされる．

解説

問題１に取り上げたラクトースオペロンとトリプトファンオペロンの違いは，ラクトースオペロンでは，リプレッサーがインデューサー（遺伝子発現を促進する物質）に結合するのに対し，トリプトファンオペロンでは，コリプレッサー（遺伝子発現の抑制を補助する物質）と結合する点である．トリプトファン存在下では，トリプトファン合成は不要なため，リプレッサー／トリプトファン複合体がオペレーターに結合することにより，RNA ポリメラーゼのプロモーターへの結合が妨害され，トリプトファン合成が抑制される．

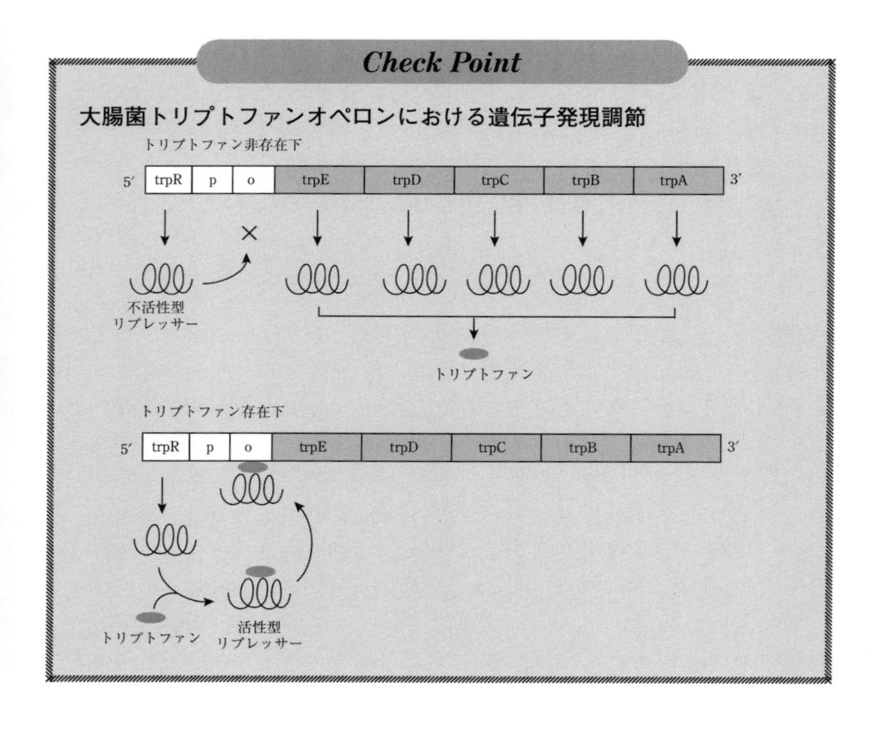

問題 4

真核生物における遺伝子の発現抑制に関する記述の空欄に最も適切な語句を記入しなさい.

ゲノムのDNAには, 21-25塩基からなる短いRNAである[①]をコードする配列が存在する. この配列が[②]により転写されると, 転写されたRNA配列内で相補的な部分が結合して二本鎖RNAとなり, 最終的に[③]型の構造をした前駆体RNAが生成する. この前駆体RNAは, [④]とよばれるエンドヌクレアーゼによって切断され, 20〜25ヌクレオチドの短い二本鎖RNAになる. このようにして生成した[①]は, mRNAとアルゴノートタンパク質からなる[⑤]複合体を形成する. [⑤]複合体中において, 二本鎖RNAは, 2つの一本鎖RNAとなり, そのうちより不安定な一本鎖RNAは[⑥]する. もう一方のより安定な一本鎖RNAは, mRNAと部分的に相補的な配列間で結合することにより, mRNAの翻訳を阻害する. このような遺伝子発現調節機構は, 実用面でも応用することができ, 発現を抑制しようとするmRNAの配列に対応する二本鎖RNA分子を細胞に導入するとダイサーがその二本鎖を切断して[⑦]という短いRNA断片を生じ, mRNAの発現抑制を起こすことができる. この技術は[⑧]とよばれている.

解答 ① miRNA ② RNAポリメラーゼII ③ヘアピンループ ④ダイサー ⑤ RISC ⑥分解 ⑦ siRNA ⑧ RNA干渉

解説

ゲノム DNA には，21–25 塩基からなる miRNA（microRNA）とよばれる短い RNA をコードする配列が存在する．これまでに数多くの miRNA が真核生物で同定されており，タンパク質をコードする遺伝子の 3 分の 1 程度の発現調節に影響を及ぼしているといわれる．miRNA が RNA ポリメラーゼによって一本鎖 RNA に転写されると，RNA 配列内で相補的な部分は，結合してヘアピンループをもつ二本鎖 RNA となり，細胞質へ放出される．細胞質では，ダイサーとよばれる酵素の作用により，20〜25 ヌクレオチドの短い二本鎖 RNA に変換され，さらにアルゴノートタンパク質からなる RISC（RNA 誘導サイレンシング複合体）を形成する．RISC 中に取り込まれた二本鎖 RNA は 2 つの一本鎖 RNA となり，mRNA の分解を起こしたり，翻訳抑制を行ったりすることにより遺伝子の発現抑制を引き起こす．このしくみを人為的に標的遺伝子の発現抑制に用いるために利用される低分子二本鎖 RNA が siRNA（低分子干渉 RNA）である．

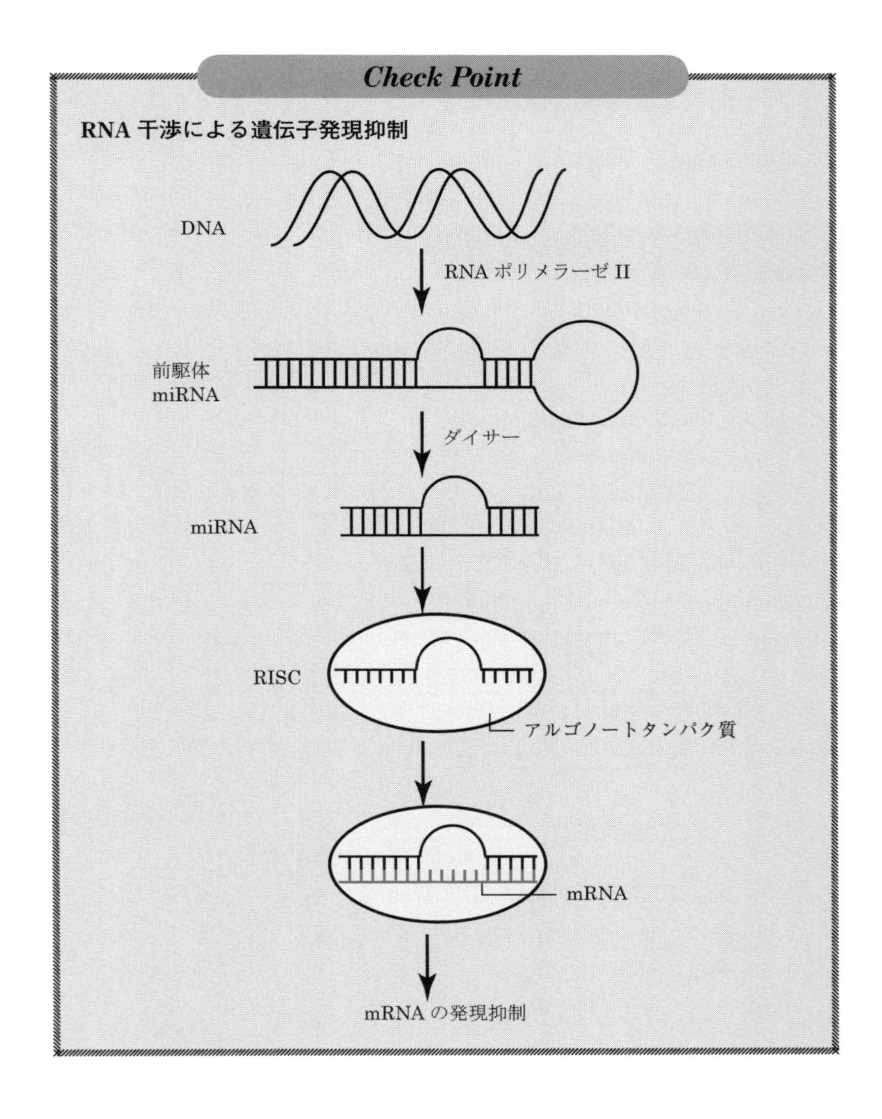
Check Point
RNA 干渉による遺伝子発現抑制
DNA
RNA ポリメラーゼ II
前駆体
miRNA
ダイサー
miRNA
RISC
アルゴノートタンパク質
mRNA
mRNA の発現抑制

7-5 DNA の複製

問題 1

下図は，DNA の複製を模式的に描いたものであり，2 本の親鎖を鋳型にして，相補的な娘鎖が酵素的に合成され，分岐点が右方向に移動している．

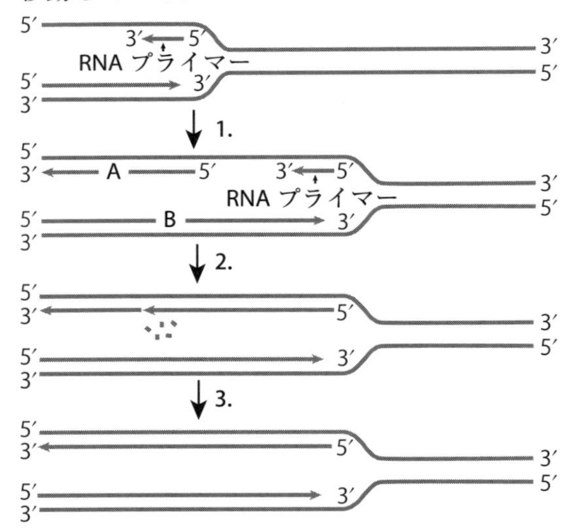

1. 娘鎖 A および娘鎖 B は何とよばれるか．
2. 反応 2 に関与する酵素は何か．
3. 反応 3 に関与する酵素は何か．

解答　1. A：ラギング鎖，B：リーディング鎖　2. DNA ポリメラーゼ(原核生物)，フラップエンドヌクレアーゼ(真核生物)
3. DNA リガーゼ

解説

DNA は，2 本の親鎖が分離され，それぞれの親鎖上で，相補的な娘鎖が合成される．このようにして生成する 2 分子の DNA は，一方が親鎖で，他方が新たに合成された相補鎖であることから，半保存的複製とよばれる．相補鎖は，DNA ポリメラーゼにより一本鎖 DNA を鋳型として，5'→3'方向にだけ延長する．2 本の DNA のうち，片方の親鎖(図では，下側の親鎖)からは，分岐点の移動方向と同じ向きに連続的に複製され，リーディング鎖とよばれる娘鎖が生成する．このとき，分岐点の移動方向と逆向きに延長する娘鎖(図では，2 本の親鎖のうち上側の親鎖から複製される娘鎖)は，どのように複製されるのだろうか？この娘鎖は，分岐点付近で，短い RNA(RNA プライマー)が合成された後，5'→3'方向に DNA ポリメラーゼにより岡崎フラグメントとよばれる DNA 断片が生成し，これらの断片がつなぎ合わされることにより不連続的に複製されるのである．このようにして形成された DNA 鎖はラギング鎖とよばれる．このとき，原核生物の DNA ポリメラーゼには，5'→3'エキソヌクレアーゼ活性があるため，新たに合成されたラギング鎖の前方にあるラギング鎖の RNA プライマーを切り取り，DNA に置き換える(図中の反応 2)．一方，真核生物の場合，RNA プライマーを除去するのは，DNA ポリメラーゼではなく，フラップエンドヌクレアーゼが中心的な役割を果たす．反応 3 は，短い DNA 断片をつなぎ合わせラギング鎖を形成するステップであり，この反応には，DNA リガーゼが関与する．

Check Point

半保存的複製と半不連続複製

一対の二本鎖 DNA から生成する二分子の DNA は，それぞれ 1 本の親鎖と 1 本の新たに合成された相補鎖からなり，このような複製様式は，半保存的複製とよばれる．2 本の親鎖からの娘鎖の複製は 5'→3'方向に同時に起こり，リーディング鎖は，連続的に複製されるのに対し，ラギング鎖は，不連続的に複製される．

DNA ポリメラーゼと DNA リガーゼ

DNA ポリメラーゼは一本鎖 DNA を鋳型として，5'→3'方向に DNA 鎖を延長させる．この酵素には，同時に，5'→3'エキソヌクレアーゼ活性もあるため，RNA プライマーの除去や損傷 DNA の修復に役割を果たしている．一方，DNA リガーゼは，DNA 末端同士を共有結合させる酵素である．

問題 2

下図は，シトシンの脱アミノ化反応によりウラシルに変換された塩基を除去修復する過程を示したものである．1.～4.の過程に関与する酵素は何か．

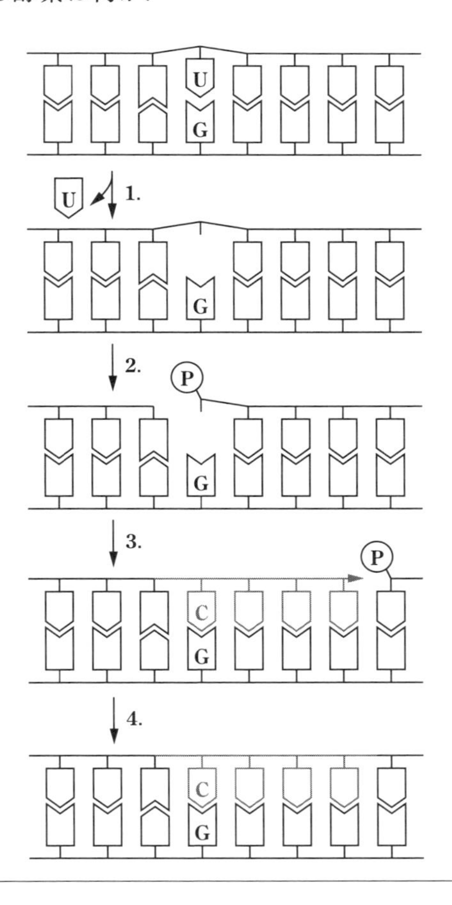

解答 1. DNA グリコシラーゼ　2. AP エンドヌクレアーゼ
3. DNA ポリメラーゼ I　4. DNA リガーゼ

解説

シトシンが脱アミノ化反応によりウラシルに変換されると，グアニン：シトシン塩基対の代わりにアデニン：ウラシル塩基対が形成され，誤複製が起こる．損傷塩基を認識し，除去することにより，DNA 修復を受ける塩基除去修復は，以下の酵素により行われる．

1. DNA グリコシラーゼ：損傷塩基(図ではウラシル)とデオキシリボースとの N-グリコシド結合を切断する．
2. AP エンドヌクレアーゼ：塩基の切除により生じた塩基欠落部位(AP サイト)近くのホスホジエステル結合を切断し，DNA にニックを入れる．
3. DNA ポリメラーゼ I：損傷をもつ DNA 鎖の一部を 5' → 3' エキソヌクレアーゼ活性により除去するとともに，損傷をもたない DNA 鎖を鋳型としてヌクレオチドを置き換える．
4. DNA リガーゼ：残されたニックを連結する．

Check Point

塩基の損傷

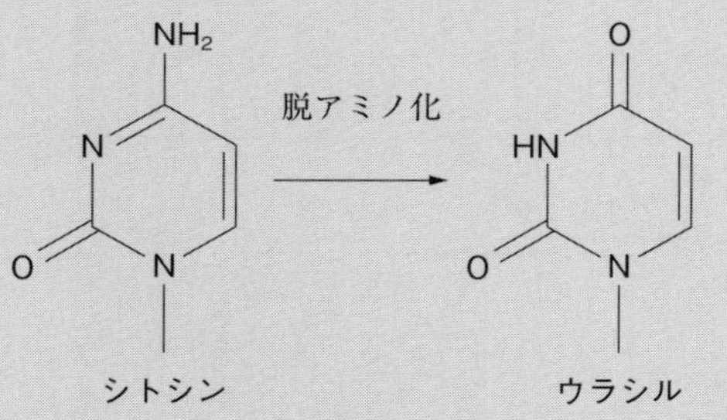

NH_2 N N O　—脱アミノ化→　O HN N O

シトシン　　ウラシル

問題 3

下図は，紫外線照射によりチミン二量体が生じた大腸菌 DNA のヌクレオチドを除去修復する過程を示したものである．1.～4. の過程に関与する酵素は何か．

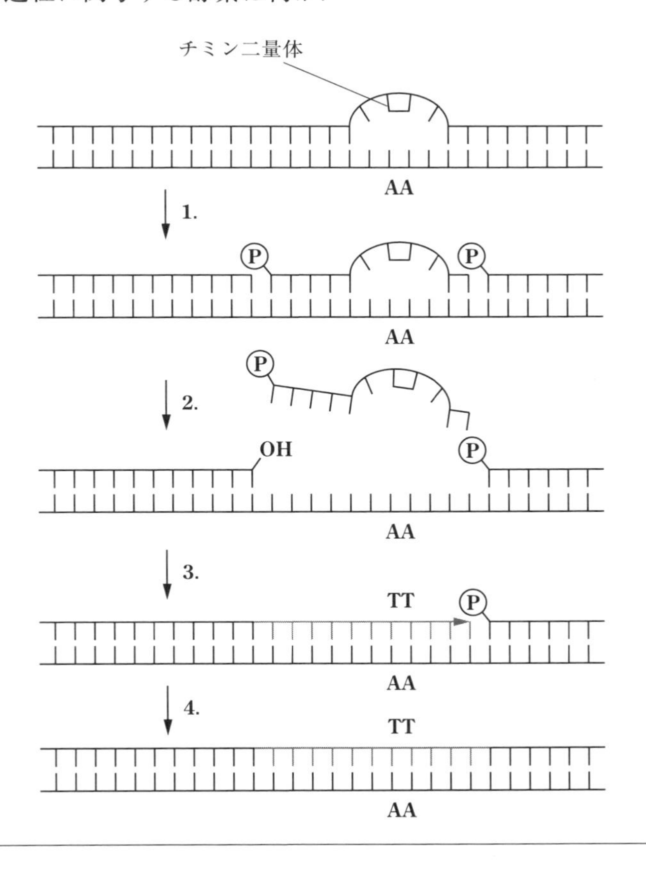

解答 1. エンドヌクレアーゼ 2. DNA ヘリカーゼ
3. DNA ポリメラーゼ 4. DNA リガーゼ

解説

紫外線照射により，チミンダイマーなどのピリミジン二量体を形成すると，局所的な塩基対合構造にゆがみを生じ，DNA の複製や転写が妨害される．このピリミジン二量体は，ヌクレオチド除去修復系によって修復される．大腸菌の場合，以下の酵素がヌクレオチド除去修復を行う．

1. エンドヌクレアーゼ：ピリミジン二量体の両側で 2 か所のホスホジエステル結合を加水分解し，ヌクレオチドの断片を生じる．
2. DNA ヘリカーゼ：二本鎖 DNA を解離させ，ヌクレオチド断片を除去する．
3. DNA ポリメラーゼ：ヌクレオチド断片の除去により生じたギャップを埋める．
4. DNA リガーゼ：残されたニックを連結する．

紫外線による皮膚がんを発症しやすい色素性乾皮症は，ヌクレオチド除去修復能が遺伝的に欠損することが知られている．

Check Point

紫外線によるチミン二量体の形成

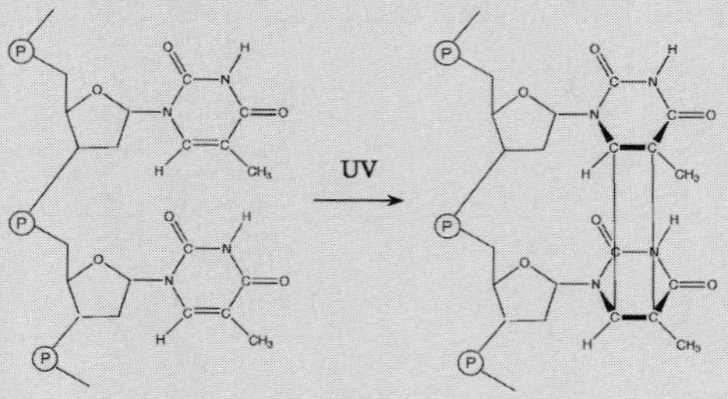

問題 4

以下の 3 種類の塩基置換変異は何とよばれるか．また，それぞれの変異によって引き起こされる影響について説明しなさい．遺伝暗号表は，第 7 章 7-3 問題 4 のものを参照しなさい．

1. CGA → CGG
2. CGA → CAA
3. CGA → TGA

解答　1. サイレント変異；塩基置換変異が起こってもアミノ酸には変化がない　2. ミスセンス変異；塩基置換変異によって，他のアミノ酸に変化する　3. ナンセンス変異；タンパク合成が止まってしまうため，不完全な短いタンパク質になる

解説

1. の場合，塩基置換が起こっても合成されるアミノ酸は，アルギニンで変わらない．アミノ酸の種類によっては，コドンが複数存在する(縮重)ため，3 番目の塩基が置換しても，合成されるアミノ酸が変わらない場合があり，サイレント変異とよばれる．

一方，2. のように，塩基置換の結果，アミノ酸の種類が変わる場合は，ミスセンス変異とよばれる．

3. は，塩基置換により，終了コドンに変化するナンセンス変異であり，途中までの不完全なタンパク質しか合成されない．

これらの塩基置換変異とは別に，塩基の挿入，欠失が引き起こされると，変異箇所以後の読み枠がずれて全く異なるアミノ酸へ変換されてしまうことになる．このような変異をフレームシフト変異とよぶ．

Column

ミスセンス変異と鎌形赤血球

ミスセンス変異は，塩基置換変異によりアミノ酸が変化する変異であり，変換されるアミノ酸によっては，タンパク質の機能が損なわれることも少なくない．ミスセンス変異によるタンパク質機能の低下が原因となる疾患が鎌形赤血球貧血症である．11 番染色体にあるヘモグロビン B 鎖の 6 番目のアミノ酸であるグルタミン酸をコードする塩基配列がミスセンス変異を起こすことによりバリンに変換されると，赤血球の形状が鎌形となり，酸素運搬機能が低下して，貧血を引き起こす．

7-6 遺伝子操作とバイオテクノロジー

pas à pas

問題 1

組織における 特定の RNA の発現を分析する技術はどれか.

1. ノーザンブロッティング
2. サザンブロッティング
3. ウェスタンブロッティング
4. サウスウェスタンブロッティング
5. ツーハイブリッドシステム

解答 1

解説

ブロットトランスファーは, 核酸, タンパク質など, 検出しようとする分子を電気泳動で分離した後, ニトロセルロース膜などに転移させ, 膜上において, 放射能などで標識したプローブと反応させることにより解析する技術である. ノーザンブロッティングの場合は, 試料より抽出した RNA を電気泳動し, ニトロセルロース膜に固定した後, 検出しようとする RNA に相補的な配列をもつ DNA を放射能で標識したプローブと反応させ, 結合した DNA 断片をオートラジオグラフィーなどにより, 黒化バンドとして検出する.

Check Point

核酸，タンパク質の検出技術

ノーザンブロッティング：RNA の検出
サザンブロッティング：DNA の検出
ウェスタンブロッティング：タンパク質の検出
サウスウェスタンブロッティング：タンパク質 /DNA 相互作用の分析
ツーハイブリッドシステム：タンパク質 / タンパク質相互作用の分析

問題 2

下図は，真核生物 mRNA より cDNA ライブラリーを調製する方法の一部である．

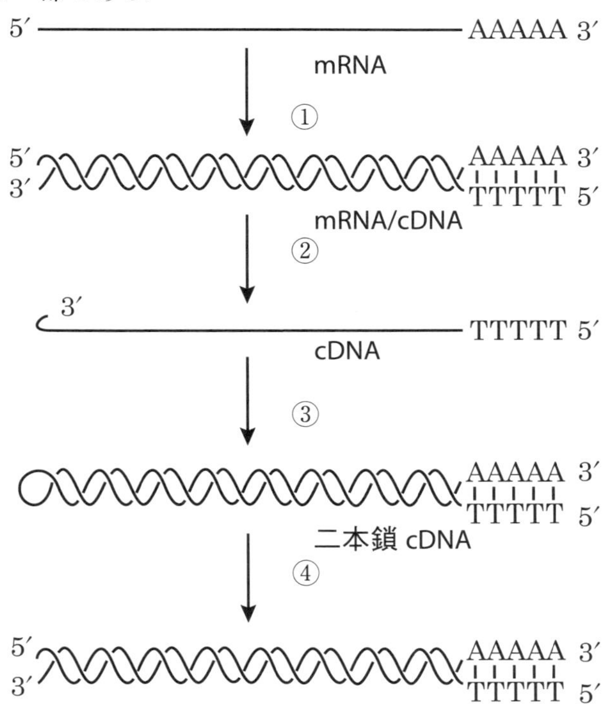

1. 反応①～④に用いられる酵素は何か．
2. DNA クローニングを行う場合，cDNA ライブラリーを用いる場合の長所と短所を，ゲノム DNA ライブラリーを用いる場合と比較しなさい．

解答 1. ①：逆転写酵素，②：RNase H，③：DNA ポリメラーゼ I，④：S1 ヌクレアーゼ 2. 長所：イントロンが含まれていないため，コード領域のみをクローニングするのに適している．短所：発現の少ない組織では，スクリーニングに労力を要する．

解説

DNA クローニングは，特定の DNA を増幅する遺伝子操作技術であり，DNA ライブラリーのスクリーニングにより行われることも多い．DNA ライブラリーを調製する方法としては，ゲノムを断片化し，適当なベクターに組み込んだゲノム DNA ライブラリーと mRNA から逆転写反応により得られる cDNA をベクターに組み込んだ cDNA ライブラリーとがある．2 の RNase H 処理により得られた一本鎖 cDNA は，DNA ポリメラーゼ I による相補的 DNA 鎖合成の鋳型およびプライマーとして用いられる．3' 末端がヘアピン部は，S1 ヌクレアーゼにより切断され，二本鎖 cDNA が得られる．さらに，この二本鎖 cDNA をベクターに組み込むことにより，cDNA ライブラリーが得られる．

Check Point

逆転写酵素(reverse transcriptase)

RNA を鋳型とし，5' → 3' 方向に，DNA を合成する．ヒト免疫不全ウィルス(HIV)などレトロウイルスの必須酵素．

問題 3

ある遺伝子の下線に示す塩基配列のみを増幅するために，この遺伝子を発現する細胞より単離した mRNA の逆転写により合成した cDNA をテンプレートとして，ポリメラーゼ連鎖反応（PCR）法を行った．このとき，プライマーの組合せとして適切なのはどれか．なお，この反応に用いる DNA ポリメラーゼは，5'→3'の方向に DNA 鎖を伸長する．

5'-GGAAA<u>GCCAGTGAAGAATGCAT</u>·········<u>GCCCTGGATGCATGGATG</u>GATGT-3'

1. 5'-GGAAA-3'　　5'-TGTAG-3'
2. 5'-GCCAGTGAAGAATGCAT-3'　　5'-GCCCTGGATGCATGGATG-3'
3. 5'-GCCAGTGAAGAATGCAT-3'　　5'-CATCCATGCATCCAGGGC-3'
4. 5'-GCCAGTGAAGAATGCAT-3'　　5'-GTAGGTACGTAGGTCCCG-3'
5. 5'-ATGCATTCTTCACTGGC-3'　　5'-CATCCATGCATCCAGGGC-3'

解答　3

解説

cDNA（相補的 DNA）とは，mRNA を鋳型として，逆転写酵素の作用により合成された mRNA と相補性をもつ一本鎖 DNA であり，この一本鎖 cDNA を鋳型にして二本鎖 cDNA が合成される（第 7 章 7-6 問題 2 参照）．ポリメラーゼ連鎖反応（PCR）により，cDNA をテンプレートとして，目的の塩基配列を増幅するためには，5'末端部分の塩基から 3'方向へ向かう塩基配列と相補的な塩基配列をもつセンスプライマーと，相補鎖の 5'末端部分の塩基から 3'方向へ向かう塩基配列と相補的な塩基配列をもつアンチセンスプライマーの両者が必要である．二本鎖 DNA を加熱して 2 本の一本鎖 DNA に分離させた後(変性)，反応溶液の温度を下げると，センスプライマーはセンス鎖 DNA に相補的に結合し，アンチセンスプライマーはアンチセンス鎖に相補的に結合する(アニーリング)．反応液中の DNA ポリメラーゼは，デオキシリボヌクレオシド 3 リン酸をプライマーから 3'方向に相補的に付加する(伸長)．このサイクルを繰り返しながら，両プライマーで挟まれた DNA 領域が増幅されていく．

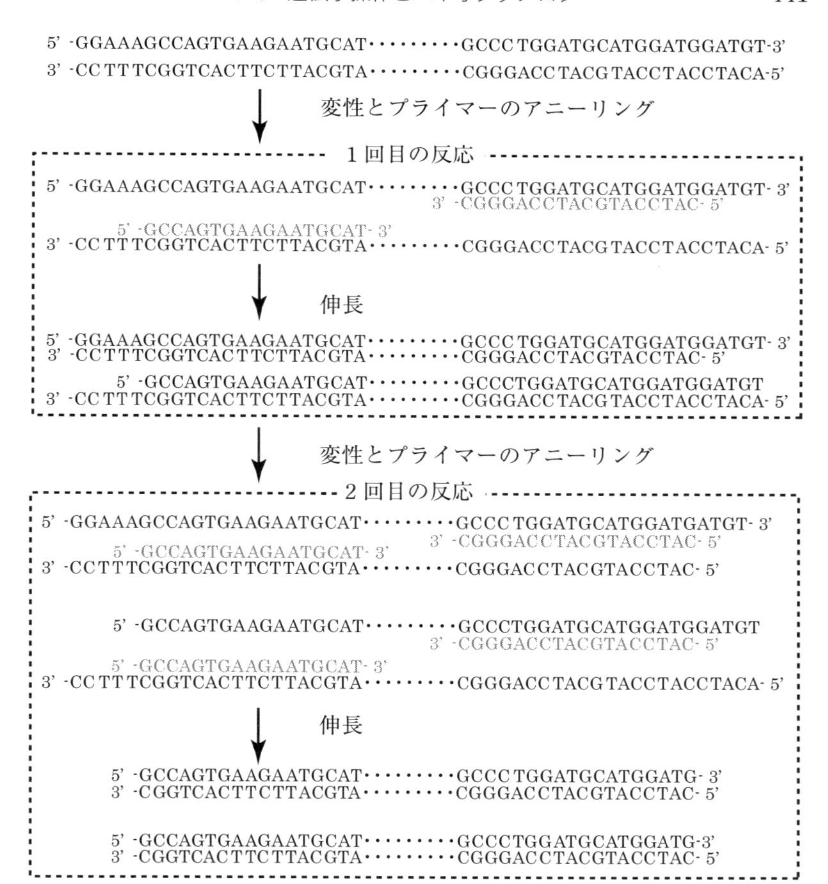
5’ -GGAAAGCCAGTGAAGAATGCAT··········GCCC TGGATGCATGGATGGATGT-3’
3’ -CC TT TCGGTCACTTCTTACGTA··········CGGGACC TACG TACCTACCTACA-5’
変性とプライマーのアニーリング
1回目の反応
5’ -GGAAAGCCAGTGAAGAATGCAT··········GCCC TGGATGCATGGATGGATGT- 3’
3’ -CGGGACCTACGTACCTAC- 5’
5’ -GCCAGTGAAGAATGCAT- 3’
3’ -CC TT TCGGTCACTTCTTACGTA··········CGGGACC TACG TACCTACCTACA- 5’
伸長
5’ -GGAAAGCCAGTGAAGAATGCAT··········GCCC TGGATGCATGGATGGATGT- 3’
3’ -CCTTTCGGTCACTTCTTACGTA··········CGGGACCTACGTACCTAC- 5’
5’ -GCCAGTGAAGAATGCAT··········GCCCTGGATGCATGGATGGATGT
3’ -CC TT TCGGTCACTTCTTACGTA··········CGGGACC TACG TACCTACCTACA- 5’
変性とプライマーのアニーリング
2回目の反応
5’ -GGAAAGCCAGTGAAGAATGCAT··········GCCC TGGATGCATGGATGATGT- 3’
3’ -CGGGACCTACGTACCTAC- 5’
5’ -GCCAGTGAAGAATGCAT- 3’
3’ -CCTTTCGGTCACTTCTTACGTA··········CGGGACCTACGTACCTAC- 5’
5’ -GCCAGTGAAGAATGCAT··········GCCCTGGATGCATGGATGGATGT
3’ -CGGGACCTACGTACCTAC- 5’
5’ -GCCAGTGAAGAATGCAT- 3’
3’ -CC TT TCGGTCACTTCTTACGTA··········CGGGACC TACG TACCTACCTACA- 5’
伸長
5’ -GCCAGTGAAGAATGCAT··········GCCC TGGATGCATGGATG- 3’
3’ -CGGTCACTTCTTACGTA··········CGGGACCTACGTACCTAC- 5’
5’ -GCCAGTGAAGAATGCAT··········GCCCTGGATGCATGGATG-3’
3’ -CGGTCACTTCTTACGTA··········CGGGACCTACGTACCTAC- 5’

PCR 反応

問題 4

プロモーター活性の測定と関連の深いバイオテクノロジーの用語はどれか.

1. siRNA 2. レポーター遺伝子 3. GFP 4. DNA チップ
5. ES 細胞

解答 2

解説

ある DNA 配列にプロモーター活性があるかどうか調べるためには,その DNA の 3'下流に連結した遺伝子の転写・翻訳量を測定する方法が用いられる. 例えば, 図のようにルシフェラーゼ遺伝子を連結したレポータープラスミドを調製し, 哺乳動物培養細胞に導入する. プロモーター(p)活性があれば, ルシフェラーゼの発現による細胞抽出物からの化学発光がルミノメーターで検出できる.

遺伝子上流塩基配列　ルシフェラーゼ

p

ルシフェラーゼ活性

p

Check Point

バイオテクノロジーで用いられる用語

siRNA：遺伝子発現をノックダウンする RNA 干渉に用いられる
レポーター遺伝子：プロモーター活性の測定に用いられる
GFP：タンパク質の細胞内局在を蛍光分析により明らかにするために用いられる
DNA チップ：細胞・組織において発現する遺伝子を網羅的に解析するのに用いられる.

問題5

ゲノム編集に関する文中の空欄に適切な語句を入れなさい.

[①]は，切断したい標的塩基配列に相補的な配列を含んでいる．この[①]とともに，エンドヌクレアーゼである[②]を加えると，標的配列へ[②]が誘導され，特定の位置でDNAの切断が起こる．切断された標的DNAは，非相同末端結合により修復されるが，その際に，高頻度で偶発的な塩基の挿入・欠失が起こりフレームシフト変異により，遺伝子の[③]が起こる．また，切断した部位に特定の配列を挿入したい場合は，その配列を含む[④]ベクターとともにトランスフェクションすると，[⑤]組換え修復によりその配列を[⑥]できる．

解答　①ガイドRNA　②Cas9　③ノックアウト　④ガイド　⑤相同　⑥ノックイン

解説

CRISPR-Cas9システムは，DNAの二本鎖を切断してゲノム配列の任意の部位を削除(ノックアウト)および挿入(ノックイン)することができる遺伝子改変技術である．細菌に含まれるCRISPRとよばれる数十塩基対の短い反復配列の上流に存在する遺伝子のひとつがRNA依存性のDNAエンドヌクレアーゼであるCas9である．まず，標的とするDNAの塩基配列と相補的な塩基配列を含むガイドRNAを合成し，Cas9とともに細胞に加えると，Cas9は，標的とするDNA中にあるPAM配列(NGG)を認識し結合する．Cas9は，PAM配列から3番目と4番目の塩基の間を正確に切断する．切断されたDNAは非相同的末端結合で修復されるがその際に高頻度に偶発的な塩基の挿入・欠失が起こるためフレームシフト変異により遺伝子が破壊される(ノックアウト)．一方，ドナーに相同配列をもつ外来 DNA を導入すれば，それを鋳型に相同組換え修復が起こり，外来遺伝子の挿入が行える(ノックイン)．CRISPR-Cas9 システムは，標的遺伝子を短時間で高効率に改変できるため，哺乳類動物をはじめとするあらゆる細胞や生物の遺伝子編集に利用されている．

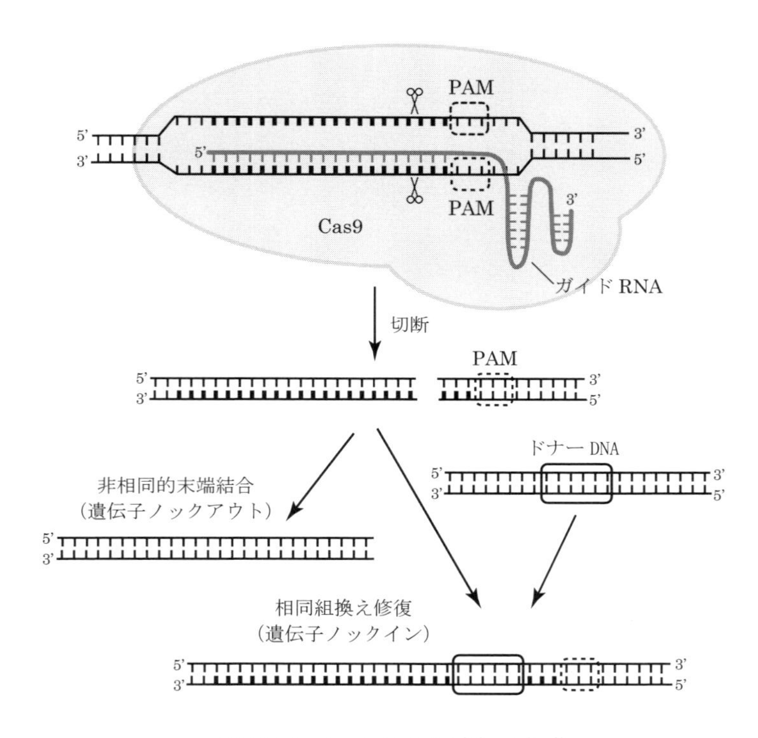

CRISPR-Cas9 による遺伝子編集

演習問題

次の各問の正誤を答えなさい.

(7-1　遺伝情報と DNA)

問 1　ヒトゲノムでは，非翻訳領域よりも翻訳領域の方が大きい.

問 2　核内低分子 RNA(snRNA)の主要な機能は，核内の mRNA 前駆体からのプロセシングである.

問 3　ヒトの場合，遺伝子は，210,000 種類あると考えられている.

問 4　真核細胞の DNA は，ヒストンとよばれる酸性タンパク質からなる複合体に巻き付いて，ヌクレオソームとよばれる複合体を形成する.

問 5　クロマチンは，細胞分裂期には光学顕微鏡で観察できないが，分裂間期には，凝集するため観察できる.

問 6　細胞から抽出された DNA において，グアニンとシトシンの和が，モル比で 40％を占めるとき，アデニンの比率は，30％と考えられる.

問 7　ワトソン・クリックによる DNA 分子構造モデルでは，2 本の鎖の中にあるアデニンとチミン，グアニンとシトシンが，イオン結合により塩基対を形成している.

問 8　DNA のメチル化は，CG 配列部分のグアニンがメチル化を受け，転写が抑制される.

問 9　真核細胞の染色体の末端部はテロメアとよばれ，分裂を繰り返すたびに，長くなる.

問 10　テロメアは，遺伝情報をもたない反復配列からなるという特徴がある.

(7-2　転写)

問 1　真核細胞の mRNA は，転写後に，3'末端にポリチミジル酸が連続する尾部が付加される．

問 2　mRNA の中の非コード領域(イントロン)を残し，コード領域(エキソン)を除去する過程をスプライシングという．

問 3　真核細胞には，3 種の RNA ポリメラーゼが存在し，そのうち，RNA ポリメラーゼ II は，鋳型 DNA のプロモーターを認識する．

問 4　真核生物のプロモーター活性を促進する DNA 領域は，エンハンサーとよばれる．

問 5　真核生物のプロモーターである TATA ボックスおよび CAAT ボックスは，転写開始点よりも 1,000 から数万塩基離れた位置に存在する．

問 6　転写因子のひとつであるロイシンジッパーは，二量体を形成することにより，DNA との結合を強めている．

問 7　真核生物 mRNA のスプライシングにおいて，イントロン内部のスプライス部位の切断は，mRNA に結合する酵素タンパク質により行われる．

(7-3　翻　訳)

問 1　tRNA が輸送するアミノ酸残基は，5'OH 基末端部に結合する．

問 2　タンパク質合成の場であるリボソームは，2 種類の大小サブユニットからなる粒子であり，細菌では 80S，真核生物では 70S の沈降定数をもつ．

問 3　真核生物では，シャイン・ダルガーノ配列とよばれるプリン塩基に富んだ配列が 5' 上流にある mRNA 上の開始コドンから翻訳が開始される．

問 4　シクロヘキシミドは，細菌の大サブユニットに作用することによりタンパク質合成を阻害する．

問 5　ストレプトマイシンは，真核生物の小サブユニットに作用することによりタンパク質合成を阻害する．

問 6　ひとつのアミノ酸に複数のコドンが対応する場合，それぞれのコドンに対応したアンチコドンをもつ tRNA が必要である.

問 7　平均分子量 110 のアミノ酸からなる分子量 55,000 のタンパク質の場合, 最低 300 のコドンからなるオープンリーディングフレームが必要になる.

問 8　細菌の場合, 開始コドンに対応して取り込まれるメチオニンは, アセチル基により修飾されている.

問 9　シチジンデアミナーゼは, mRNA の編集を行うことによりひとつの遺伝子から組織特異的に 2 つの異なるタンパク質を合成する.

(7-4　遺伝子発現の調節)

問 1　大腸菌の lac オペロンにおいては, リプレッサーがプロモーターへの RNA ポリメラーゼの結合を強めることにより, 遺伝子発現を促進する.

問 2　グルココルチコイドは細胞質においてグルココルチコイド受容体と結合すると二量体を形成し核内へ移行する.

問 3　大腸菌のトリプトファンオペロンでは, 通常, リプレッサーがオペレーターに結合することにより, トリプトファン合成に関与する遺伝子発現を促進している.

問 4　ゲノムの DNA のコーディング領域には, mRNA とほぼ相補的な配列を含む miRNA 遺伝子が存在する.

問 5　miRNA 遺伝子が RNA ポリメラーゼ I により転写されると RNA 配列内で相補的な部分が結合して生じた二本鎖の miRNA 前駆体が生成する.

問 6　二本鎖 miRNA 前駆体は, ダイサーとよばれるエキソヌクレアーゼにより切断され, 短い二本鎖 miRNA となる.

問 7　標的遺伝子の発現抑制を引き起こすために, 標的 mRNA 配列に対応する二本鎖 miRNA を酵素的に切断して短い二本鎖 RNA としたものを siRNA という.

(7-5 DNA の複製)

問 1 DNA 合成において，一方の鎖は連続的に，他方の鎖は不連続的に合成され，前者は，ラギング鎖，後者は，リーディング鎖とよばれる．

問 2 DNA 合成において，不連続的に合成される鎖は，岡崎フラグメントとよばれる小断片として合成された後，DNA リガーゼによってつなぎ合わされる．

問 3 DNA の分解酵素のうち，二本鎖 DNA の一方の鎖あるいは一本鎖 DNA を 5'末端あるいは 3'末端から順番にヌクレオチドを除去する酵素をエキソヌクレアーゼという．

問 4 DNA ポリメラーゼによる反応では，鋳型 DNA 鎖と 4 種類のヌクレオチドがあれば，相補鎖を合成できる．

問 5 DNA 合成において，鋳型である DNA 鎖を二本の鎖に解離させるために，トポイソメラーゼが作用する．

問 6 シトシンの脱アミノ化反応など DNA 損傷が起こったときには，DNA グリコシラーゼにより塩基を除去した後，塩基の除去により生じた塩基欠落部位(AP サイト)近くのホスホジエステル結合を切断し DNA にニックを入れる．この反応は，AP エキソヌクレアーゼにより行われる．

問 7 紫外線照射により，チミンダイマーなどのピリミジン二量体を形成し DNA のらせん構造に大きな歪みをもたらす場合は，ヌクレオチド除去修復系により修復される．損傷を受けた DNA 鎖の損傷部位の両側を切断し除去した後，DNA リガーゼにより，ヌクレオチドの除去により生じたギャップを埋める．

問 8 塩基置換変異が起こっても合成されるアミノ酸に変化がないものをナンセンス変異という．

問 9 鎌形赤血球貧血症においては，グルタミン酸をコードする塩基配列が，ナンセンス変異を起こすことにより，バリンに変換され，赤血球の形状が鎌形に変化する．

(7-6　遺伝子操作とバイオテクノロジー)

問 1　組織における特定の RNA を分析する技術をサザンブロッティングという.

問 2　DNA ライブラリーのうち，ゲノムを断片化し，適当なベクターに組み込んで作成したものを cDNA ライブラリーという.

問 3　ある DNA 配列にプロモーター活性があるかどうかを調べるために，その DNA の 3'下流にルシフェラーゼ遺伝子を連結したレポータープラスミドが使用されるが，レポーター活性を測定するためには，紫外線照射による蛍光強度の解析が必要である.

問 4　リアルタイム PCR は，遺伝子発現を定量的に解析することが可能である.

第8章

細胞の誕生と死

8-1 細胞分裂

問題 1

次の記述の空欄に最も適切な語句を入れなさい．

細胞が細胞の内容物を倍加させ，それらを２つの細胞に分配しながら分裂する一連の過程を［①］という．このうち，細胞が分裂する時期が［②］期，それ以外の時期が［③］期である．［③］期のうち，DNA が複製される時期が［④］期，［④］期の前が［⑤］期，［④］期の後が［⑥］期である．

解答　①細胞周期　②M　③間　④S　⑤G_1　⑥G_2

解説

すべての細胞はすでにある細胞が分裂することによって誕生する．分裂前の細胞を母細胞，分裂後に生じる２つの細胞を娘細胞とよぶ．

細胞は，分裂に先立ち DNA や細胞小器官などの細胞の内容物を倍加させ，それらを娘細胞に適切に分配するようにして分裂する．これらの一連の過程を細胞周期とよぶ．細胞周期は，分裂を行う時期である M 期と，それ以外の時期である間期に分けられる．M 期には，染色体の分配と細胞を２つに分ける細胞質分裂が行われる．間期はさらに，G_1 期，S 期，G_2 期に分けられる．DNA の複製が行われるのが S 期，S 期

の前が G_1 期，S 期の後が G_2 期である．G_2 期は DNA の複製が終了しているので，細胞内の DNA 量は G_1 期の 2 倍である．細胞周期は G_1 期→S 期→ G_2 期→ M 期の順に進行し，順序が代わったり戻ったりすることはない．

組織を形成する細胞の多くは，細胞周期から離れて増殖を停止している．増殖能を保った状態で増殖停止している時期を G_0 期とよぶ．G_0 期の細胞が再度増殖するときは G_1 期から細胞周期を開始する．

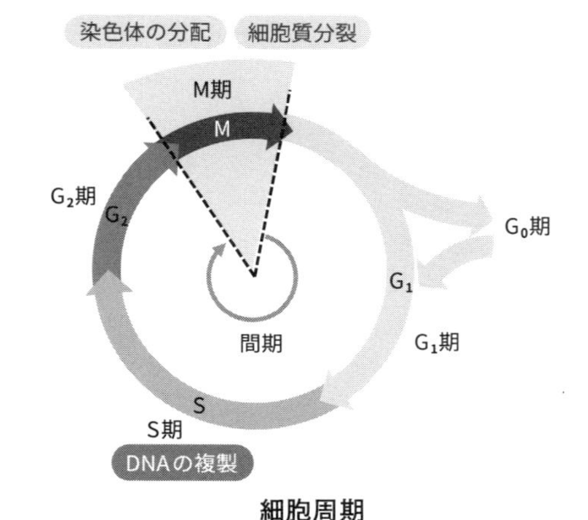

細胞周期

（板部洋之，荒田洋一郎（2025）詳解生化学 第 2 版，図 10-6，京都廣川書店）

Check Point

細胞周期：M 期と間期（G_1 期，S 期，G_2 期）からなる．
G_1 期→ S 期→ G_2 期→ M 期の順に進行

M 期：細胞分裂する時期．Mitosis ＝有糸分裂より命名

S 期：DNA の複製が行われる時期．S は Synthesis（合成）の意．

G_1 期：DNA 合成の準備が行われる時期．G は Gap（隙間）の意．

G_2 期：細胞分裂の準備が行われる時期．

問題 2

次の記述の空欄に最も適切な語句を入れなさい．

細胞分裂には，もとの細胞と同じ遺伝情報をもつ細胞が2つ生じる［①］分裂と，精子や卵などの［②］を形成する場合のみに行われる［③］分裂がある．いずれの細胞分裂でも，動物細胞では，紡錘体を形成して染色体を分配する［④］分裂と細胞そのものを2つに分割する［⑤］分裂が引き続き起こる．

解答　①体細胞　②配偶子　③減数　④有糸　⑤細胞質

解説

有性生殖をする生物の細胞分裂には，母細胞と同じ遺伝情報を有する娘細胞が2つ生じる体細胞分裂と，配偶子を形成する場合のみに行われる減数分裂がある．ヒトの場合，精子および卵の形成時に減数分裂が行われ，それ以外の細胞分裂はすべて体細胞分裂である（減数分裂については，第8章8-1問題5の解説を参照）．

真核細胞の細胞分裂では，DNAは高度に凝縮した分裂期染色体を形成し，娘細胞に分配される．動物細胞では，微小管からなる紡錘糸とその起点となる中心体が形成する紡錘体極からなる紡錘体が形成され，娘細胞への染色体の分配は紡錘体によってなされる．このような核の分裂方式を有糸分裂とよぶ．染色体の分配の後に，収縮環によって細胞を2つに分ける細胞質分裂が起こる（細胞分裂の過程については，第8章8-1問題3，4および解説を参照）．

問題 3

以下の図は哺乳類の体細胞分裂の各時期において観察される特徴を模式的に示したものである．A)に続いて観察される順に記号で答えなさい．

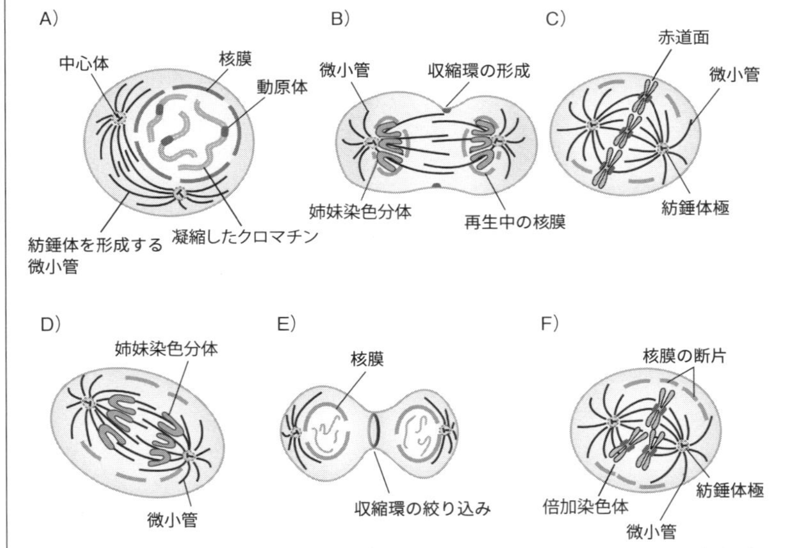

(図は板部洋之，荒田洋一郎(2025)詳解生化学 第2版，図10-7，京都廣川書店より一部改変)

解答　(A →)F → C → D → B → E

解説

細胞分裂は，前期，前中期，中期，後期，終期に分かれる．

前期(図 a)では，核膜はまだ存在しており，核内で分散していた染色体が凝集し始める．また，S 期に倍加した中心体が細胞の両極へ移動をはじめる．

前中期(図 b)では，核膜は消失し，高度に凝縮した分裂期染色体(第 2 章 2-4 問題 4 解説参照)が観察される．2 つの中心体が細胞の両端で，紡錘体の極となっており，これらを起点として形成された紡錘糸が観察される．

中期(図 c)には，分裂期染色体は赤道面に整列する．2 つの染色分体の片方には紡錘体極の片方から出ている紡錘糸が，もう片方の染色分体には異なる紡錘体極から出ている紡錘糸がそれぞれ結合している．

後期(図 d)には，染色分体が分離し，それぞれ紡錘糸によって別々の紡錘体極に向かって移動していく．2 つの紡錘体極も互いに離れる方向へと移動する．

終期(図 e)には，染色体はそれぞれの紡錘体極付近に到達し，新しい細胞の核膜が形成され，染色体は分散し始め，紡錘体は消失する．収縮環の形成と絞り込みが行われ，分裂部位にくびれが生じる(図 f)．

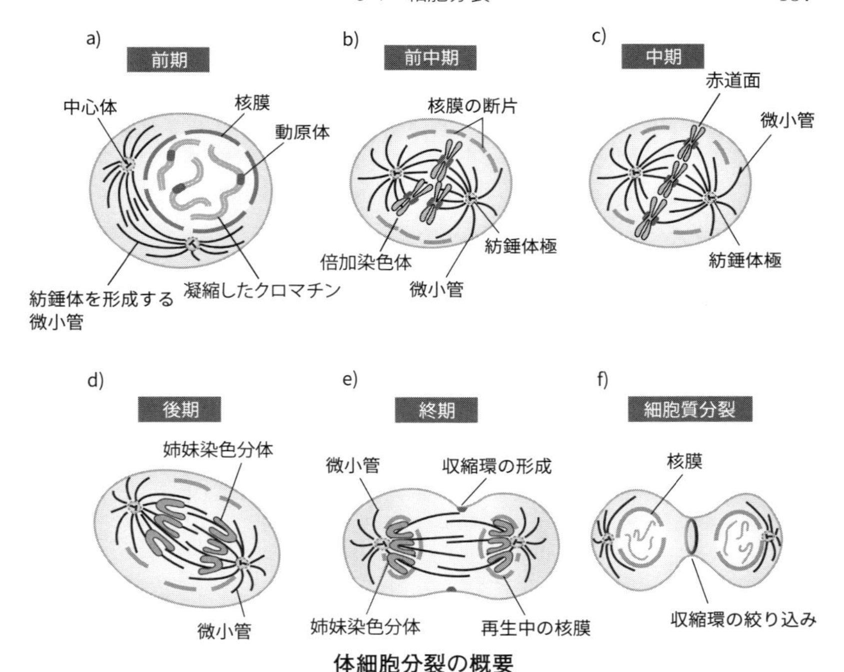

体細胞分裂の概要

細胞分裂の過程は a → b → c → d → e → f の順に進行する．

（板部洋之，荒田洋一郎(2025)詳解生化学 第 2 版，図 10-7，京都廣川書店）

問題 4

下図を見ながら，次の記述の空欄に最も適切な語句を入れなさい．

下図では，[①]が赤道面に整列しており，M 期[②]期を示す．
図の(ア)は，[③]で紡錘糸はここを起点に形成される．紡錘糸は，染色体の[④]部分に形成される[⑤]とよばれる構造体(図中(イ))を介して染色体と結合している．

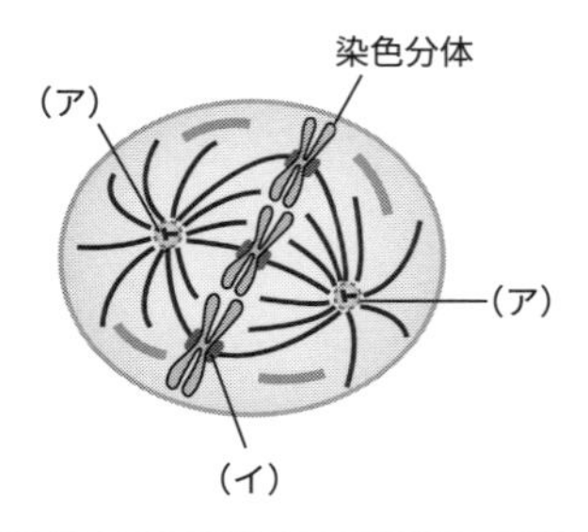

解答 ①染色体(分裂期染色体)　②中　③紡錘体極
④セントロメア　⑤動原体

解説

有糸分裂では，2 つの中心体が紡錘体極となり，ここを起点に紡錘糸が形成される．紡錘糸の実体は微小管である．分裂期染色体はセントロメア部分で染色分体が接着している．この部分に形成される動原体とよばれるタンパク質の複合体を介して，染色分体は紡錘糸と結合する．

問題 5

次の記述の空欄に最も適切な語句を入れなさい．

減数分裂では，複製は最初に 1 回のみ行われ，続けて 2 回の細胞分裂が起こる．第一分裂の際には，相同染色体が［ ① ］し，二価染色体が形成される．このとき，相同染色体間で［ ② ］が起こり，一対の相同染色体間で一部が交換される．［ ② ］により生じる X 型の構造を［ ③ ］という．第一分裂時には，二価染色体を形成した相同染色体のうちどちらか片方のみが娘細胞に分配される．
ヒトの配偶子は精子と卵であり，ひとつの一次精母細胞から，4 つの精子が，ひとつの一次卵母細胞からひとつの卵が形成される．卵の形成の際には，［ ④ ］分裂が著しく偏った位置で起こるため，ひとつの卵と小さく不要な細胞である［ ⑤ ］が生じる．

解答　①対合　②交差(乗換え)　③キアズマ　④細胞質　⑤極体

解説

減数分裂は配偶子を形成するための細胞分裂である．配偶子は体細胞がもつ 2 本の相同染色体のうちどちらか片方のみをもつ．減数分裂には相同染色体をどちらか片方のみにするための染色体の分配のしくみがある．

減数分裂では，複製は 1 回のみ行われ，第一分裂，第二分裂と 2 回の分裂が続けて起こる．

減数分裂第一分裂では，体細胞分裂と異なり，両親由来の一対の相同染色体が並んだ状態をとる．この状態を対合という．紡錘体による染色体の分配の際には，対合した相同染色体のそれぞれに異なる紡錘体極から伸長した紡錘糸が結合する．その結果，一対の相同染色体のうちどちらか片方のみが娘細胞に分配される．

第二分裂では，染色体の本数は体細胞の半分になっているが，染色体の分配のされ方は体細胞分裂と同様に行われる．セントロメア部分で結合している染色分体が離れ，娘細胞に1本ずつ分配される．

このようにして，体細胞がもつ一対の相同染色体は，配偶子ではどちらか片方のみがある状態になる．

二価染色体の形成時には，並んだ相同染色体どうしの間で一部を交換する交差(乗換え)が起こる．交差により生じるX型の構造はキアズマという．

ヒトの配偶子は精子と卵である．いずれも，染色体の分配は上記のように行われる．ただし，卵の形成では，細胞質分裂が著しく偏った部位で起こるため，ひとつの卵と小さく不要な細胞である極体とが生じる．

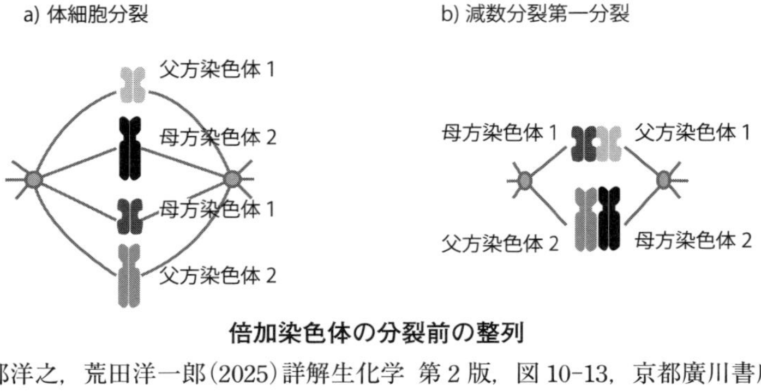

倍加染色体の分裂前の整列

(板部洋之，荒田洋一郎(2025)詳解生化学 第2版，図10-13，京都廣川書店)

8-2 細胞周期の制御

問題 1

次の記述の空欄に最も適切な語句を入れなさい．

細胞周期の進行の制御で中心的な役割を果たすのが，[①]と[②]である．[①]は複数種類あり，それぞれ細胞周期に応じて周期的に細胞内の量が変化する．[②]は[③]の一種であり，特定のタンパク質の特定の部位のセリン / スレオニンをリン酸化する．[②]も複数種類あり，特定の[①]が結合した状態でのみ活性を示す．[①]と[②]の複合体によって特定のタンパク質がリン酸化されることにより，細胞周期が次に進む．[①]は役割を終えると，[④]化され，[⑤]で分解される．

解答 ①サイクリン　②サイクリン依存性キナーゼ(CDK)
③キナーゼ(セリン / スレオニンキナーゼ)　④ユビキチン
⑤プロテアソーム

解説

細胞の増殖においては，細胞周期の過程で起こる，複製，有糸分裂といったさまざまなできごとが，適切な時期に決まった順序で行われなければならない．細胞周期を適切に進めるために細胞がもつしくみにおいて，中心的な役割をするのが，サイクリンおよびサイクリン依存性キナーゼ(CDK)からなる，サイクリン–CDK 複合体である．

サイクリンには複数の種類があり，それぞれが細胞周期の決まった時期に発現が増え，決まった時期に分解されて消失する(下図)．周期的に存在量が変化することからサイクリンと名付けられた．サイクリン自身は酵素活性をもたない．

CDK にも複数の種類があり，それぞれが特定のサイクリンと結合する．CDK はセリン / スレオニンキナーゼの一種であるが，単独では酵素活性を示さず，サイクリンが結合している状態でのみキナーゼとして機能する．

サイクリン /CDK 複合体が示すキナーゼ活性によってリン酸化されることにより，細胞周期の特定の過程で必要なタンパク質が活性化されたり，役割の終わったタンパク質が不活化されたりする．それによって，細胞周期は適切なタイミングで次へ進んでいく．

役割を終えたサイクリンはユビキチン化され，プロテアソームで分解されることにより細胞内の量が急激に減少する(プロテアソームでの分解のしくみについては第 3 章 3–3 問題 5 解説を参照)．

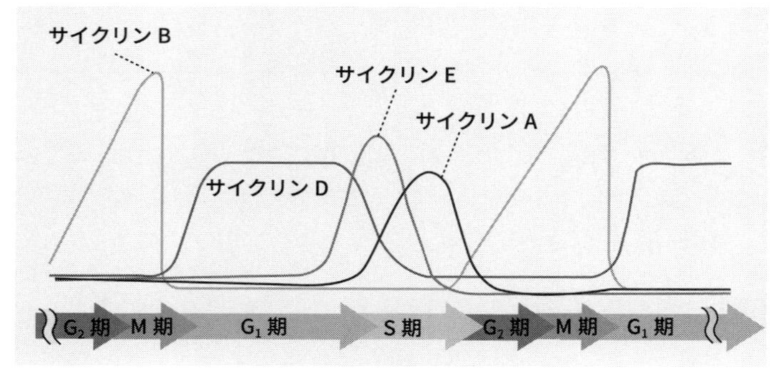

サイクリンの周期的な変化

(板部洋之，荒田洋一郎(2025)詳解生化学 第 2 版，図 28–3，京都廣川書店)

問題 2

次の記述の空欄に最も適切な語句を入れなさい．

細胞には，正しく細胞周期が進行しているかを監視し，異常がある場合には細胞周期を停止・減速させるシステムをもつ．このシステムを［　①　］という．主な［　①　］に，S 期への移行に関する［　②　］，M 期への移行に関する［　③　］がある．［　①　］では，栄養状況や細胞の大きさなどとともに，DNA の損傷の有無も確認される．DNA の損傷が著しく，修復不能な場合，細胞に［　④　］が誘導される．

解答　①チェックポイント　② G_1/S チェックポイント
③ G_2 チェックポイント　④アポトーシス

解説

細胞周期を適切に進め正常な娘細胞を生じるために，細胞が正しく細胞周期を進行させているかを監視し，異常がある場合には，細胞周期進行を停止減速させるシステムがある．このシステムのことをチェックポイント（チェックポイント制御，チェックポイントコントロール）という．主なチェックポイントに，G_1/S チェックポイント（G_1 チェックポイント），G_2 チェックポイント（G_2/M チェックポイント）がある．

G_1/S チェックポイントは，G_1 期に存在し，S 期への移行に関わる．十分な栄養があるか，細胞の大きさは十分か，DNA に損傷がないか，などが確認される．このポイントを過ぎるとS 期への移行が決定し，細胞周期を 1 周することが確定する．また，哺乳類細胞の場合は G_1/S チェックポイント通過において最も重要なのは，個体・組織の状況が分裂可能なことを示す分裂促進因子(mitogen)による刺激である．

G_2 チェックポイントは G_2 期に存在し，M 期への移行に関わる．ここでは，複製が正常に完了したか，DNA に損傷がないかなどが確認される．

8-3　細胞死

問題 1

次の記述の空欄に最も適切な語句を入れなさい．

栄養の欠乏や外傷のような物理的，化学的要因により引き起こされる受動的細胞死を［①］とよぶ．［①］では，細胞が膨張して細胞膜が破れ，細胞の内容物が周囲に漏出する．そのため，免疫細胞が集合して，［②］反応が起こる．
一方，多細胞生物において，組織や個体で不要になった細胞で能動的に進行する細胞死を［③］とよぶ．［③］では，細胞の内容物が外に漏れることなく細胞が断片化された，［④］が生じる．［④］は［⑤］細胞により取り込まれて処理されるため，［②］反応は起こらない．

解答　①ネクローシス　②炎症　③アポトーシス
④アポトーシス小体　⑤貪食

解説

栄養の欠乏，強い圧力や高熱などの物理的障害や毒物による化学的障害によって起こる受動的な細胞死をネクローシス(壊死，細胞壊死)とよぶ．ネクローシスでは，細胞の生命活動が正常に行われなくなって

ATP の産生が低下する．エネルギーの枯渇により，生体膜の物質輸送の異常などが生じ，細胞は膨張して細胞膜が破れる．その結果，内容物が周囲に漏出し，免疫細胞が集合することになり，炎症反応が起こる（下図）．

多細胞生物では，細胞にダメージがなくとも，組織や個体の形成・維持において不要となった細胞は細胞死に誘導される．このとき，細胞死の過程は細胞内情報伝達により制御されながら進行する．このような細胞死をアポトーシスとよぶ．アポトーシスでは，細胞の内容物が漏れることなく，細胞の断片化が起こる．この細胞が断片化したものをアポトーシス小体という．アポトーシス小体は貪食細胞に取り込まれて処理され，炎症反応は起こらない．

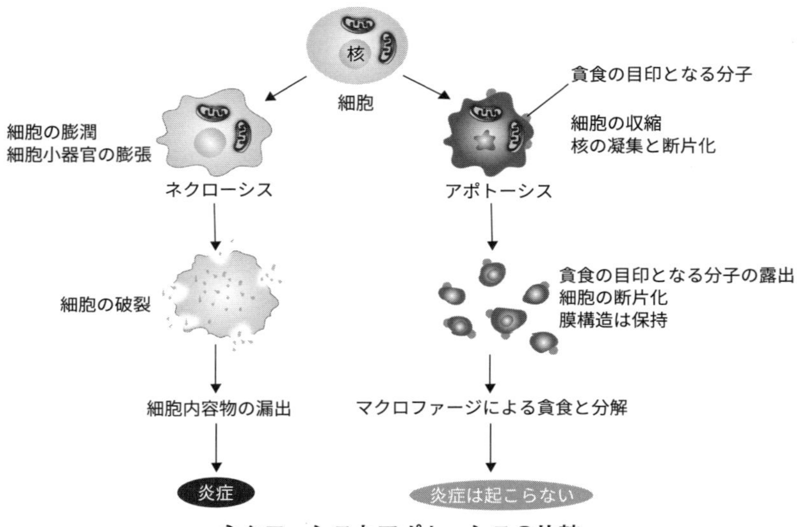

ネクローシスとアポトーシスの比較

（板部洋之，荒田洋一郎（2025）詳解生化学 第 2 版，図 29-1，京都廣川書店）

問題 2

次の現象のうち，アポトーシスで観察されるのはどれか．すべて選び記号で答えなさい．

1. 細胞の膨張
2. DNA の断片化
3. 核の凝集と断片化
4. 細胞内容物の漏出
5. 貪食の目印となる物質の細胞表面への表出
6. 炎症反応
7. (内容物の漏出のない)細胞の断片化
8. (内容物の漏出を伴う)細胞の破裂
9. 貪食細胞による取り込み

解答　2，3，5，7，9

解説

アポトーシスの過程ではいくつかの特徴的なできごとが観察される．

細胞の収縮，DNA の断片化，核の断片化，細胞表面への貪食マーカー(ホスファチジルセリン)の表出，細胞そのものの断片化(アポトーシス小体の形成)，アポトーシス細胞の貪食細胞への取り込みである(第 8 章 8-3 問題 1 図参照)．いずれも，細胞の内容物が漏れないように細胞膜に包んだまま処理するための過程である．

これらのうち，DNA の断片化と細胞表面へのホスファチジルセリンの表出はアポトーシス細胞の検出に利用される．

問題 3

次の記述の空欄に最も適切な語句を入れなさい．

アポトーシスを誘導する経路には，内部経路と外部経路がある．
内部経路では，細胞小器官である［①］からの［②］の放出がアポトーシス開始の合図となる．
外部経路では，TNF-α や［③］リガンドなどの細胞外からのシグナル分子が，細胞表面の TNF 受容体や［③］に結合することがアポトーシス開始の合図となる．
いずれの経路においても，アポトーシスを引き起こすシグナルは最終的に，アポトーシスで働くタンパク質分解酵素，［④］の活性化を引き起こすことで，アポトーシスが進行する．

解答　①ミトコンドリア　②シトクロム c　③ Fas　④カスパーゼ

解説

アポトーシスを誘導する経路には，内部経路と外部経路がある．内部経路は，修復不能な DNA 損傷などにより細胞周期に異常が生じたときなどに起こる．ミトコンドリアで電子伝達系を担うタンパク質であるシトクロム c が，ミトコンドリアから細胞質基質に放出されると，アポトーシスを誘導するシグナルとなる．外部経路は，Fas リガンドや TNF-α などのシグナル分子が細胞膜にある受容体に結合することにより引き起こされる．いずれの経路でも，細胞内のシグナルはカスパーゼとよばれるプロテアーゼの限定分解による活性化を引き起こし，細胞内のさまざまなタンパク質が分解されることによりアポトーシスが進行する．

演習問題

次の各問の正誤を答えなさい.

(8-1 細胞分裂)

問 1 細胞周期は, G_1 期→ G_2 期→ S 期→ M 期の順に進行する.

問 2 細胞周期からぬけだして休止状態に入っている時期を G_3 期という.

問 3 体細胞分裂の細胞周期における細胞 1 個あたりの DNA 量を比較すると, G_2 期 > G_1 期 = S 期 > G_0 期となる.

問 4 動物細胞の場合, 体細胞分裂では, 紡錘体が形成されるが, 減数分裂では形成されない.

問 5 細胞分裂の前中期には, 中心体の倍加, 核膜の消失, 高度に凝縮した染色体の出現がみられる.

問 6 細胞質分裂は, 分裂期中期に起こる.

問 7 減数分裂では第一分裂の前に DNA の複製が行われ, 第二分裂では二価染色体が形成されて相同染色体間の交差が生じる.

問 8 動物の配偶子形成では, ひとつの一次精母細胞から 4 個の精子が, ひとつの一次卵母細胞からひとつの卵ができる.

(8-2 細胞周期の制御)

問 1 サイクリンおよび CDK は細胞周期の特定の時期にのみ存在する.

問 2 細胞周期において, G_2 チェックポイントを通過すると, 細胞周期が 1 周することが確定する.

問 3 G_1/S チェックポイントでは, 栄養状況や DNA の損傷, 複製の完了などが確認される.

問 4 細胞周期において異常が確認されると細胞は G_1 期から細胞周期をやり直す.

（8-3　細胞死）

問 1　アポトーシスする細胞では，細胞の縮小，DNA や核の断片化，アポトーシス小体の形成が起こり，最後は炎症反応により処理される．

問 2　ネクローシスによる細胞死では，細胞膜が破壊されて内容物が細胞外に漏出し，周辺組織にダメージを与える．

問 3　アポトーシスの過程で生じる DNA の断片化やホスファチジルセリンの細胞膜表層への露出は，アポトーシス細胞の検出に利用される．

問 4　アポトーシスの内部経路も外部経路も，最終的にはリン酸化によるカスパーゼの活性化が引き起こされる．

問 5　修復不能な DNA 損傷などにより起こるアポトーシスの内部経路の過程では，小胞体からシトクロム c が放出される．

演習問題　解答編

〔第 1 章〕

（1-1　細胞とは）

問 1　○（詳細は第 1 章 1-1 問題 1 解説を参照）

問 2　× 細胞壁　→　削除　すべての細胞は細胞膜により外界との境界を形成している．細胞壁は多くの細胞がもっているが，動物細胞や一部の原生生物などもたない細胞もある．

問 3　× リボソームの大きさ　→　○ 核の有無（詳細は第 1 章 1-1 問題 1 解説を参照）

問 4　× 菌類（真菌類）　→　○ 古細菌（詳細は第 1 章 1-1 問題 2 解説を参照）

問 5　× 古細菌　→　○ 菌類（真菌類），原生生物（詳細は第 1 章 1-1 問題 2 解説を参照）

問 6　× 原核生物は基本的に単細胞生物である．真核生物では，ゾウリムシやアメーバなどの多くの原生生物や真菌に分類される酵母などは単細胞生物であるが，キノコなどの多くの真菌や，動物や植物などの多細胞生物もいる（詳細は第 1 章 1-1 問題 2 解説を参照）．

問 7　○（詳細は第 1 章 1-1 問題 3 解説を参照）

問 8　× 環状の DNA　→　○ 直鎖状の DNA（詳細は第 1 章 1-1 問題 1，2 解説を参照）

問 9　○（詳細は第 1 章 1-1 問題 3 解説，1-3 問題 1 解説を参照）

（1-2　細胞小器官の構造と機能）

問 1　× 盛んに用いられている　→　○ 用いられていない（または「× 高い部分をヘテロクロマチン　→　○低い部分をユークロマチン」）凝集度が高い部分とは，DNA が密にパッキングされている部分であり，転写が行われていない．つまり，遺伝情報が用いられていない（詳細は第 3 章 3-3 問題 4 を参照）．

問2　× tRNA　→　○ rRNA　核小体では，rRNA（リボソーム RNA）の転写（合成）がなされる．また，細胞質で合成され核内に運ばれてきたリボソームの構成タンパク質と rRNA からリボソームの大小サブユニットの形成が行われる．

問3　○ 分子量 30,000 程度までの物質は拡散により核膜孔を通過する．それより大きいタンパク質は，核に入るには核移行シグナル，核から出るには核搬出シグナルとよばれる特殊なアミノ酸配列と，その配列を特異的に認識するタンパク質である核搬入輸送受容体（インポーチン）または核搬出輸送受容体（エクスポーチン）を必要とする．RNA も核搬出輸送受容体（エクスポーチンなど）の助けによって核から運び出される．

問4　○（詳細は第 1 章 1–3 問題 2 解説を参照）

問5　× マトリックス　→　○ 膜間腔　マトリックスは内膜で囲まれた部分である（詳細は第 1 章 1–2 問題 3 解説を参照）．

問6　× 内膜　→　削除　ミトコンドリアの外膜では，ポリンとよばれるタンパク質が小孔を形成していて，ATP などの有機小分子やイオンなど分子量約 5,000 以下の分子が自由に通過できる．内膜にはポリンはなく，脂質二重層を通過できない物質は輸送体などによって個別に運ばれる．

問7　○（詳細は第 1 章 1–2 問題 4 解説を参照）

問8　○（詳細は第 1 章 1–2 問題 4 解説を参照）

問9　× ペルオキシソーム　→　○ エンドソーム　リソソーム内は pH 約 5，エンドソーム内は pH5〜6 である（詳細は第 1 章 1–2 問題 5 解説を参照）．

問10　× 滑面小胞体　→　○ ゴルジ体　形質細胞などの分泌が盛んな細胞では，分泌タンパク質の成熟と分泌小胞の形成に関わるゴルジ体が豊富である．

問11　○（詳細は第 1 章 1–2 問題 4 解説を参照）

問12　○（詳細は第 1 章 1–2 問題 5 解説を参照）

(1–3　細胞膜の構造と機能)

問 1　× 中性脂肪　→　○ コレステロール　細胞膜を構成する脂質はすべて両親媒性である．中性脂肪は極性基をもたない．動物細胞では，コレステロールが含まれる(詳細は第 1 章 1–3 問題 1 解説を参照)．

問 2　× エネルギーの貯蔵　→　削除　脂質によるエネルギーの貯蔵は主として中性脂肪が担う．中性脂肪は細胞膜の構成成分ではない．

問 3　○(詳細は第 1 章 1–3 問題 2 解説を参照)

問 4　○(詳細は第 1 章 1–3 問題 2 解説を参照)

問 5　× 低く　→　○ 高く　脂肪酸の不飽和度が高くなると(二重結合が多くなると)，生体膜の流動性は高くなる(第 2 章 2–6 問題 1 解説を参照)．コレステロールの含有量が少なくなったり飽和脂肪酸の長さが短くなったりしても流動性は高くなる．

問 6　× 脂質二重層は，構成成分である両親媒性の脂質の物理化学的性質により形成される構造であり，生物に特有の構造ではない．

問 7　× ミセル　→　○ リポソーム　リポソームについては第 1 章 1–3 問題 1 column 参照．ミセルは親水性部分より疎水性部分の径が小さい両親媒性物質により形成される構造で，疎水性部分を内側にした球状の構造である．せっけんなどが形成する．

問 8　× 小さいイオンである H^+　→　削除　電荷のあるものは大きさによらず脂質二重層を単純拡散では通過できない．疎水性の領域を通り抜けられないため(詳細は第 1 章 1–3 問題 3 解説を参照)．

問 9　× ポンプ　→　○ チャネル(チャネルについては第 1 章 1–3 問題 4 解説を，ポンプについては第 1 章 1–3 問題 6 解説を参照)

問 10　○(詳細は第 1 章 1–3 問題 6 解説を参照)

問 11　○(詳細は第 1 章 1–3 問題 5 解説を参照)

問 12　× Na^+を細胞外から細胞内へ 2 個　→　○ Na^+を細胞内から細胞外へ 3 個(詳細は第 1 章 1–3 問題 6 解説を参照)

問 13　× ピノサイトーシス　→　○ ファゴサイトーシス(詳細は第 1 章 1–3 問題 7 解説を参照)

(1–4　細胞骨格と細胞外マトリックス)

問 1　× 細胞外マトリックス　→　削除　細胞骨格は細胞内にある(詳細は第 1 章 1–4 問題 1 解説を参照).

問 2　○ 中間径フィラメントは，構成要素となるタンパク質の重合の仕方から極性をもたない(詳細は第 1 章 1–4 問題 5 解説を参照). 中間径フィラメント上を移動するモータータンパク質は見つかっていないが，線維に極性がないことから存在しないと考えられている.

問 3　× 中間径フィラメント　→　○ 微小管　小胞体やゴルジ体の特徴的な形態(第 1 章 1–1 問題 3 図を参照)は微小管により維持されている.

問 4　× ATP　→　○ GTP(詳細は第 1 章 1–4 問題 3 解説を参照)

問 5　○(詳細は第 1 章 1–4 問題 3 解説を参照)

問 6　× プラス端　→　○ マイナス端(詳細は第 1 章 1–4 問題 3 解説を参照)

問 7　× GTP　→　○ ATP(詳細は第 1 章 1–4 問題 4 解説を参照)

問 8　× 三重らせん　→　○ 二重らせん(詳細は第 1 章 1–4 問題 4 解説を参照)

問 9　○ アクチンには，α, β, γ があり，α アクチンは筋細胞に特有でアクトミオシンの構成要素である. β アクチン, γ アクチンはほぼすべての非筋細胞にある.

問 10　× β シート　→　○ α ヘリックス(詳細は第 1 章 1–4 問題 5 解説を参照)

問 11　○(詳細は第 1 章 1–4 問題 5 解説を参照)

問 12　○(詳細は第 1 章 1–4 問題 5 解説を参照)

問 13　○(詳細は第 1 章 1–4 問題 5 解説を参照)

問 14　○(詳細は第 1 章 1–4 問題 3 解説を参照)

問 15　○(詳細は第 1 章 1–4 問題 8 解説を参照)

問 16　○(詳細は第 1 章 1–4 問題 8 解説を参照)

問 17　× セレクチン　→　○ インテグリン(詳細は第 1 章 1–4 問題 7,

8 解説を参照)

問 18 ◯(詳細は第 1 章 1–4 問題 8 解説を参照)

問 19 × 2 本 →　◯ 3 本，× 二重らせん　→　◯ 三重らせん(詳細は第 1 章 1–4 問題 9 解説を参照)

問 20 ◯(詳細は第 1 章 1–4 問題 9 解説を参照)

問 21 ◯(詳細は第 1 章 1–4 問題 9 解説および第 2 章 2–3 問題 11 を参照)

〔第 2 章〕

(2–1　生体を構成する元素)

問 1　× 有機物　→　◯ 水

問 2　× ヒトにのみ　→　◯ すべての生物で

問 3　× S　→　◯ N

(2–2　水)

問 1　◯

問 2　× 小さい　→　◯ 大きい

問 3　× イオン結合　→　◯ 水素結合

(2–3　アミノ酸とタンパク質)

問 2　× すべてのアミノ酸　→　◯ グリシン以外のアミノ酸

問 3　× D 体　→　◯ グリシンを除き L 体

問 12 × 高い　→　◯ 低い

問 17 × トリプトファン　→　◯ プロリン

問 20 × エステル結合　→　◯ ペプチド結合

問 31 × 逆平行シート　←→　平行シート

問 33 × メチオニン残基　→　◯ システイン残基

問 40 × ヘテロ　→　◯ ホモ

問 41 × ホモ　→　◯ ヘテロ

問 42 × ドメイン　→　◯ サブユニット

その他の問の文章は正しい.

(2–4 ヌクレオチドと核酸)

問 1 × ピリミジン塩基, プリン塩基 → ○ プリン塩基, ピリミジン塩基

問 2 × リボース, デオキシリボース → ○ デオキシリボース, リボース

問 3 ○

問 4 × ペントースリン酸エステル → ○ ペントース

問 5 × ヘキソース → ○ ペントース

問 6 × 2′位 → ○ 3′位

問 7 × シトシン, チミン → ○ チミン, シトシン

問 8 × ホスホジエステル結合 → ○ 水素結合

問 9 × ホスホジエステル結合が加水分解される → ○ 水素結合が切断される

問 10 ○

(2–5 糖　質)

問 1 × 四炭糖 → ○ 三炭糖

問 2 ○

問 3 × 五炭糖 → ○ 六炭糖

問 4 × アルドースもケトースも還元性がある.

問 5 × 近い → ○ 遠い

問 6 × 糖の D. L. 表示は, 施光性とは無関係である.

問 7 × アルデヒド基 → ○ ヒドロキシメチル基(または,「× グルクロン酸 → ○グルコン酸」)

問 8 ○

問 9 × 貯蔵多糖としてのグリコーゲン → ○ 構造多糖としてのセルロース

問 10　○

(2-6　脂　質)

問 1　極性が小さいほど，移動度が大きい．
すなわち，移動度の大きさは，トリアシルグリセロール＞脂肪酸＞ホスファチジルコリンの順番となる．

問 2　グリセロール 2 位．
哺乳動物が植物から食餌として得なければならない脂肪酸を必須脂肪酸といい，不飽和結合をそれぞれ 2 個および 3 個もつリノール酸と α-リノレン酸をさす．グリセロリン脂質においては，一般に，飽和脂肪酸をグリセロール 1 位の炭素に，不飽和脂肪酸を 2 位の炭素に結合する．

問 3　タンパク質を細胞膜につなぎ止める役割を果たしている．
ファルネシル基は炭素数 15 のイソプレノイド基であり，イソプレノイド基が結合したタンパク質をプレニル化タンパク質という．

問 4　バターおよびマーガリンは，それぞれ，牛乳の脂肪(トリアシルグリセロール)および植物の脂肪を原料とした製品である．したがって，植物を由来とするマーガリンは，バターよりもリノール酸含量が多く，それぞれ，全脂肪酸中の，約 20%および約 3%を占めている．

問 5　コレステロールおよびスフィンゴ糖脂質．
スフィンゴ糖脂質は，極性頭部の糖鎖が相互作用し細胞膜表面で会合しており，非極性尾部のすきまをコレステロールが埋めている．ラフト(筏)はその名のとおり，細胞膜内を水平方向に拡散し，シグナル伝達などに関わっている．

問 6　エイコサペンタエン酸(EPA)およびドコサヘキサエン酸(DHA)など．
EPA および DHA は，血液凝固の抑制効果があることから，魚油の適宜な摂取は健康増進に役立つとされる．

〔第 3 章〕

(3–1　多様なタンパク質)

問 1　○

問 2　× ヘモグロビン　→　○ ヘム

問 3　× ミオグロビン　→　○ ヘモグロビン

問 4　○

問 5　× トランスフェリン　→　○ フェリチン

問 6　○

(3–2　受容体)

問 1　× パラクリン型　→　○ エンドクリン型

問 2　× オートクリン型　→　○ パラクリン型

問 3　× エンドクリン型　→　○ オートクリン型

問 4　○

問 5　○

問 6　○

問 7　○

問 8　○

問 9　○

問 10　× GTP　→　○ GDP

問 11　○

問 12　× GTP が GDP に置換　→　○ GDP が GTP に置換

問 13　○

問 14　○

問 15　○

問 16　× イノシトール 1,4,5–三リン酸(IP_3)を分解し，ホスファチジルイノシトール 4,5–二リン酸(PIP_2)と　→　○ ホスファチジルイノシトール 4,5–二リン酸 (PIP_2)を分解し，イノシトール 1,4,5–三リン酸(IP_3)と

問 17　○

問 18　○

問 19　× キナーゼ活性をもつ　→　○ キナーゼ活性をもたない．IL-6受容体自身はキナーゼ活性をもたない．IL-6が受容体に結合すると，下流にある細胞質型(非受容体型)チロシンキナーゼのJAKが活性化される．

問 20　○

問 21　○

(3-3　タンパク質の成熟と分解)

問 1　× リソソーム　→　○ リボソーム

問 2　× 細胞膜で合成される　→　○ 小胞体膜に結合したリボソームで合成され，小胞輸送によって，細胞外へ分泌される

問 3　× アスパラギン酸　→　○ アスパラギン

問 4　× システイン　→　○ セリン

問 5　× プロテインホスファターゼ，プロテインキナーゼ　→　○ プロテインキナーゼ，プロテインホスファターゼ

問 6　○

問 7　× ヒスチジン残基　→　○ リシン残基やプロリン残基

問 8　× 翻訳を促進する　→　○ リシン残基やプロリン残基のヒドロキシ化(翻訳後修飾)に関与する

問 9　○

問 10　× セリン残基　→　○ システイン残基

問 11　× 凝集し　→　○ 緩み

問 12　○

〔第 4 章〕

(4-1　酵素の特性)

問 1　○ 酵素は生物の化学反応に関与する触媒である．

問 2　○

問 3　× RNA は立体構造をつくることができ，触媒作用を示す場合がある．リボザイムとよばれる．

問 4　○ タンパク質の高次構造により形がつくられ，触媒部位の形に合うもののみが反応できる．

問 5　○ 多くの酵素は体液，細胞内の温度(体温)，pH で働くことができる．

問 6　○

問 7　○

問 8　○

問 9　○

問 10　○ 火山や温泉で生育する微生物の中には，高温でも失活しない酵素をもつものがある．耐熱性酵素とよばれる．

問 11　○ PCR 法は遺伝子を増幅する簡便な方法で，新型コロナウイルスの診断にも使われている．

(4–2　反応機構)

問 1　× 高める　→　○ 低下させる

問 2　× 酵素は反応の速度は増大させるが，反応の平衡は変化させない．

問 3　○ セリンを活性中心にもつ酵素をセリン酵素とよぶ．

問 4　× アミノ末端側　→　○ カルボキシ基

(4–3　反応速度論)

問 1　○

問 2　○

問 3　○

問 4　× どんな酵素も必ず酵素・基質複合体を経る．例外はない．

問 5　× 放物線　→　○ 双曲線

漸近線のひとつは V_{max} の値を示す.

問 6　○ 酵素濃度に比べ基質濃度が低いときは，基質濃度を増やすと反応速度が上昇するので，反応速度は基質濃度に依存する.

問 7　○ 酵素濃度に比べ基質濃度が高いときは，基質濃度を増やしても反応速度がそれ以上上昇しないので，反応速度は基質濃度に依存しない.

問 8　○

問 9　× 反応速度　→　○ 反応速度の逆数

問 10　○ ラインウィーバー・バークの式のグラフの横軸では，原点に近いほど基質濃度が高くなる．基質濃度が高くなるほど，その逆数は小さい値になる(原点に近くなる).

問 11　× 最大速度　→　○ ミカエリス定数の逆数に負の符号をつけたもの($-1/K_m$)

問 12　× 最大速度　→　○ 最大速度の逆数($1/V_{max}$)

問 13　○

問 14　○

問 15　○ 競合阻害剤は，酵素の活性部位(触媒部位)を基質と競合することで活性を阻害する.

問 16　○ 競合阻害剤は，酵素の活性部位(触媒部位)に入れるので，基質と構造が似ていることが多い.

問 17　○ 競合阻害剤に限らず，阻害定数 K_i は，酵素・阻害剤複合体の解離定数である.

問 18　× 競合阻害剤に限らず，阻害剤定数 K_i は小さい方が，酵素の阻害効率が高い.

問 19　× 競合阻害剤が存在しても，酵素反応の最大速度は変化しない.

問 20　× 競合阻害剤が存在すると，みかけのミカエリス定数 K_m が大きくなる.

問 21　○

問 22　× 非競合阻害剤が存在しても，みかけのミカエリス定数 K_m は変化しない.

問 23 × 大きく → ○小さく

問 24 × 大きく → ○小さく

(4-4 酵素活性の調節)

問 1 ○ アロステリック酵素はミカエリス・メンテンの式に従わない.

問 2 ○ アロステリック酵素では，基質濃度と酵素反応速度の関係をプロットするとS字カーブ(シグモイド曲線)になる.

問 3 ○ アロステリック酵素では，基質は触媒部位以外にアロステリック部位に結合する.

問 4 ○

問 5 ○ ADPは解糖系の律速酵素ホスホフルクトキナーゼの活性を上昇させるので解糖系全体の活性をあげる.

問 6 ○ (ATPの分解物の)ADPが多い → ATPが少ないことを示す．ATPが少ないとき解糖系の活性を上昇させるので，ATPの産生を上げることができる.

問 7 ○ ヘモグロビンは$\alpha_2\beta_2$の四量体を形成し，サブユニットがアロステリックな相互作用をする.

問 8 × 高い → ○低い

問 9 ○ 酸素分圧が高くなると，T型がR型に変化する．二酸化炭素分圧，2,3-ビスホスホグリセリン酸などが増えるとR型がT型に変化する.

問 10 ○ 横軸：酸素分圧(＝酸素濃度)，縦軸：酸素飽和度(＝ヘモグロビンへの酸素結合)の関係をグラフに表すと,S字状の曲線になる.

問 11 × ミオグロビンは筋肉に存在する酸素結合タンパク質(筋肉における酸素貯蔵体)で，その構造はヘモグロビンと類似しているが単量体として働く．ヘモグロビンにようにサブユニットの相互作用がないので，ミオグロビンの酸素結合はミカエリス・メンテンの式に従う.

問 12 ○ ミオグロビンの酸素への親和性は，ヘモグロビンのそれより高いので，ヘモグロビンが遊離した酸素を筋肉中でいったん受け取ることができる．

問 13 ○

問 14 ○

問 15 ○

（4–5　補酵素）

問 1　○

問 2　○

問 3　× 脱炭酸反応　→　○ 酸化還元反応

〔第 5 章〕

（5–1　タンパク質の分析）

問 1　○

問 2　× 小さい，大きい　→　○ 大きい，小さい

問 3　○

問 4　○

問 5　× 塩基性，酸性　→　○ 酸性，塩基性

問 6　○

問 7　○

問 8　○

問 9　× ドデシル硫酸ナトリウム（SDS）　→　○ 2–メルカプトエタノール

問 10 ○

問 11 ○

問 12 ○

問 13 ○

問 14 × ウェスタンブロッティング法　→　○ SDS–ポリアクリルアミドゲル電気泳動（SDS–PAGE）

問 15　× サンガー法　→　○ エドマン法

〔第 6 章〕

(6-2-1　解糖系)

問 1　○ 解糖系はグルコースを基質として ATP を産生する代謝経路である．反応系に酸素が必要ないことから，無気(嫌気)呼吸ともよばれる．また，グルコースを基質とした場合，酸素が必要なミトコンドリア呼吸の前段階としても重要である．

問 2　○ 解糖系は ATP を産生するが，それに先立ち ATP を消費し，糖のリン酸化中間体を産生する．これが 1,3-ビスホスホグリセリン酸，ホスホエノールピルビン酸など高エネルギーリン酸化合物の生成に必須で，ATP 産生(基質レベルのリン酸化)のもとになる．

問 3　○ 解糖系酵素は細胞質(サイトゾル)に存在し，細胞質で進行する．

問 4　× ヘキソキナーゼ，ホスホフルクトキナーゼ，ピルビン酸キナーゼの 3 つの酵素は不可逆である．

問 5　× ホスホグリセリン酸キナーゼ，ピルビン酸キナーゼの段階で，高エネルギーリン酸化中間体から ADP にリン酸を転移して，ATP を産生する(基質レベルのリン酸化)．

問 6　× 酸化的リン酸化　→　○ 基質レベルのリン酸化　解糖系での ATP 産生は「基質レベルのリン酸化」という．対応する言葉として，ミトコンドリアの電子伝達系と共役した ATP の産生を「酸化的リン酸化」という．

問 7　× グリセルアルデヒド-3-リン酸を酸化して，1,3-ビスホスホグリセリン酸を生成する反応(グリセルアルデヒド-3-リン酸デヒドロゲナーゼ)に，酸化型補酵素の NAD^+ が必要である．

問 8　○ ホスホフルクトキナーゼは解糖系で最も重要な律速酵素でアロステリックに調節されている．

問 9　× グリセルアルデヒド-3-リン酸デヒドロゲナーゼの反応に必要

な NAD^+ は還元されて NADH になる．NADH は，酸素が存在しない状況では，乳酸デヒドロゲナーゼにより酸化されて NAD^+ を再生する．NAD^+ を持続的に供給できるので，酸素がない状況でも解糖系は進行する．

問 10　× 解糖系では，ATP を 2 分子消費し（ヘキソキナーゼ，ホスホフルクトキナーゼの段階），4 分子産生する（ホスホグリセリン酸キナーゼ，ピルビン酸キナーゼの段階）ので，差し引き 2 分子の ATP が産生される．

（6-2-2　クエン酸回路）

問 1　○ クエン酸は，トリカルボン酸（tricarbonic acid: TCA）の仲間である．

問 2　○ クエン酸回路の酵素の多くはミトコンドリアマトリックスに存在する．

問 3　× コハク酸デヒドロゲナーゼだけは，ミトコンドリア内膜に存在する．コハク酸デヒドロゲナーゼが電子伝達系の複合体 II と複合体を形成しているからである．電子伝達系の酵素はいずれもミトコンドリア内膜に存在する．

問 4　○ 赤血球にはミトコンドリアがないので，クエン酸回路は行われない．

問 5　○ クエン酸回路が 1 回転すると，アセチル CoA のアセチル部分は完全に酸化され，2 つの二酸化炭素が遊離する．

問 6　× 3 カ所　→　○ 2 カ所

問 7　× 4 つ　→　○ 3 つ

問 8　○ コハク酸デヒドロゲナーゼにより，$FADH_2$ が 1 つ産生される．

問 9　× クエン酸回路が 1 回転すると，酸化型の補酵素 NAD^+，FAD が利用され，還元型補酵素の NADH，$FADH_2$ が生じる．

問 10　○ クエン酸回路が 1 回転すると，ATP とエネルギー的に等価な GTP が 1 分子産生される．

(6-2-3　電子伝達系)

問 1～3　○ 複合体Ⅰは，ビタミン B_2 誘導体の FMN(フラビンモノヌクレオチド)を含む．

問 4　× 含む　→　○ 含まない　複合体Ⅰはシトクロム類は含まない．鉄イオウタンパク質を含む．

問 5　○ 複合体Ⅱはクエン酸回路のコハク酸デヒドロゲナーゼを含む．

問 6　× FMN　→　○ FAD

問 7　× 銅　→　○ 鉄

問 8　○

問 9　× 複合体Ⅲ　→　○ 複合体Ⅳ

問 10　○

(6-2-4　ペントースリン酸経路)

問 1～4　○

問 5　× ペントースリン酸経路は，解糖系の迂回経路である細胞質(サイトゾル)で行われる．

(6-2-5　糖新生)

問 1　× 解糖系の 3 つの不可逆な酵素(ヘキソキナーゼ，ホスホフルクトキナーゼ，ピルビン酸キナーゼ)の箇所は別経路を通る．

問 2　○

問 3　○ アセチル CoA はクエン酸回路に入りクエン酸(クエン酸回路中間体)を生成するが，その際にオキサロ酢酸を消費するので，実質，クエン酸回路の中間体を増やすことはない．よって，糖新生でグルコースを増やすことはない．

問 4　○ 糖原性アミノ酸由来の α-ケト酸は直接，解糖系，クエン酸回路の中間体に代謝されるので，糖新生でグルコースを産生することができる．

問 5　× ケト原性アミノ酸由来の α-ケト酸は最終的にアセチル CoA,

アセトアセチル CoA に代謝されるので，糖新生の基質にならない．

(6-2-6　糖の消化・吸収)

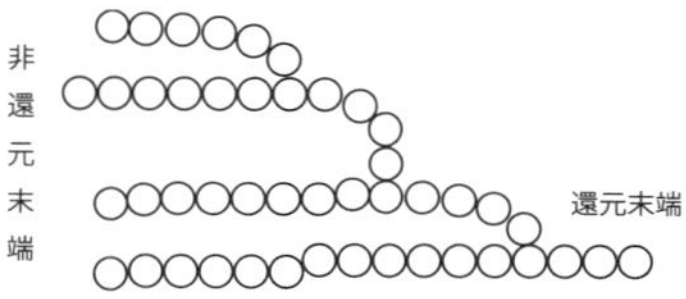

問 1　○ デンプンには直鎖状のアミロースと枝分かれがあるアミロペクチンがある．

問 2　○ アミロースは直鎖構造なので，還元末端と非還元末端をひとつずつもつ．

問 3　○ アミロペクチンの枝分かれの数だけ，非還元末端が増加する．

問 4　× β1,4 結合　→　○ α1,4 結合

問 5　× β1,4 結合　→　○ α1,6 結合

問 6　× β-アミラーゼ　→　○ α-アミラーゼ

問 7　× エキソ型　→　○ エンド型

問 8　× エンド型　→　○ エキソ型　β-アミラーゼは，小麦胚芽やイモ類に存在し，エキソ型酵素である．デンプン鎖の非還元末端から加水分解してマルトースを遊離する．

問 9　○ α-グルコシダーゼは小腸上皮細胞の刷子縁膜に存在し，液性消化(α-アミラーゼ)で生じたマルトースを吸収できる形のグルコースに消化する(膜消化)．

問 10　× 一次性　→　○ 二次性

問 11　○ GLUT(グルコーストランスポーター)は促進拡散性である．

問 12　○ 小腸管腔からグルコースの吸収は，SGLT1 を介した二次性能動輸送による．

問 13　× フルクトース小腸で吸収される際は，GLUT5 を介し促進拡散で吸収される．

問 14　× Na^+，K^+-ATPase は，ATP の加水分解エネルギーを駆動力としてナトリウムイオン，カリウムイオンの輸送を行う．一次性能動輸送である．

問 15 ○ 小腸上皮細胞に取り込まれたグルコースは，基底膜に存在する促進拡散性の GLUT2 により，毛細血管側に輸送される．

(6–2–7　グリコーゲンの代謝)

問 5 × 抑制 → ○ 促進
問 7 × 抑制 → ○ 活性化
問 12 × 活性化 → ○ 不活性化
問 13 × 活性化 → ○ 抑制
問 15 × 空腹時 → ○ 満腹時

その他の問の文章は正しい．

(6–3　脂質の代謝)

問 1

疾患	蓄積脂質	臓器	欠損酵素
ニーマン・ピック病	スフィンゴミエリン	全身	スフィンゴミエリナーゼ
ファブリ病	グロボトリアシルセラミド	全身	α–ガラクトシダーゼ
ゴーシェ病	グルコセレブロシド	肝臓，脾臓	グルコセレブロシダーゼ
テイ・サックス病	ガングリオシド(GM_2)	脳	ヘキソサミニダーゼ A

問 2 超遠心分離法．LDL および HDL は，それぞれ，1.006 – 1.063 および 1.063 – 1.21 g/mL の密度を持つため，例えば密度 1.063 g/mL の NaCl 溶液中で高速遠心を行うと，LDL は浮上し，HDL は沈降し分離できる．

問 3 空欄①：レシチン–コレステロールアシルトランスフェラーゼ(LCAT)，空欄②：アシル CoA–コレステロールアシルトランスフェラーゼ(ACAT)

問 4 シクロオキシゲナーゼの活性部位近傍にあるセリン残基を不可逆

的にアセチル化する．

問 5　120 mol．ステアリン酸からステアリル CoA への変換に，2 mol の ATP が消費される．ステアリル CoA から，9 mol のアセチル CoA が産生されるため，10 mol × 9 ＝ 90 mol の ATP に変換される．1 サイクルごとに $FADH_2$ と NADH が各 1 mol 産生され，呼吸鎖において 4 mol の ATP に変換されるため，8 サイクルの間に 4 mol × 8 ＝ 32 mol の ATP が生じる．最終的に，90 mol ＋ 32 mol － 2 mol ＝ 120 mol の ATP が産生される．

問 6　1.：ホスホリパーゼ A_1，2.：ホスホリパーゼ A_2，3.：ホスホリパーゼ C，4.：ホスホリパーゼ D
ホスホリパーゼ A_2 の作用により，プロスタグランジンやロイコトリエンの前駆体であるアラキドン酸が生体膜リン脂質から放出される．ホスホリパーゼ C の作用で生じる 1,2-ジアシルグリセロールは，細胞内でプロテインキナーゼ C を活性化する．また，ホスホリパーゼ D は，情報伝達に関与することが知られている．

問 7　血液脳関門を通過できるため．脳は，通常グルコースのみをエネルギー源とするが，飢餓時には，血液脳関門を通過できるケトン体をエネルギーとして利用する．脂肪酸は，血液脳関門を通過できない．

(6-4　アミノ酸の代謝)

問 1　× アスパラギン酸　→　○ グルタミン酸
問 2　× チアミンピロリン酸　→　○ ピリドキサールリン酸
問 4　× チロシン　→　○ トリプトファン
問 6　× メチオニン　→　○ システイン
問 7　× リシン　→　○ アルギニン
問 11　× アルカプトン尿症　→　○ メープルシロップ尿症(カエデ糖尿症)
問 14　× ケト原性　→　○ 糖原性
問 15　× 糖原性　→　○ ケト原性

その他の問の文章は正しい.

(6–5　ヌクレオチドの代謝)

問 1　× 解糖系　→　○ ペントースリン酸経路

問 4　× ウリジン三リン酸(UTP)はシチジン三リン酸(CTP)から
→　○ シチジン三リン酸(CTP)はウリジン三リン酸(UTP)から

問 5　× ウリジン一リン酸(UMP)　→　○ デオキシウリジン一リン酸(dUMP)
× チミジン一リン酸(TMP)　→　○ デオキシチミジン一リン酸(dTMP)

問 7　× ピリミジン　→　○ プリン

その他の問の文章は正しい.

〔第 7 章〕

(7–1　遺伝情報と DNA)

問 1　× 翻訳領域は，ゲノム全体の 1〜2%程度しかない.

問 2　○

問 3　× 21,000 種類と考えられている.

問 4　× ヒストンは，塩基性タンパク質である.

問 5　× クロマチンは，細胞分裂期に凝集して染色体を形成するため顕微鏡で観察することができる.

問 6　○

問 7　× イオン結合　→　○ 水素結合

問 8　× グアニン　→　○ シトシン

問 9　× 長くなる　→　○ 短くなる

問 10　○

(7-2　転　写)

問 1　× ポリチミジル酸　→　○ ポリアデニル酸

問 2　× イントロンを除去し，エキソンを連結する過程をスプライシングという．

問 3　○

問 4　○

問 5　× TATA ボックスは，−30〜−25 領域に，CAAT ボックスは，−90〜−70 に存在する．

問 6　○

問 7　× スプライス部位の切断には，酵素タンパク質は関与しない．RNA 自体に，スプライス部位の切断を行う活性がある．このように触媒活性をもつ RNA は，特にリボザイムとよばれる．

(7-3　翻　訳)

問 1　× 5'OH 基末端　→　3'OH 基末端

問 2　× 細菌のリボソームは，沈降定数 70S であり，真核生物のリボソームは，沈降定数 80S である．

問 3　× 細菌の場合に関する記述である．真核生物の場合は，5'末端に最も近接する開始コドンが選択される．

問 4　× 細菌　→　○ 真核生物．

問 5　× 真核生物　→　○ 細菌

問 6　× 例えば，アルギニンには，CGU, CGC, CGA, CGG という 4 種のコドンが対応するが，イノシン酸(I)は A, U, C の 3 つの塩基とも結合できるため，アンチコドンに，3 番目の塩基と対応する塩基として I を含む tRNA は，CGU, CGC, CGA のいずれのコドンとも結合できることになる．

問 7　× 300　→　○ 500　オープンリーディングフレームとは，開始コドンから終止コドンまでの読み枠を指す．平均分子量が 110 であるので，分子量 55,000 のタンパク質は，55,000/110＝500 個のアミノ酸から構成されることになる．すなわち，最低，500 個のコドンが必要となる．

問 8　× アセチル基　→　○ ホルミル基

問 9　○

（7-4　遺伝子発現の調節）

問 1　× 大腸菌 lac オペロンでは，リプレッサータンパク質が，プロモーターの近傍にあるオペレーターに結合し，プロモーター活性を抑制しているため，β-ガラクトシダーゼの遺伝子発現が抑制される．

問 2　○

問 3　× 促進　→　○ 抑制　大腸菌トリプトファンオペロンの場合，リプレッサー単独では，オペレーターに結合できないため，RNA ポリメラーゼのプロモーターへの結合が妨害されず，トリプトファンの合成に関与する遺伝子の発現が起こる．トリプトファンが存在すると，リプレッサーとの結合が起こり，オペレーターへ結合することにより，プロモーター活性が抑制される．

問 4　× コーディング領域　→　○ 非コーディング領域

問 5　× RNA ポリメラーゼ I　→　○ RNA ポリメラーゼ II

問 6　× エキソヌクレアーゼ　→　○ エンドヌクレアーゼ

問 7　○

（7-5　DNA の複製）

問 1　× 連続的に合成される鎖を，リーディング鎖，不連続的に合成される鎖を，ラギング鎖という．

問 2　○

問 3　○

問 4　× DNA ポリメラーゼによる反応は，鋳型の他に，プライマーとよばれる相補的な短い DNA あるいは RNA の断片が必要である．

問 5　× トポイソメラーゼ　→　◯ ヘリカーゼ

問 6　× AP エキソヌクレアーゼ　→　◯ AP エンドヌクレアーゼ

問 7　× DNA リガーゼ　→　◯ DNA ポリメラーゼ

問 8　× ナンセンス変異　→　◯ サイレント変異

問 9　× ナンセンス変異　→　◯ ミスセンス変異

(7-6　遺伝子操作とバイオテクノロジー)

問 1　× サザンブロッティング　→　◯ ノーザンブロッティング

問 2　× cDNA ライブラリー　→　◯ ゲノムライブラリー

問 3　× ルシフェラーゼは化学発光で検出できるため，紫外線照射を必要としない．

問 4　◯

〔第 8 章〕

(8-1　細胞分裂)

問 1　× 細胞周期は，G_1 期→ S 期→ G_2 期→ M 期の順に進行する(詳細は第 8 章 8-1 問題 1 解説を参照)．

問 2　× G_3 期　→　◯ G_0 期　G_3 期というのはない．

問 3　× G_2 期＞ G_1 期＝ S 期＞ G_0 期　→　◯ G_2 期＞ S 期＞ G_1 期＝ G_0 期　細胞 1 個あたりの DNA 量は，複製を経て 2 倍になる．よって，複製後の時期である G_2 期には複製前の時期である G_1 期の 2 倍の DNA 量となっている．S 期は複製が行われる時期のため，DNA 量が増加している時期になる．G_0 期には通常 G_1 期から移行し，G_1 期に戻るため，細胞内の DNA 量は G_1 期と同じである．

問 4　× 動物細胞の細胞分裂では，体細胞分裂でも減数分裂でも，染色体は紡錘体によって分配される．

問 5　× 中心体の倍加　→　◯ 紡錘体の形成　中心体の倍加は S 期に行われる(詳細は第 8 章 8-1 問題 3 解説を参照)．

問 6　× 中期　→　◯ 終期　通常，細胞質分裂は染色体の分配が終了した終期に起こる.

問 7　× 第二分裂では　→　○ 第一分裂では　二価染色体の形成と交差は第一分裂時に起こる(詳細は第 8 章 8–1 問題 5 解説を参照).

問 8　○ 卵の形成では，第一分裂，第二分裂ともに細胞質分裂が著しく不均衡に起こり，細胞質の大半を含むひとつの卵と極体とよばれる小さく不要な細胞が生じる．ただし，染色体の分配は精子と同じように行われる.

(8–2　細胞周期の制御)

問 1　× および CDK　→　削除　CDK は細胞周期全体を通して細胞内に存在する(詳細は第 8 章 8–2 問題 1 解説を参照).

問 2　× G_2　→　○ G_1/S(詳細は第 8 章 8–2 問題 2 解説を参照)

問 3　× 複製の完了　→　削除(詳細は第 8 章 8–2 問題 2 解説を参照)

問 4　× 細胞周期において異常が確認されると，細胞周期の進行は停止・減速されるが，細胞周期を戻ってやり直すことはない．G_1/S チェックポイント通過後に異常が感知され解消されない場合，細胞はアポトーシスに誘導される.

(8–3　細胞死)

問 1　× 炎症反応　→　○ 貪食細胞による取り込み

問 2　○(詳細は第 8 章 8–3 問題 1 解説を参照)

問 3　○(詳細は第 8 章 8–3 問題 1 解説を参照)

問 4　× リン酸化　→　○ 限定分解　カスパーゼは活性のない前駆体として合成される．アポトーシスのシグナルによって不要な部分が切断されることにより，プロテアーゼ活性を示すようになる(限定分解については第 3 章 3–3 問題 2 を参照).

問 5　× 小胞体　→　○ ミトコンドリア

―著者プロフィール（50 音順）―

唐澤　健（からさわ　けん）
帝京大学名誉教授
1981 年　東京大学薬学部卒業
1986 年　同大学院博士課程修了
博士（薬学）学位取得
同年より，帝京大学薬学部助手
1997-1998 年　Oak Ridge Associated Univ. 留学
2005 年　分子薬剤学研究室教授
2023 年より現職
専門：脂質生化学．また，創薬の観点から見た生化学的全般に関する知見に興味があります．
趣味：オペラやミュージカルが好きです．

原田　史子（はらだ　あやこ）
帝京大学薬学部薬学教育推進センター講師
1993 年　東京大学薬学部卒業
1998 年　同大学大学院博士課程単位取得退学
1998 年　東京都臨床医学総合研究所非常勤研究員
2000 年　東京大学大学院　博士（薬学）学位取得
2001 年　帝京大学薬学部助手
2007 年　帝京大学薬学部助教
2012 年　帝京大学薬学部講師
専門：生化学，分子細胞生物学
趣味：家族の趣味につきあうこと．自身では興味を持たなかった世界に出会う新鮮さ，一緒に取り組む楽しさが魅力です．

佐々木　洋子（ささき　ようこ）
帝京大学薬学部生物化学研究室講師
1995 年　東京大学薬学部卒業
1997 年　同大学院薬学系研究科修士課程修了
2000 年　同大学院薬学系研究科博士後期課程修了
博士（薬学）学位取得
2000 年　金沢大学がん研究所助手
2003 年　帝京大学薬学部助手
2007 年　帝京大学薬学部助教
2012 年 4 月より現職
専門：脂質生物学・がん転移
趣味：ノラ猫と遊ぶこと，猫の動画を見ること，猫カフェに行くこと．

山下　純（やました　あつし）
帝京大学薬学部生物化学研究室教授
1985 年　広島大学医学部総合薬学科卒業
1990 年　同大学大学院生命薬学系専攻博士課程後期修了（薬学博士）
1990 年　帝京大学薬学部助手，同講師，同准教授
2009 年より現職
専門：リン脂質の脂肪酸分子種の生合成機構の解明とリン脂質から派生する生理活性物質の生合成および生理活性の解明．
趣味：テニス，広島カープの大ファン．

京都廣川“パザパ”薬学演習シリーズ⑬
生 化 学 演 習〔第 3 版〕

定価（本体 4,800 円 + 税）

2013年 4 月18日　初 版 発 行 ©
2022年 3 月24日　第 2 版発行
2025年 3 月15日　第 3 版発行

著　　　者　唐 澤　　健
　　　　　　佐々木 洋 子
　　　　　　原 田 史 子
　　　　　　山 下　　純

発 行 者　廣 川 重 男

印刷・製本　日本ハイコム
表紙デザイン　㈲羽鳥事務所

発行所　京 都 廣 川 書 店

東京事務所　東京都千代田区神田小川町 2-6-12 東観小川町ビル
TEL 03-5283-2045　FAX 03-5283-2046
京都事務所　京都市山科区御陵中内町　京都薬科大学内
TEL 075-595-0045　FAX 075-595-0046

URL：https://www.kyoto-hirokawa.co.jp/

ISO14001 取得工場で印刷しました